CAROLIN HOFFMANN

— WAS BRAUCHT MEIN HUND?

Die wichtigsten Fragen
und Antworten rund
um den Alltag mit Hund

KOSMOS

INHALT

Ich sitze im Auto und sehe einen Mann mit Hund …

… an der lockeren Leine, die sich einer roten Ampel nähern. Das Hündchen will weiterlaufen. Der Mann sagt etwas. Der Hund dreht sich zu seinem Herrchen um, schaut ihn freudig an und bleibt neben ihm an der roten Ampel stehen.
Der Mann beugt sich lächelnd herunter und streicht seinem Hund liebevoll über den Rücken.
Ein wundervoller Morgen!

… an einer sehr kurz gehaltenen Leine, die sich einer roten Ampel nähern. Der Mann hantiert mit seinem Handy herum und dreht sich beim Reden hin und her.
Der Kopf des Hundes wird dabei wie eine Einkaufstüte am Handgelenk herumgeschlenkert.
Der Mann beachtet nicht den unglücklichen Ausdruck des Hundes.
Ein Morgen wie viele.

Für unsere Hunde, die es sowas von verdient haben!
Für Willi, den Killerrüden – unvergessen, im Herzen.

WIE SOLL ICH DAS BUCH LESEN?

Einer meiner Ausbilderinnen erzählte ich vor vielen Jahren stolz, dass ich mich durch ein – wie ich fand – schwer zu lesendes Fachbuch von vorn bis hinten durchgequält hätte, einzig, weil es auf unserer Ausbildungsagenda als Pflichtlektüre aufgelistet war. Ich wollte ordnungsgemäß meiner Verpflichtung nachkommen.

Meine Ausbilderin, durch und durch Freigeist und Wissenschaftlerin, war entsetzt und riet mir, an kein Sachbuch mit dem Vorsatz heranzugehen, es komplett zu lesen, sondern immer erst das Inhaltsverzeichnis durchzuschauen und das herauszupicken, was mich am meisten interessieren würde. Sie meinte, ich solle den Rest einfach überspringen oder später lesen, wenn ich vielleicht mehr zum Thema würde wissen wollen. Sie resümierte:

„Was dich nicht interessiert, merkst du dir sowieso nicht."

Mir als Kind alter Schule des stupiden Auswendiglernens hat diese Empfehlung schwer imponiert. Das war eine meiner allerersten Lektionen auf einem neuen Weg des Lernens, der mir zum ersten Mal in meinem Leben so viel Spaß bereitete, dass ich freiwillig immer mehr wissen wollte.

Und genau so ist „Was braucht mein Hund?" angelegt. Stöbert im Inhaltsverzeichnis und lest, worauf ihr Lust habt. Wem Kapitel 1 vielleicht zu philosophisch anmutet – das macht nichts! Ihr könnt ohne Weiteres gleich in den praktischen Teil einsteigen. Vielleicht lest ihr später noch, warum es mir so wichtig ist, aufzuzeigen, dass wir lernen, Hunde aus einem anderen als dem traditionellen Blickwinkel zu betrachten, und zu einem neuen Bewusstsein gelangen.

Am wichtigsten jedoch ist: Habt Spaß beim Lesen! Der Rest kommt dann von ganz allein.

WAS ERWARTET MICH?

Als Hundetrainerin werde ich täglich konfrontiert mit den Fragen und Sorgen meiner Kundinnen und Kunden. Der rote Faden, der mich hierbei von Beginn an begleitet, sind bestimmte Mythen aus dem Hundetraining, von denen meine Kundinnen und Kunden sorgenvoll wissen wollen, was sie davon halten sollen, da sie ihnen und vor allem ihren Hunden das Leben teilweise richtig schwer machen.

Mein größter Lohn ist es, wenn es mir gelingt, ihnen diese Sorgen zu nehmen, indem sie lernen, ihre Hunde besser zu lesen, und wenn aus einem Mensch-Hund-Gespann ein echtes Team wird, das auf Vertrauen und Kooperation basiert. Es sind schon Tränchen gekullert, als meine Kundinnen und Kunden plötzlich sehen konnten, wie unfair der Kampf gegen ihren Hund war, den die Mythen von ihnen eingefordert hatten.

„Was braucht mein Hund?“ öffnet die Tür zu einer entspannten Welt im Umgang mit unserem „besten Kumpel auf vier Pfoten“, der ohne einen ruppigen Erziehungsstil auskommt, sich dafür aber auf aktuelle und überprüfbare Fakten aus der Kynologie, Verhaltensforschung und Neurologie stützt: Wissenschaftszweige, die heute vernetzt arbeiten, weshalb sich neue Erkenntnisse ergänzen und zu einem nachvollziehbaren Gesamtbild zusammenfügen. Ein Mythos ist eine Meinung, gern auch millionenfach unreflektiert wiederholt, deshalb aber immer noch nicht wahrer. Wissenschaftlich geprüfte Fakten hingegen basieren auf Studien, Ergebnisse sind reproduzierbar, tausendfach belegt und bewiesen. Eine Meinung ist das nicht.

In „Was braucht mein Hund?“ habe ich 100 typische Fragen meiner Kundinnen und Kunden rund um den Alltag mit Hund zusammengetragen, deren Antworten ich nun einer möglichst breiten Leserschaft zur Verfügung stellen möchte. 40 weitere Fragen finden sich im E-Book (siehe hintere Umschlagklappe).

Euch erwarten spannende Blickwinkel, die deutlich von der traditionellen Sichtweise abweichen, die euch aber die Chance bieten, euren Hund neu oder besser kennenzulernen und eure Bindung noch enger werden zu lassen.
Ich wünsche euch viele gute Aha-Momente und Freude beim Lesen!

Habt eine gute Zeit beim Lesen!

KAPITEL 1

ALTE UND NEUE BLICKWINKEL ZWISCHEN GESTERN UND HEUTE

WIESO WERDEN HUNDE MISSVERSTANDEN?

Tatsächlich kenne ich kaum ein Thema auf der Welt, das so sehr von Missverständnissen geprägt ist, wie unser Umgang mit Hunden. Okay, außer vielleicht die dank eines unseligen Nachkommafehlers jahrzehntelange irrige Annahme, dass Spinat ausgesprochen eisenhaltig sei, weshalb Generationen von Menschenkindern vollkommen umsonst gepeinigt wurden, die grüne Pampe in sich reinzuschaufeln, um groß und stark werden. Obwohl der Irrtum längst aufgeklärt wurde, hält sich dieses alte Ammenmärchen trotzdem beständig – und keiner weiß, warum.

So ähnlich ist es auch beim Thema Hund. Welches Unrecht wir aus Missverständnissen und falschen Interpretationen tausenden Generationen von Hunden angetan haben und noch weiter antun, geht tatsächlich auf keine Hundehaut. Wie viele Hunde aus reiner Unwissenheit unfair behandelt werden und wie viele Verhaltensstörungen wir Menschen verschulden, weil wir veraltetem „Wissen" nachhängen, zeigt auf, dass der Hund zwar paradoxerweise dasjenige Haustier ist, das mit uns am engsten zusammenlebt, in der

Was möchte mein Hund mir damit sagen?

Regel sogar im Haus, und wir eine enge emotionale Bindung mit ihm eingehen. Aber dennoch wissen wir über sein Wesen, seine Bedürfnisse, seine Körpersprache und seine Emotionen meist nur das, was uns eben jene alten Mythen glauben machen wollen. Eine Katze lebt auch mit uns im Haus und die emotionale Bindung ist sicherlich auch sehr eng, doch ist der Anspruch, den wir an sie haben, ein völlig anderer als an den Hund: Wir erwarten, dass der Hund „brav“ ist, dass er „funktioniert“. Von einer Katze erwarten wir – nichts. Na gut, sie soll das Sofa nicht zerkratzen und halbtote Mäuse draußen lassen. Eine Katze lebt ihr Leben weitestgehend autark (wenn sie Freigang hat), doch ein Hund lebt sein Leben fast immer nach unseren Wünschen und Vorstellungen, hierfür stehen wir mit ihm in ständiger Kommunikation.

Aufgrund also dieser sehr speziellen Verbindung sollten wir unsere Hunde gut kennen, oder nicht? „Moment mal, tun wir doch!“, sagt ihr jetzt vielleicht an dieser Stelle. In gewisser Weise stimmt das auch: Wir kennen unseren Hund gut: Wir wissen, wann er bellt oder an der Leine zieht. Wir wissen, wann er sich streckt, gähnt oder schüttelt. Wir wissen, wann er sein Geschäft erledigen will, wann er knurrt oder mit dem Schwanz wedelt. Wir wissen das, weil wir es beobachtet haben. Aber wir wissen häufig nicht, warum er tut, was er tut, bzw. haben da ein paar Erklärungen parat, die nicht unbedingt richtig sein

Wir können besser auf unseren Hund einwirken, wenn wir verstehen, was er gerade fühlt.

müssen und den Hund häufig in ein sehr negatives Licht setzen. Der Grund dafür liegt in einer Reihe miteinander verketteter Missverständnisse aus dem Reich der Mythen, die sich leider ebenso hartnäckig halten, wie die oben erwähnte unselige Spinatgeschichte.

Vieles, was wir vermeintlich über Hunde wissen, lernen wir schon als Kinder von unseren Eltern und Großeltern:

- „Du darfst keine Angst zeigen und musst dem Hund fest in die Augen schauen!"
- „Der wedelt mit dem Schwanz, der freut sich."
- „Du musst dem Hund den Kopf tätscheln, das mag er."
- „Der Hund will Alpha sein, weil er vom Wolf abstammt."
- „Der Hund will dich dominieren. Du musst ihm zeigen, dass du der Chef im Haus bist."
- „Hunde, die bellen, beißen nicht."
- „Hunde müssen parieren und tun, was wir sagen!"
- Und so weiter und so fort.

Die Wurzel des Übels sitzt also tief. Wir haben den Blickwinkel, aus dem wir unsere Hunde üblicherweise betrachten, bereits von Kindesbeinen eingeimpft bekommen, er erscheint uns in Stein gemeißelt. Untermauert wird er im Internet, in Foren, Fachbüchern, im Fernsehen und auf den Hundeplätzen, wo uns überwiegend viele längst veraltete Informationen vermittelt und zugänglich gemacht werden. Es ist unglaublich schwierig, in diesem Dschungel an Informationen diejenigen herauszufiltern, die wirklich Sinn machen und verlässlich sind. Denn nur, weil etwas tausendfach wiederholt wird, ist es nicht notwendigerweise richtig, wie wir auch beim Spinatbeispiel von oben gesehen haben. Auch Gedrucktes und Experten und Expertinnen können irren. Anhand der Masse an falschen Informationen auf allen Kanälen wird es uns sehr schwer gemacht, überhaupt die Notwendigkeit zu erkennen, dass es unbedingt Sinn macht, unseren sehr eindimensionalen Blickwinkel zu verändern.

WIESO RECHTFERTIGEN MYTHEN EINEN GROBEN UMGANG?

Im Laufe der Jahre mit meinen Hunden wurde mir immer wieder verdeutlicht, aus welchem militärischen Blickwinkel wirklich viele Menschen Hundeverhalten betrachten und interpretieren. Wenn ich z. B. meinen Hund auf engen Wegen auf die Seite rufe oder absitzen lasse, weil Spaziergänger oder Jogger vorbeikommen, denen ich kein unangenehmes Gefühl angesichts eines großen schwarzen Hundes vermitteln möchte, höre ich häufig anerkennende Sätze – ganz im Vokabular vergangener Kriegsgenerationen – wie: „Der pariert aber aufs Kommando!“ Oder auch: „Respekt, der funktioniert!“ Keinem ist vermutlich je aufgefallen, wie eigenartig diese Wortwahl in der heutigen Zeit anmuten könnte. Und keiner hat mich je gefragt, wie ich meinen Hund dazu gebracht habe, dass er sich hinsetzt oder auf die Seite kommt. Die Menschen sehen einen „braven“ Untergebenen und lassen sich vom Ergebnis beeindrucken. Ihr Blickwinkel ist ausschließlich auf das Zielverhalten gerichtet, bzw. sie wissen gar nicht, dass viele sehr unterschiedliche Wege zum Ziel führen mögen.

Wenn ich dagegen einen Hund sehe, der ein Signal ausführt, beobachte ich, ob er dabei freudig und entspannt wirkt oder eher angespannt, ängstlich und unter Druck gesetzt. Ich frage mich, wie er wohl trainiert wurde, damit er das Verhalten ausführt. Für mich ist der Weg das Ziel: Mein Hund soll Verhalten, das ich von ihm möchte, mit Spaß erlernen. Er soll es gern ausführen und keine Angst haben müssen, bestraft zu werden, wenn er etwas „falsch" macht oder es (noch) nicht kann. Erziehung über Zwang, Unterdrückung, Ängstigung und Hemmung ist nach heutigem Wissensstand nicht nur unfair und unnötig, sondern auch gefährlich, weil nach alter Schule erzwungenes Verhalten nicht selten in Verhaltensauffälligkeiten münden kann (dazu später noch sehr viel mehr).

Es ist also normal, dass wirklich jeder, der sich mit dem Thema Hund beschäftigt und noch nicht gelernt hat, den richtigen Filter anzuwenden, mit falschen und sogar schadenden Informationen und Anweisungen gefüttert wird.

Das besonders Problematische an Mythen ist nicht einmal unbedingt, dass sie Missverständnisse und falsche Interpretationen weitertransportieren. Viel dramatischer ist, dass sie gewaltsame, ängstigende, strafende Maßregelungen am Hund rechtfertigen, da Hunde angeblich „auch nicht zimperlich miteinander" umgehen würden.

Die Mutter aller Mythen war die Anfang des 20. Jahrhunderts von Oberst und Polizeihundeausbilder Konrad Most entwickelte Methode, den Hund über Gewalteinwirkung und Unterdrückung zu erwünschtem Verhalten zu zwingen. Für jedes Fehlverhalten wurde der Hund gezüchtigt, erwünschtes

Grober Umgang ist unnötig, unfair und kann Verhaltensprobleme verursachen.

Verhalten blieb straffrei (und war Belohnung genug). Most vertrat die Theorie, der Hund werde von einer Art Rudelinstinkt – der instinktiven Unterordnung gegenüber dominanten Individuen – gelenkt. Kalter Kaffee? Leider nein. Mosts „Leitfaden für die Abrichtung des Polizei- und des Sanitätshundes auf wissenschaftlicher Grundlage“[1] von 1917 (also mitten im 1. Weltkrieg!) gilt selbst heute noch als „wissenschaftliche“ Basis der Hundeerziehung auf manchem Hundeplatz oder im Schutzdienst, obwohl einige der empfohlenen Maßnahmen offiziell aus tierschutzrelevanten Gründen verboten wurden. Mich wundert immer wieder, wie die teils sehr brutalen, mindestens aber militärischen Methoden heute immer noch so viel Anklang finden können. Ich persönlich wäre doch äußerst erleichtert, wenn ich meinen Hund (egal wie groß und schwer er wäre) nicht mehr schlagen, schütteln, kneifen, treten, anschreien und ihn damit zu einer vor lauter Angst unter sich urinierenden Kreatur herabwürdigen müsste, wenn mir jemand zeigen würde, dass es auch vollkommen gewaltfreie Methoden der Kommunikation und des Grenzensetzens gäbe.

Es gibt viele Gründe, warum Mythen sich so hartnäckig halten, aber einer der wichtigsten ist ganz sicher, dass sie in Bezug auf unsere Hunde sehr einfach zu verstehen sind, während sich die Realität – wie so oft im Leben – weitaus komplexer darstellt. Der Vorteil eines Mythos ist, dass er genau eine Antwort auf viele unterschiedliche Fragen liefern kann. Wie z. B. beim sehr beliebten und gerade oben erwähnten Thema „Dominanz“.

Einem Hund wird häufig Dominanz unterstellt, wenn er:

› alles kaputt macht, wenn er allein ist
› als Erster durch die Tür rennt
› an der Leine zerrt
› andere Hunde anrempelt, anbellt oder attackiert
› auf dem Sofa liegt
› aufreitet
› bellt, knurrt oder beißt
› das Spiel als Erster beendet

1 – Konrad Most, „Leitfaden für die Abrichtung des Polizei- und des Sanitätshundes auf wissenschaftlicher Grundlage“, Hrsg. Berlin: Kameradschaft; 4., gänzl. umgearb. Aufl. Edition (1. Januar 1917)

Manche Hunde zerstören Sofas oder andere Dinge, wenn sie unter starkem Stress leiden.

- dem Menschen hinterherrennt
- den Menschen anspringt
- den Menschen zum Spielen auffordert
- im Weg liegt
- ins Körbchen pinkelt
- nicht hört oder zurückkommt, wenn er gerufen wird
- seinen Kopf auf das Bein des Menschen legt
- sich nicht hinsetzt

Wer nun aber mal ernsthaft darüber nachdenkt, wird sich vielleicht irgendwann die Frage stellen, ob das wirklich Sinn macht. Ist es wirklich möglich, dass so viele verschiedene Verhaltensweisen alle die gleiche Ursache haben? Oder wäre es nicht eigentlich viel sinnvoller, sich jedes Verhalten einzeln vorzunehmen und zu überlegen, welche Gründe es dafür noch geben könnte? Statt: „Er ist eben dominant", könnte die Antwort auch ganz anders lauten, z. B., dass der Hund in dieser oder jener Situation Angst hat oder gestresst ist oder einfach nichts Besseres gelernt hat; dass er in Spiellaune oder aufgeregt ist; dass er die Umwelt erkunden will, weil er neugierig ist; dass er es gern bequem und weich mag; oder dass er als soziales Wesen Schutz, Trost und Körperkontakt bei seinem Menschen sucht; dass er Frust hat oder Schmerzen; dass der Mensch bei seinen Anweisungen viel zu langsam ist oder zu ungenau kommuniziert, weil er die ganze Zeit herumfuchtelt und ihn überfordert; oder, oder, oder …

Klar ist es einfacher zu glauben, dass mich mein Hund kontrollieren möchte, dass er stur ist und er mir zeigen will, wer der Chef im Hause ist. „Mein Hund ist halt stur, da kam man wohl nichts machen", kommt im besten Fall schulterzuckend dabei heraus. Im schlimmsten Fall aber erfährt er als Gegenmaßnahme Unterdrucksetzung, Zwang und Gewalt, um aus dem „sturen Bock" einen gefügigen Hund zu machen. Ob er aber seine „Bockigkeit" zugunsten freiwilliger Kooperation aufgeben wird, bleibt fraglich. Es ist Typfrage, in welchem Maße der Hund tatsächlich bereit ist, sich über Zwang dem Willen des Menschen zu beugen. Nicht jeder Hund reagiert mit Einsicht. Und im Spruch „Druck erzeugt Gegendruck" steckt nichts als die Wahrheit. Spätestens an dieser Stelle beginnt der freudlose Kampf mit dem Hund – der am Ende dann manchmal im Tierheim oder sogar mit der Tötung des Tieres endet.

WIESO SIND FAKTEN DIE BASIS FÜR EINE KLARE KOMMUNIKATION?

Ein Kampf mit dem Hund, um sein angebliches Dominanzbestreben zu unterbinden, ist unnötig. Es ist die Suche nach gehaltvolleren, tiefgreifenderen Begründungen, die Frage nach dem Grund von Verhalten, die zur Lösung führen. Setzt sich mein Hund normalerweise immer hin, wenn ich es ihm sage, und plötzlich tut er es nicht, dann hat das einen Grund.

Vielleicht hat er Schmerzen oder Verspannungen; vielleicht ist der Untergrund nass, heiß oder ungewohnt, was ihm unangenehm ist; vielleicht hat er vor etwas Angst oder er ist zu abgelenkt; vielleicht habe ich nicht deutlich oder einschüchternd kommuniziert; vielleicht ist er unmotiviert, weil sich das eingeforderte Verhalten schlichtweg nicht lohnt und sich nicht gut anfühlt.

Setzt sich der Hund hingegen nur ab und zu mal hin, dann habe ich vielleicht einen Fehler in mein Training eingebaut. Vielleicht habe ich das Verhalten „Sitzen" falsch, nicht intensiv oder oft genug mit ihm geübt, und er kann es schlichtweg nicht zuverlässig und prompt auf Signal ausführen.

Mit solchen Thesen kann ich arbeiten: Ich untersuche auf Schmerzen oder Verspannungen und beseitige sie. Ich übe nasse Untergründe oder lasse ihn woanders sitzen oder nehme ihn hoffentlich vom heißen Asphalt. (Ich kenne „Hundeführer", die ihren unkastrierten Rüden bei 30 Grad im Schatten auf dem glühend heißen Bürgersteig absitzen lassen und dann sauer werden, wenn der Hund aufsteht.) Ich entferne mich vom Angstreiz, um die Angst zu minimieren und die Ansprechbarkeit zu fördern, um den Fuß in die Tür zum Training zu bekommen. Ich übe Sitzen unter langsam gesteigerten Ablenkungen, damit er es nicht nur zu Hause im ruhigen Garten kann, sondern auch an der befahrenen lauten Hauptstraße, wenn Kinder vorbeirennen, andere Hunde bellen oder das Kaninchen mit dem Kopf aus dem Bau guckt. Ich überprüfe meine Körpersprache und benehme mich einladend statt bedrohlich. Ich nehme gutes Verhalten zur Kenntnis und belohne dieses, statt den Hund permanent in Fehler laufen zu lassen, die ich bestrafen muss. Und schon habe ich eine ganze Hand voller Möglichkeiten, die ich alle ausprobieren kann, um mein Ziel zu erreichen. Ich bitte meinen Hund damit um Kooperation; es findet plötzlich Kommunikation statt, die nicht mehr einseitig ist. Und siehe da: Plötzlich macht der „sture Bock" freudig mit. So stur ist der gar nicht, stelle ich fest. Der Weg ist das Ziel! Allein durch diesen veränderten Blickwinkel entsteht ein ganz neues Bewusstsein!

Dominanz und Sturheit als Label, wie in diesen Beispielen, bzw. den alten Mythen Glauben zu schenken, ist hingegen ein Weg, der niemanden auch nur einen Millimeter weiterbringt. Im Gegenteil!

MERKE

Mythen sind Spaßbremsen, sie verhindern Fortschritt, sie frustrieren Menschen wie Hunde, sie lassen ein solch negatives Bild über unsere Hunde entstehen, dass uns häufig die Freude am Hund vergeht. Und schaffen wir uns nicht eigentlich Hunde an, um Freude zu haben? Da läuft doch etwas gewaltig schief, wie ich finde.

Nicht Ungehorsam, sondern einfach mangelnde Übung!

WELCHE ROLLE SPIELT ES, WIE WIR DIE WELT VERSTEHEN?

Der traditionelle Blickwinkel, den wir Menschen häufig ganz unbewusst einnehmen, lässt sich am besten mit dem kleinen unauffälligen Satz „Ist doch nur ein Hund“ erklären. Wir alle sind ihm bestimmt schon einmal begegnet oder haben ihn selbst bereits angewendet: „Ist doch nur ein Hund / eine Katze/eine Maus/ein Huhn/eine Kuh/ein Pferd/ein Tier …“ Ich zumindest hörte mich diesen Satz früher öfter sagen. Ein kleiner Satz, und doch sagt er so viel aus über die Art, wie wir die Welt verstehen. Er impliziert eine Wertigkeit, eine gottgegebene Hierarchie, die besagt, dass das Tier weniger wert ist als der Mensch. Dass es richtig ist, wenn es ein Tier weniger gut hat als der Mensch. Häufiges Streitgespräch bei uns zu Hause war das Thema Futter: „Der kriegt bald besseres Essen als ich“, lautete die Anklage. „Warum soll ich meinen Hund mit schlechtem Futter krank machen?“, lautete meine Verteidigung. Als ranghöchstes Wesen unserer selbstgebastelten Weltordnung hat der Mensch anscheinend das Recht auf gesunde Ernährung, der Hund hingegen bekommt das, was wir denken, was ihm zusteht. Es geht mir hier gar nicht um richtig oder falsch, sondern lediglich darum, zu verdeutlichen, dass es die Entscheidung jedes einzelnen Menschen ist, wie er die Welt und unsere Stellung dort drin verstehen möchte. Es geht um Ethik und Moral.

Die Ernährung hat großen Einfluss auf die Gesundheit und auf das Verhalten.

Der Satz „Ist doch nur ein Tier" impliziert, dass Tiere dazu geschaffen wurden, uns Menschen zu dienen. Es bedeutet nicht, dass wir alle empathielos gegenüber Tieren wären. Das ganz sicher nicht. Menschen lieben Tiere und fühlen auch mit ihnen – aber in einem streng definierten Kontext. So haben Tiere z. B. nach unserem Verständnis nicht das gleiche Anrecht auf Glück und Freude wie wir; manche bezweifeln sogar, ob sie überhaupt Glück und Freude empfinden können. Seit Jahrtausenden wachsen wir Menschen (zumindest in christlichen Kulturen) in dem Selbstverständnis auf, dass wir aufgrund unserer geistigen Überlegenheit das Recht besitzen, über alles Leben zu bestimmen. Dieses „Grundrecht“ ist bereits in der biblischen Schöpfungsgeschichte verankert: Der Mensch soll sich die Welt untertan machen und „über die Fische im Meer und über die Vögel unter dem Himmel und über das Vieh und über die ganze Erde und über alles Gewürm, das auf Erden kriecht,“[2] herrschen. Es ist also kein Wunder, dass viele Menschen diese Ansicht mit tiefer Überzeugung vertreten – ohne vielleicht je bewusst darüber nachgedacht zu haben: Wir haben sie quasi mit der Muttermilch aufgesogen. Tierwohl beginnt erst jetzt langsam eine bedeutendere Rolle zu spielen und sich ins Bewusstsein der Menschen zu drängen, ein neuer Blickwinkel bricht sich ganz langsam Bahn – bedingt durch den Klimawandel, die zunehmend in die Kritik geratene Massentierhaltung und wachsende umweltpolitische Verantwortung.

Damit sind wir mittendrin in kulturellen und vor allem ethisch-moralischen Überlegungen. Ob wir darüber sinnieren wollen oder nicht, spielt allerdings keine große Rolle. Wichtig zu erkennen ist, dass wir alle irgendwann, spätestens, wenn wir unseren Alltag mit dem Hund bestreiten, die Entscheidung treffen werden, wie wir unser Haustier begreifen wollen, welche Grundhaltung und Lebenseinstellung wir einnehmen werden – bewusst oder auch unbewusst: Soll mein Hund Familienmitglied werden? Wird er mir emotional etwas bedeuten? Soll mir mein Hund Geld einbringen? Soll er mein Firmengrundstück bewachen und im Zwinger leben? Interessiert es mich, ob mein Hund glücklich ist und ein bedürfnisbefriedigendes, artgerechtes Leben führt?

Diese Grundsatzfragen bilden die Basis des Zusammenlebens mit dem Hund und werden den Alltag maßgeblich mitbestimmen. Meine Einstellung gegenüber meinem ersten Hund war von Beginn an klar, aber gleichzeitig auch unbedarft und naiv. Ich wollte für ihn Verantwortung übernehmen, Fürsorge tragen und seine Bedürfnisse erfüllen – allerdings ohne seine Bedürfnisse überhaupt zu kennen, was zu Fehlinterpretationen führte und in einem streckenweise unglücklichen und depressiven Hund resultierte, was ich nicht sah, da mir das Wissen fehlte.

Aus meiner Erfahrung als Hundetrainerin kann ich heute sagen, dass es vielen Menschen so geht wie mir damals: Sie wollen eine emotionale und enge Bindung mit ihren Hunden eingehen. Sie wollen ihnen ein gutes Leben schen-

2 – Die Bibel, Genesis, 1. Buch Mose, 1,26

ken, sie verwöhnen und ihnen ebenso treu zur Seite stehen wie umgekehrt auch. Die meisten Menschen möchten ihre Hunde gar nicht bestrafen, sie ängstigen, einschüchtern, anschreien und schlecht behandeln oder sie leiden lassen.

Sie greifen zu harschen und überholten Methoden, weil sie es nicht besser wissen und an die Wirksamkeit und Harmlosigkeit der oft gehörten Mythen glauben, die mehrheitlich leider immer noch vermittelt werden. Jemand, der z. B. seinen Hund als Rangreduktionsmaßnahme auf den Rücken dreht, mag dies nicht als Gewalt verstehen oder als „schlimm" empfinden. Das Bewusstsein, dass solche Maßnahmen aber ebenso großen Schaden anrichten und ein Lebewesen verstören können wie Schmerzreize, muss erst noch entstehen.

WAS IST DAS PROBLEM MIT ERWARTUNGEN UND ANSPRÜCHEN?

Aus dem beinahe angeborenen, mindestens aber von klein auf anerzogenen Selbstverständnis, in der Hierarchie allen Lebens weit über dem Tier zu stehen und herabzuschauen, statt ihm respektvoll auf Augenhöhe zu begegnen, ergibt sich eine für unsere Hunde verheerende Konsequenz, die ich euch gern anhand meiner eigenen, sehr typischen Geschichte verdeutlichen möchte:

Beispiel: Ich hatte immer ziemlich genaue, aber auch – wie ich bitter lernen musste – ziemlich romantische Vorstellungen davon, wie mein Wunschhund später einmal sein sollte: Er sollte, na klar, mein bester Freund werden, mich blind verstehen und mit mir durch dick und dünn gehen, so wie einst Lassie oder Timmy aus den „5 Freunden". Ich wollte, gemäß meiner Vorbilder, einen Hund, der keine Leine braucht, weil er sowieso immer neben mir laufen würde. Der mit mir durch die Stadt bummelt und im Café zufrieden unter dem Tisch liegt, bis es mir belieben würde, weiterzugehen. In meiner Vorstellung war der Besuch einer Hundeschule nicht vorgesehen. Wozu auch? Schließlich war mein Hund – einfach so – perfekt und machte das, was ich sagte, wenn ich es sagte. Von Verhaltensproblemen hatte ich noch nie gehört. Irgendwann hörte oder las ich von einem Hund, der zum Hundepsychiater gebracht wurde, und dachte: „Welche Vermenschlichung!" Ich wusste natür-

Nicht jeder Hund kann im Café so entspannt liegen und warten.

lich, dass manche Hunde bellten und manche auch bissen – vermutlich deshalb, weil Hunde nun mal Hunde waren.

Welche Arbeit ich wohl würde leisten müssen, damit sich mein Hund so entwickelte, wie ich mir das in meinen wildesten Fantasien ausmalte, fragte ich mich nie. Und vor allen anderen Überlegungen dachte ich auch nie daran, welche Bedürfnisse denn wohl mein Hund haben würde und ob die auch zu meinen passten. Würde er überhaupt Lust haben, bei meinem Lebenskonzept mitzumachen? Ich kann heute laut lachend sagen: Nein, würde er nicht! Und zum Thema: „Im Café zufrieden unter dem Tisch liegen, bis es mir beliebt, weiterzugehen": Ja, mein Hund lag unter dem Tisch. Aber nur, um dann wie von der Tarantel gestochen wutentbrannt aufzuspringen und vorzuschießen, mit dem Ziel, einen sich nähernden Hund oder einen netten Herrn zu attackieren, dabei den Tisch hinter sich herzuzerren und Tassen und Teller durch die Luft fliegen zu lassen. Hurra!

Heute weiß ich, dass ich nicht die einzige Person mit sehr hohen Ansprüchen an meinen Hund war, sondern dass viele Menschen sehr ambitionierte Erwartungen an ihre Vierbeiner haben. Wenn mir heute Kundinnen und Kunden von ihren Vorstellungen erzählen, muss ich schmunzeln. Er soll ein bisschen sein wie die eierlegende Wollmilchsau, nur hübscher:

Er soll Familienhund und Freund sein; von Anfang an stubenrein; nicht jagen; nicht bellen; nicht hochspringen; mit den Kindern, mit anderen Hunden und Katzen klarkommen; bei Fuß gehen; schlafen, wenn er schlafen soll;

sportlich am Fahrrad laufen, mit zum Joggen gehen; medaillenträchtig Hundesport betreiben; das Haus bewachen und Fremde melden (aber nur die); auf „Kommandos" hören; allein sein können, ohne das Haus zu schreddern; restaurant- und stadttauglich sein; zurückkommen, wenn er gerufen wird; nicht hinter uns herdackeln, wenn wir das nicht wünschen; immer ansprechbar sein; unauffällig sein; sich problemlos in die Gesellschaft eingliedern und unsere Regeln kennen; „gehorchen" und „funktionieren" – sprich: Er soll so sein wie der perfekte Mensch, nur mit vier Pfoten und einem kuschelig-weichen Fell. Oder kurzem Fell. Oder ganz besonderem, silbernem Fell. Mit Locken oder ohne. Mit Nase oder eingeschränkter Atemfähigkeit durch eine zu platt, aber als „schön" geltende, gezüchtete Nase. Mit langer, kurzer oder gar kupierter Rute, mit Steh- oder Schlappohren, und noch viel mehr. Auch die Wunschliste der äußerlichen Merkmale ist sehr lang.

Ja, die Latte liegt extrem hoch für unsere Hunde, sodass Enttäuschungen beim Menschen schnell vorprogrammiert sind, wenn der Hund einzieht und loslegen soll mit dem „Erwartungen-Erfüllen". Denn welcher Hund kann das tatsächlich? Vor allem, einfach so?

Es ist das traurige Schicksal nicht weniger Hunde, dass sie ein bedürfnisunerfülltes, freudloses Leben führen müssen, dass sie weggesperrt werden, dass sie zurück an die Züchterinnen und Züchter gegeben werden oder im Tierheim landen, weil sie die hohen Erwartungen ihrer Menschen nicht erfüllen können. Ich kenne Fälle, da musste der Welpe nach drei Tagen wieder gehen, weil er tat, was Welpen eben tun: ganz und gar nicht süß in Hände und Füße zwicken, wild oder nicht stubenrein sein. In einem anderen Fall wurde der alte Hund im Tierheim abgegeben mit den Worten: „Jetzt können wir uns endlich einen jungen kaufen."

Hunde werden aus den unterschiedlichsten Gründen wieder abgegeben, ausgesetzt oder ungerecht behandelt. Am meisten aber deshalb, so denke ich, weil sie die Erwartungen nicht erfüllt haben: weil sie zu viel zwicken, nicht hören, nicht schlafen wollen, die Kinder kein Interesse mehr zeigen oder Angst vor ihnen haben, weil sie ins Haus pinkeln, an der Leine zerren und hineinbeißen, „dominant" sind, „stur" oder „respektlos", weil sie nicht selbständig genug sind und immerzu ihren Menschen hinterherlaufen, weil sie „kontrollieren" und „Chef sein" wollen, weil sie zu viel Aufmerksamkeit einfordern und den Menschen damit ärgern und nerven.

In sehr vielen Fällen fühlen sich die Menschen durch anstrengende Verhaltensweisen der Hunde auch überfordert: weil sie höchst aggressiv an der Leine pöbeln, andere Menschen und Hunde attackieren, scheinbar unberechenbar reagieren, die eigene Lebensqualität mindern, Angst machen und weil, trotz vieler Versuche und Trainingsansätze, keine Verbesserungen eintreten wollen. Nicht nur, dass Hunde Erwartungen nicht erfüllen, sie entwickeln sich manchmal zu Problemen, die unlösbar erscheinen. Ich kenne sehr genau die Verzweiflung, die Ängste und den Hader mit der Lebenssituation durch die eingeschränkte Freiheit, die ein schwieriger Hund verursachen kann. Oder Partnerschaftsprobleme, die entstehen mögen, weil eine Seite die Schwierigkeiten nicht mittragen mag. Und auch die Wut und die Enttäuschung auf den eigenen Hund, der so anders ist, als man es sich immer gewünscht und vorgestellt hat. Eine äußerst belastende Situation, die nicht jeder aushalten kann oder will – verständlich!

Trotzdem bin ich der festen Überzeugung, dass sich viele dieser traurigen Geschichten vermeiden ließen, wenn wir Menschen unsere Erwartungen zurückschrauben und Hunde nicht nur mit der Menschenbrille betrachten würden, sondern als das, was sind: Individuen mit bestimmten Eigenschaften und Charakterzügen, die erst durch unseren Umgang weiter geformt, verstärkt oder umgelenkt werden. Hunde haben Bedürfnisse und Gefühle, die denen von Menschen sehr ähnlich sind: Neugier/Freude, Angst, Wut/Ärger, Spiel, Fortpflanzung, Fürsorge, Panik/Trauer – dies sind die Emotionssysteme im Gehirn, auf die alle Säugetiere zurückgreifen.[3] Hunde mögen weniger kognitive Fähigkeiten besitzen als Menschen, das bedeutet aber nicht, dass sie nicht in der gleichen Intensität wie Menschen fühlen könnten.

Dieses Wissen können wir nutzen, indem wir lernen, unsere Haustiere und ihre Bedürfnisse besser zu verstehen und ernst zu nehmen. Erst die Schnittmenge gemeinsamer Bedürfnisse sollte über ein potenzielles Zusammenleben entscheiden, denn der Hund ist nicht in der Position mitzuentscheiden – das tun wir für ihn. Deshalb könnten wir uns, bevor wir einen Hund auswählen, in den wir uns verliebt haben, auch fragen: Sind wir die Idealbesetzung für ihn?

3 – Jaak Panksepp, „Affective Neuroscience: The Foundations of Human and Animal Emotions (Series in Affective Science)“, Oxford University Press, USA, Illustrated Edition, 2004

KAPITEL 2

DIE HÄUFIGSTEN FAQS IN ALLER KÜRZE: WAS MACHE ICH, WENN …

1 … MEIN WELPE NICHT STUBENREIN WIRD?

Zeigt ihm, was er tun soll: Setzt ihn auf die Wiese nach jedem Aufwachen, nach jedem Spielen, nach jeder Aufregung, nach jedem Spiel, nach jedem Fressen bzw. spätestens dann, wenn er zu „suchen" beginnt oder sich immer wieder unruhig der Tür nähert.

Verzichtet möglichst auf Pipimatten (s. a. FAQ 53 „Ist eine Pipimatte sinnvoll?", S. 118).

Klärt bei der Tierärztin/beim Tierarzt ab, ob er ggf. unter einer Blasenentzündung oder einer anderen Erkrankung leidet.

MERKE

Bleibt ruhig, geduldig und freundlich, schimpft auf keinen Fall, packt den Hund niemals am Nackenfell oder stupst ihn mit der Nase in den Urin. Er würde nicht verstehen, dass Pipimachen drinnen tabu ist, er würde einfach Angst vor euch entwickeln und Vertrauen in euch verlieren.

Verknüpft euer Hund das Geschirr mit positiven Emotionen, ist das Anziehen bald kein Problem mehr. Das Geschirr muss auf jeden Fall gut angepasst sein.

2 … MEIN HUND VOR DEM GESCHIRR WEGLÄUFT?

Zieht das Geschirr für die nächste Zeit nicht aus, um weiteren Stress zu vermeiden. Startet mit einem anderen Geschirr ein regelmäßiges Gewöhnungstraining, das ihr mehrmals am Tag durchführt. Unterteilt das Training in kleine Schritte: Ankündigen, Geschirr zeigen, Geschirr hinhalten, auf Bewegungen in Richtung Geschirr warten, Kopf durchstrecken lassen, zumachen. Eure Trainerin/euer Trainer, die belohnungsbasiert arbeitet, kann euch bei der Umsetzung helfen.

Verknüpft das Geschirr mit positiven Emotionen. Belohnt ihn während der einzelnen Trainingsschritte mit Futterbröckchen. Achtet darauf, dass euren Hund das Klickgeräusch nicht erschreckt oder ängstigt. Gewöhnt ihn an das Geräusch, indem ihr die Gurte ein paarmal in einiger Entfernung zusammenklickt. Belohnt ihn unmittelbar nach dem Klickgeräusch, indem ihr Leckerlis in seine Richtung kullert.

Kündigt An- und Ausziehen immer an: Überlegt euch eine Vokabel dafür und sagt das Wort immer 1 bis 2 Sekunden, bevor ihr das Geschirr an- oder ausziehen möchtet. Der Hund weiß dann, was er zu erwarten hat, und erschrickt nicht mehr.

Zerrt beim An- oder Ausziehen nicht an ihm herum. Das wird der Hund als unangenehm oder sogar beängstigend empfinden. Übt ggf. das leichtgängige Anziehen an einem Stoffhund, damit ihr nicht langwierig an ihm herumfummeln müsst.

Beugt euch beim Anziehen nicht über den Hund, das wirkt bedrohlich. Hockt euch seitlich neben ihn. Schnauft nicht laut beim An- und Ausziehen. Vermeidet unnötige Geräusche, Stöhnen oder laute Worte, wenn es mal hakt.

Lächelt! Bleibt freundlich und geduldig. Zwingt euren Hund nicht ins Geschirr, damit verschlimmert ihr die Situation.

Eine der schwierigsten Aufgaben für Hunde: an lockerer Leine zu gehen.

3 … MEIN WELPE/HUND NICHT GASSI GEHEN WILL?

Zerrt ihn auf keinen Fall an der Leine hinter euch her. Geht wieder nach Hause, falls er das lieber möchte. Daran ist nichts auszusetzen! Mit der Zeit wird er mutiger werden. Erkundet gemeinsam mit ihm Schritt für Schritt die Umgebung. Seid einfühlsam, interessiert und freudig. Seid aufmerksam, ob ihn etwas ängstigt, redet ihm gut zu. Dreht ab, wenn die Angst zu groß wird, und signalisiert ihm, dass das eine kluge Strategie ist.

Bleibt in dem Umkreis, in dem er sich wohl fühlt. Dort macht ihr etwas, das ihm Freude bereitet. Erweitert den Radius nur langsam, immer in seinem Wohlfühltempo. Überprüft die Dauer eures Gassigangs. Ist er zu lang? Auch 10 Minuten können manchmal schon zu lang sein.

Schließt gesundheitliche Probleme und Schmerzen aus!

4 … MEIN HUND IMMER NOCH NICHT BEI FUSS GEHEN KANN?

Überlegt euch, ob es im Moment wirklich „bei Fuß" sein muss oder ob eine lockere Leine für den Anfang nicht ausreicht. Lockere-Leine-Training geht viel leichter, ist für den Hund einfacher zu erlernen und sehr viel alltagstauglicher.

Habt ihr überhaupt schon mit dem Training begonnen? Der Hund kann das nicht automatisch, nur weil ihr „Bei Fuß" sagt. Falls nicht: Erkundigt euch bei Trainerinnen/Trainern, die belohnungsorientiert arbeiten, welche verschiedenen Trainingsschritte und Werkzeuge es gibt, arbeitet einen Trainingsplan aus und fangt in kleinen, an den Hund angepassten Sessions mit dem Training an.

Fragt euch immer nach eurem Trainingsstand: Wie sicher kann der Hund das Verhalten bereits in ablenkungsfreier Umgebung ausführen? Oder in aufregender Umgebung? Passt euer Training immer seinem Trainingsstand an. Ggf. bedeutet dies, dass ihr temporär wieder ein paar Trainingsschritte zurückgehen müsst. Z. B. bei Hormonschwankungen in der Jugendentwicklung (s. a. Kapitel 8 „DAS PUBERTIER – GROSSBAUSTELLE GEHIRN", S. 221), bei schlechter Tagesform, Unwohlsein, Unkonzentriertheit etc.

Verlangt „bei Fuß gehen" nur dort, wo es wirklich Sinn macht (s. a. FAQ 136 „Was muss ich unbedingt über Impulskontrolle wissen?", S. 323).

Achtet auf die Gemütsverfassung eures Hundes: Ist er konzentriert und kopfmäßig bei euch oder wird er abgelenkt von zu vielen anderen spannenden Reizen? Falls Letzteres, verschiebt euer Training auf später oder wartet einen Moment, bis euer Hund wieder mitdenken und mitarbeiten kann.

Seid geduldig! „Bei Fuß" oder „an lockerer Leine gehen" ist eine der anstrengendsten und schwierigsten Aufgaben, die wir dem Hund abverlangen. Er muss hierbei permanent seine Welt ausblenden und seine Impulse zügeln. Das kostet eine Menge Konzentration und Energie. Deshalb bleibt maßvoll und passt eure Erwartungen stets dem Stand eures Trainings und dem Lerntempo des Hundes an!

MERKE

Wenn euer Hund mal nicht an lockerer Leine geht, obwohl er das sonst prima kann, hat das nichts damit zu tun, dass er euch nun zeigen will, dass er der Chef sein möchte. Fragt euch lieber, was ihn daran hindern könnte, Leistung zu zeigen: Wie steht es mit seiner Tagesform? Ist er gesund? Gibt es vielleicht zu spannende Gerüche, die ihn ablenken könnten und die er noch nicht gelernt hat, auf Signal zu ignorieren? Hat er sonstigen Stress (s. a. FAQ 135 „Wie erkenne ich Stress und wie gehe ich damit um?", S. 318)?

5 … MEINEM HUND IM AUTO SCHLECHT WIRD?

Gewöhnt euren Hund langsam ans Autofahren: Macht ihm zunächst eine Autobox oder seinen Platz im Auto schmackhaft, übt im stehenden Zustand, übt, wenn der Motor angelassen wird, wenn es anfängt zu rollen etc. Achtet darauf, ob euer Hund mit vollem oder leerem Magen besser klarkommt, und richtet es vor längeren Fahrten so ein, dass es für ihn passt.

Verhindert ggf., dass der Hund nach draußen gucken kann. Manchen Hunden wird schwindelig, wenn sie aus dem Fenster schauen. Fahrt möglichst gleichmäßig und ruhig. Nehmt die Kurven nicht wie Caracciola in der letzten Runde …

Holt euch ggf. Rat bei eurer Tierärztin/bei eurem Tierarzt: Es gibt Medikamente gegen Reisekrankheit. Fragt eine Trainerin/einen Trainer, die/der

Mit entsprechendem Training wird es für den Hund bald zur Selbstverständlichkeit, im Auto mitzufahren.

belohnungsbasiert arbeitet, nach einem individuellen Trainingsplan.

Gebt dem Hund Zeit. Meist braucht es eine Weile, bis der Gleichgewichtssinn entwickelt ist und ihm nicht mehr schlecht wird.

6 ... MEIN HUND NICHT ALLEIN BLEIBEN KANN?

Das Wichtigste: Nehmt das Thema ernst! Trennungsstress bedeutet für den Hund, unter ähnlichen körperlichen Symptomen zu leiden wie Menschen unter Liebeskummer.

Startet ein strukturiertes Training:

› Baut eine Ruhezone auf, die der Hund mit Entspannung verbindet (s. FAQ 60 „Was ist eine Ruhezone und wie baue ich sie auf?“, S. 138). Beim Alleinbleiben muss der Hund lernen, ohne seine Bezugsperson entspannt zu bleiben. Dies gelingt ihm am einfachsten, wenn er weiß, was er tun soll (ruhen und schlafen), und er hierfür einen Ort aufsuchen kann, der durchweg mit positiven Emotionen und Entspannung verknüpft wurde.
› Führt als Nächstes Ignorierzeiten ein, in denen ihr dem Hund keine Aufmerksamkeit schenkt, aber Körperkontakt (noch) erlaubt ist.
› Führt Barrierezeiten ein, die den Körperkontakt, nicht aber den Sichtkontakt unterbinden. Benutzt z. B. ein Kindergitter, das den Hund vom Hinterherlaufen abhält.

- Führt als Letztes Abwesenheitszeiten ein, in denen ihr zunächst kurz und dann immer länger den Raum/das Haus verlasst.
- Nutzt unterstützende Helferlein wie einen gefüllten Kautschukball zum Ausschlecken, beruhigende Musik, Entspannungsdüfte, ein T-Shirt, das mit eurem Geruch behaftet ist, oder – in schweren Fällen – medizinische Wirkstoffe wie L-Tryptophan, L-Theanin, Melatonin und Zylkene, die beruhigende Wirkung haben und den Hund beim Entspannen unterstützen.
- Geht immer erst zum nächsten Trainingsschritt über, wenn der Hund die vorherigen gut beherrscht.

Ich empfehle dringend: Sucht euch Hilfe bei einer Trainerin/einem Trainer, die/der euch wirklich kompetent beraten kann und einen kleinschrittigen Trainingsplan mit euch aufstellt. Das ist maximal wichtig, damit euer Hund später auf eine solide Emotions- und Verhaltensbasis zurückgreifen kann,

Ein häufiges Problem: Der Hund leidet unter Trennungsstress.

wenn er dann mal mehrere Stunden allein bleiben soll, ohne in Panik zu verfallen und das Haus zu zerstören.

Beobachtet das Verhalten eures Hundes durch eine Webkamera: Ist er entspannt, wenn ihr nicht da seid? Schläft oder lümmelt er? Dann ist alles super! Rennt er jedoch die meiste Zeit herum, kommt er nicht zur Ruhe, sitzt oder liegt er in der Nähe der Eingangstür, ist seine Haltung angespannt, oder bellt er womöglich anhaltend, dann leidet er womöglich unter Trennungsstress. Spätestens jetzt ist Handeln angesagt!

MERKE

Es nützt nichts – versprochen –, gegen den Türrahmen zu schlagen und laut „Nein!" zu schreien. So wurde es einer Kundin empfohlen. Der Hund erschrak sich so stark, dass er unter das Sofa flüchtete und nicht mehr hervorkommen wollte.

7 ... MEIN HUND SEINE WILDEN 5 MINUTEN HAT?

Überdenkt euer Programm. Macht (viel) weniger und kürzer. Das Ziel sollte sein, dass er keine wilden 5 Minuten mehr bekommen muss.

Falls doch: Helft ihm beim Herunterkommen. Viele Hunde bekommen das leider nur schwer selbst hin. Entwickelt für ihn ein regelmäßiges Entspannungsritual: Geht mit ihm auf seine Decke, bietet ihm Körperkontakt an, bleibt ruhig in Ton und Körpersprache, streichelt ihn sanft (wenn er das möchte), oder seid einfach da. Redet beruhigend mit ihm. Benutzt vielleicht einen Entspannungsduft wie Lavendel (ein bis zwei Tröpfchen auf ein Tuch reichen). Und/oder stellt immer die gleiche leise Musik an. Gebt ihm einen gefüllten Kautschukball zum Ausschlecken – das beruhigt. Je öfter ihr diese ruhigen Rituale durchführt, desto mehr werden sie sich verfestigen und immer schneller wirken.

Rechnet nicht mit sofortigem Erfolg. Eine hohe Erregungslage lässt sich erst mit regelmäßiger Anwendung von beruhigenden Ritualen und Maßnahmen auf Dauer senken. Ruhe muss erlernt werden. Bleibt am Ball und seid geduldig (s. a. FAQ 59 „Wie viel Ruhe und Entspannung braucht mein Hund?", S. 134).

MERKE

„Nach müde kommt doof.“ Meistens am Abend. Der Hund wird den ganzen Tag gefordert, er muss neue Dinge lernen, seinen Alltag bestreiten, trifft andere Hunde und Menschen, war vielleicht in der Hundeschule, hat aufregende Abenteuer bestanden. Und wenn er dann am Abend schlafen soll, flippt er stattdessen aus und springt über Tisch und Bänke. Wenn das passiert, ist das das sichere Zeichen, dass ihr ihm zu viel zugemutet habt.

8 … MEIN HUND IN DIE LEINE BEISST?

Lest auch FAQ 7: „Was mache ich, wenn … mein Hund seine wilden 5 Minuten hat?“, S. 33.

Macht kürzere Trainingseinheiten für die Zukunft und helft eurem Hund durch Entspannungsübungen, seine Aufregung zu senken.

Kommuniziert eindeutig: Achtet auf eure (einladende) Körpersprache, gebt eure Hand- oder Wortsignale immer gleich, „nuschelt“ nicht durch z. B. eine unentschlossene Körperhaltung oder fahrige Bewegungen. Wisst, was ihr wollt. Werdet dabei nicht lauter oder hektisch.

Bleibt zu jedem Zeitpunkt ruhig und freundlich.

In die Leine beißen ist eine Übersprungshandlung und u. a. ein typisches Zeichen für Überforderung. Hunde beißen in die Leine, wenn sie eigentlich müde sind, sich nicht mehr konzentrieren können und z. B. beim Lockere-Leine-Training zu stark gefordert wurden. Weitere Gründe können sein: Schlechtes Leinen-Handling (die Leine nervt den Hund, weil sie sich immer wieder um seine Füße wickelt), Unterdrucksetzung, Stress, Unsicherheit bzw. eine „nuschelige“ Kommunikation des Menschen (der Hund hat schlicht keine Idee, was der Mensch von ihm will).

9 … MEIN WELPE STÄNDIG IN KÖRPERTEILE BEISST UND ZWICKT?

Lest hierzu auch FAQ 7: „Was mache ich, wenn … mein Hund seine wilden 5 Minuten hat?“, S. 33. Auch in diesem Fall ist der Grund fast immer Überforderung, ein viel zu hohes Erregungslevel, ein „Too much“ von alltäglichen

Die Beißhemmung muss erst erlernt werden.

Dingen. Das Spiel mit den Kindern dauert zu lange oder wird zu wild, die Batterien am Abend sind leer, aufregender Besuch war da, aufregende Hundebegegnungen sind passiert, Streit oder Hektik bringt Unruhe in den Tag, ungewohnte oder zu viele Reize sind auf den Hund eingeströmt, ihr hattet eine Hundeschulstunde oder wart beim Hundesport, im Urlaub etc.

Vor allem junge Hunde sind häufig sehr maulorientiert, sie brauchen etwas zum Knatschen und Kauen zwischen den Zähnen, denn Kauen beruhigt. Der Zahnwechsel fördert das Bedürfnis, auf Gegenständen herumzukauen.

Beobachtet das Verhalten eures Welpen und lasst es am besten gar nicht erst so weit kommen. Haltet öfter und längere Ruhepausen ein. Etabliert Entspannungsrituale. Kürzt das Programm oder Spiel.

Bietet ihm sofort eine Alternative an, auf der er kauen darf: Sobald er in Körperteile zwicken möchte, schiebt ihm jedes Mal sanft und ruhig ein Spielzeug ins Maul, bis er gelernt hat, was er nehmen darf und was nicht.

Bleibt immer freundlich und entspannt. Glaubt mir: Ein scharfes „Nein“ oder gar Schubsen, streng gucken oder in die Seite piken bringt nichts, außer weiter wachsende Erregung und noch mehr Beißen und Zwicken, denn der Hund weiß gar nicht, was er tun soll!

10 … MEIN HUND ÜBERALL DRANGEHT?

Ein gesunder Hund ist neugierig und erkundet seine Umgebung. Es ist normal, dass er überall seine Nase hineinsteckt – auch in Dinge, die ihn nichts angehen. Seid also nicht sauer, wenn er seine Schnauze in die Einkaufstasche steckt, sondern stellt sie gleich auf die Küchenablage, sodass er dort erst gar nicht herankommen kann und ihr losmeckern müsst.

Zeigt eurem Hund, an welche Sachen er gehen darf und welche tabu sind. „Tabu“ bedeutet nicht, dass ihr ihn wegschubsen, ausschimpfen oder mit eurem Finger in die Rippen piken sollt, sondern dass ihr ihn am besten kommentarlos vom verbotenen Gegenstand wegführt und ihm seine Spielsachen zeigt. Je öfter ihr dies konsequent macht, desto schneller wird er wissen, was ihr von ihm erwartet, und desto häufiger zeigt er das erwartete Verhalten.

Teure, euch wertvolle Gegenstände solltet ihr so lange wegräumen, bis ihr sicher sein könnt, dass euer Hund das Interesse daran verloren hat. Gerade Welpen finden alles sehr spannend. Und je mehr Reaktionen ihre Menschen zeigen, wenn sie zum 97. Mal den Bommel der Gardine im Maul hatten, desto spannender wird der Gegenstand.

Management ist das Mittel der Wahl: Lasst nichts herumstehen, räumt alles in Schränke, von dem ihr nicht möchtet, dass der Hund drangeht. Erwartet niemals, dass euer Hund von Anfang an wissen kann, was erlaubt ist und was nicht. Ihr müsst es ihm (freundlich und immer wieder) zeigen.

11 … MEIN HUND ALLES KAPUTT MACHT?

Vor allem Welpen und junge Hunde machen eine Menge kaputt, wenn ihr nicht aufpasst. Auch dies gehört einerseits zum Erkundungsverhalten: Gegenstände müssen untersucht und auseinandergenommen werden. Andererseits ist es aber auch nur natürlich, dass sie erst einmal alles Mögliche zerbeißen und zerfleddern, weil Zerkauen eben Spaß macht und Bedürfnisse befriedigt.

Stress (z. B. Trennungsstress), Langeweile und der Mangel an eigenen Spielsachen kann außerdem Zerstörung fördern. Es gilt auch hier: Management! Räumt alles weg, was der Hund nicht zwischen die Zähne bekommen

Entspannungsübungen helfen, die Erregung des Hundes herunterzufahren.

soll. Zusätzlich hilft Training: Zeigt ihm immer wieder durch wiederholtes Anbieten und Interessantmachen die Gegenstände, auf denen er nach Herzenslust herumkauen darf. Vielleicht habt ihr noch nicht das Richtige für ihn gefunden? Versucht es mal mit alten geknoteten Socken, Plüschtieren, Papprollen oder mit härteren Kauwurzeln und Kautschukbällen.

MERKE

Der Hund „zerstört“ nichts, er verhält sich wie ein Hund und folgt seinem Bedürfnis zu kauen, zu untersuchen, sich zu beschäftigen, auseinanderzunehmen oder sich zu beruhigen. Er will euch nicht ärgern, wenn er die handgenähten englischen Oxford-Schuhe zernagt. Wenn ihr euch aufregt, dann nur darüber, dass ihr sie habt herumstehen lassen.

12 … MEIN HUND ÄNGSTLICH IST?

So wie es mutige und draufgängerische Hunde gibt, gibt es auch ängstliche und vorsichtige Hunde. Das mag an negativen Erfahrungen liegen, aber auch die Genetik spielt eine Rolle. Sehr viele Tierschutzhunde sind vor allem in der Anfangszeit im neuen Heim sehr ängstlich, was nachvollziehbar ist, da ihre Vergangenheit oft von vielen schlechten Erfahrungen geprägt wurde und sie zudem noch nicht wissen, was sie in ihrem neuen Leben erwartet.

Es gibt Phasen im Leben eines Hundes, in denen Angst vermehrt auftreten kann. In der Welpenzeit und in der Jugendentwicklung gibt es Hormonschwankungen, die Ängste auslösen können. Alte Hunde, die z. B. nichts mehr hören oder sehen können, werden häufig ängstlicher und schreckhafter. Viele Hunde entwickeln Geräuschängste mit zunehmendem Alter (s. a. FAQ 13 „Was mache ich, wenn … mein Hund (keine) Angst vor Schüssen und Silvester hat?, S. 41).

Zwingt den Hund niemals in eine Situation, die ihn ängstigt, gemäß dem Motto: „Dann merkt er schon, dass es nicht schlimm ist." Angst ist ein vollkommen irrationaler Emotionszustand, dem mit (menschlicher) Vernunft nicht beizukommen ist.

Vor allem „Flooding" (den Hund so lange mit dem Angstauslöser zu konfrontieren, bis die Angst verschwindet) ist aus den gleichen Gründen keine geeignete Methode: Anders als beim Menschen, mit dem ein Ausstiegs-Codewort oder -Signal vereinbart wird, wird dem Hund die Entschei-

Um Angst zu bekämpfen, braucht es sensibles Vorgehen und kleinschrittiges Training. Zwang ist fehl am Platz.

dung, abzubrechen, weil es zu viel wird und er aus der Situation herausgehen muss, verwehrt, weshalb diese Methode Angst häufig schlimmer werden lässt.

Hauruckverfahren gegen Angst funktionieren nicht! Gebt dem Hund jede Zeit, die er braucht, sich selbst zu trauen. Ermutigt ihn mit Worten. Erkundet mit ihm gemeinsam. Wenn er nicht möchte, dreht ihr ab und versucht es, wenn nötig, am nächsten Tag nochmal. Bleibt geduldig!

Seid immer körpersprachlich einladend (s. a. FAQ 127 „Wie wirke ich freundlich oder bedrohlich auf den Hund?", E-Book). Das gilt besonders für Männer, die sehr oft – vollkommen unbeabsichtigt – bedrohlich wirken durch ihre Größe, Körperhaltung und tiefe Stimme:

- Bewegt euch kontrolliert, vermeidet hektische Bewegungen, geht vorsichtig und langsam, steht langsam auf, stöhnt nicht dabei.
- Nähert euch langsam und im Bogen oder seitlich (nicht frontal).
- Geht in die Hocke auf Augenhöhe, macht euch klein.
- Starrt ihn nicht an, schaut leicht am Hund vorbei bzw. achtet auf einen „weichen" Blick, lächelt.
- Beugt euch nicht über den Hund, geht gerade in die Knie, wenn ihr euch zu ihm hinunterbegeben wollt.
- Fasst ihn nicht über Kopf an, berührt ihn seitlich oder von unten (s. a. FAQ 139 „Wie streichle ich richtig?", E-Book).
- Drängt euch nicht auf, lasst ihn von selbst zur ausgestreckten Hand kommen.
- Haltet Abstand, lasst ihn kommen.
- Sprecht freundlich und motivierend.

Füttert ihn nicht aus der Hand! Viele Menschen sind der Meinung, den Hund aus der Hand fressen zu lassen sei eine vertrauensbildende Maßnahme. In Wirklichkeit ist dies eine Maßnahme, die den Hund in einen schweren Konflikt bringen kann: Einerseits möchte er gern das Futter bekommen, andererseits hat er Angst vor der Hand, die vielleicht bereits negative Gefühle ausgelöst hat: Hände sind nicht immer sanft und freundlich! Vor allem Hunde aus dem Tierschutz haben damit ihre Probleme. Besser ist es, erst einmal das Futter (weit) von euch wegzukullern. Macht ein Spiel daraus, das dem Hund bald sogar Spaß macht. Mit der Zeit kann die Distanz zu euch immer kleiner werden. Allerdings sollte sich der Hund euch nur aus freien Stücken nähern wollen; nicht, weil ihr ihn lockt, sondern weil er gelernt hat, euch zu vertrauen.

Macht mit ihm viele schöne Dinge am Tag, baut einen „Gute-Laune-Puffer“ auf. Glückshormone sind die natürlichen Feinde der Angst: Lasst ihn suchen, schnüffeln, erkunden, macht kleine Suchspielchen (falls das schon klappt), aktiviert ihn mit Wurst und Käse, verhindert zusätzliche Stressoren. All dies sorgt für einen Puffer, der stressige Situationen besser auffangen kann.

Strukturiert eure Gassigänge, die mit Gute-Laune-Inseln (s. a. FAQ 74 „Wie können Gute-Laune-Inseln meinem ängstlichen Hund helfen?“, S. 169) gespickt sind. Baut draußen sichere Orte auf, die als Rückzugsorte dienen können. Auch der Kofferraum kann zu einem solchen Ort werden. Wenn der Hund Angst hat oder erschrickt, geht mit ihm zusammen in einem möglichst normalen Tempo zurück zum Auto oder zu einer anderen positiv verknüpften Gute-Laune-Insel in eurer Nähe und lasst ihn dort verschnaufen oder versucht ihn mit etwas Schönem aufzufangen, bis die Angst wieder abgeebbt ist. So lernt der Hund, statt kopflos zu flüchten, seine Angst zu händeln.

Macht erst einmal immer den gleichen, nicht zu weiten Gassigang, bis der Hund dort jeden Grashalm kennt. Verändert erst dann die Route, wenn ihr seht, dass euer Hund deutlich an Sicherheit gewonnen hat. Unterbrecht Fluchtverhalten durch langsameres Gehen, Pendeln, beruhigendes Zureden, Beobachten-Lassen, hochwertige Belohnungen etc.

Lasst ihn nicht mit seiner Angst allein. Seid da für ihn, wenn er euren Schutz sucht, und vergesst den vielerorts zu lesenden, fatalen Irrtum, dass Trost und Schutz seine Angst verstärken könnte. Das ist nicht so! Lest hierzu unbedingt auch FAQ 124 „Wird Angst durch Trösten verstärkt?“, E-Book.

Ängstlichkeit verliert sich häufig mit der Zeit. Der Hormonschub ist beendet, das Gehirn arbeitet wieder mit voller Fahrt voraus, der Hund hat gelernt, mit bestimmten Situationen souverän umzugehen, er hat Selbstvertrauen gewonnen, er ist reifer geworden, er hat gelernt, dass bestimmte Reize harmlos sind. Und ihr habt ihm mit eurer Geduld und Einfühlsamkeit dabei geholfen. Das wird in eurer Bindungsbilanz zu Buche schlagen.

In hartnäckigen und schwierigen Fällen empfehle ich dringend: Sucht euch unbedingt Hilfe bei einer Trainerin/einem Trainer, die/der belohnungsbasiert arbeitet und euch intensiv beraten kann. Lasst euch z. B. Pendeltraining zeigen, das durch abwechselnde Distanzverringerung und -vergrößerung zu einem ängstigenden Reiz ein sehr hilfreiches Werkzeug sein kann.

13 … MEIN HUND (KEINE) ANGST VOR SCHÜSSEN UND SILVESTER HAT?

Die Angst vor bestimmten Geräuschen ist genetisch fixiert: Ein lautes, knallendes Geräusch aktiviert den Fluchtinstinkt. Es kann Leben retten, wegzulaufen! Die Angstausprägung variiert allerdings von Hund zu Hund und reicht von nicht oder kaum vorhanden bis zur totalen Paralyse.

Nehmt Geräuschangst ernst: Sie kann sich unbehandelt verschlimmern. Sie ist tückisch, denn sie zieht mit der Zeit Kreise. Plötzlich ist nicht mehr nur der Knall ängstigend, sondern z. B. auch der Wind, der unmittelbar davor auftritt und das Fenster zum Zuknallen bringt. Die Angst kann sich dann sogar so weit entwickeln, dass der Hund ein bestimmtes Zimmer nicht mehr betreten möchte.

Viele Hunde mit Geräuschangst leben im Dauerstress, da sie nicht wissen, wann der Angstauslöser wieder auftreten wird. Stress macht auf Dauer krank. Die Angst zu ignorieren und zu hoffen, dass sie sich von selbst erledigen wird, ist vergeblich. Eine Spinnenphobie erledigt sich auch nicht von selbst, auch dann nicht, wenn wir eigentlich wissen, dass uns die Spinne gar nicht gefährlich werden kann.

Es ist keine Garantie, dass ein Hund, der mit Geräuschen gut klarkommt, in späteren Stadien seines Lebens nicht unter Geräuschangst leiden wird. Gewisse Phasen im Leben eines Hundes, Hormonschwankungen, das Alter, Krankheit, können ihn empfindlicher gegenüber Geräuschen machen.

Deshalb ist eine Geräuschangstprophylaxe sehr empfehlenswert: Sorgt für einen Gute-Laune-Puffer, sprich: Kurbelt seinen Glückhormonhaushalt mit vielen schönen Unternehmungen, Spielen, Schnüffeleinlagen und Futter an, das macht stressresistenter. Jedem hörbaren Knall, Schuss o. Ä. sollte auf der Stelle etwas Schönes folgen: eine Handvoll Kekse, die ihr in die Wiese streut, ein Spiel für die, die spielen können, beruhigende Worte, Lob, Körperkontakt. Auch dann, wenn der Hund scheinbar gar nicht auf das Geräusch reagiert. So verbindet er das Geräusch positiv, und die Chancen steigen, dass er sein ganzes Leben lang gut damit klarkommen wird. Auf diese Art werden auch jagdlich arbeitende Hunde schussfest gemacht. Das setzt voraus, dass ihr Geräuschen gegenüber sensibel seid, denn oftmals blenden wir diese Art Alltagsgeräusche (wie z. B. der krachende Auspuff eines Motorrads) aus, weil unser Gehirn sie als harmlos einstuft.

Euer Ziel sollte sein, dass der Hund bei Angst nicht versuchen wird zu flüchten, sondern Schutz bei euch sucht. Das erspart euch eine Menge Aufwand, Sorge und Ärger, den ein entlaufener Hund verursachen kann. Insofern solltet ihr, wenn er Angst zeigt, nicht tatenlos zusehen und ihn allein damit lassen. Ein Kind mit Angst schickt hoffentlich auch niemand in sein Zimmer mit den Worten: „Sieh zu, wie du damit klarkommst." Bei Hunden ist Ignorieren leider viel zu oft immer noch gängige Methode.

Wichtig: Durch Aufmerksamkeit, Schutz, Zuwendung und Trost könnt ihr definitiv *keine* Angst verstärken! Auch dies ist ein alter Mythos, der vielen Hunden schon sehr geschadet hat (s. a. FAQ 124 „Wird Angst durch Trösten verstärkt?, E-Book).

Ihr könnt durch Stimmungsübertragung Angst verstärken: Wenn ihr selbst Angst habt und panisch seid, kann das auch auf den Hund Auswirkungen haben. Bleibt also am besten gelassen und souverän.

Silvester ist ein Angstauslöser der besonderen Art: Ich kenne viele Hunde, die bereits Tage vor Silvester nur noch ungern oder gar nicht mehr aus dem Haus gehen und unter massiver Angst leiden (wie gesagt: Geräuschangst zieht Kreise!). Die vereinzelten Böller oder Raketen versetzen diese Hunde in den Alarmzustand, sie erleiden großen Stress, denn: Sie haben keine Möglichkeit, dieser vermeintlichen Gefahr zu entgehen, sie können nicht weglaufen und sind diesem belastenden Dauerzustand ausgesetzt, ohne dass sie sich anders zu helfen wüssten.

Also müsst ihr ihnen helfen, vor, während und nach Silvester:

› Verdunkelt die Fenster.
› Schafft ruhige Rückzugsorte. Fangt rechtzeitig vorher an, diese aufzubauen (s. a. FAQ 60 „Was ist eine Ruhezone und wie baue ich sie auf?, S. 138).
› Bietet dem Hund eure Nähe an, aber drängt euch nicht auf. Schickt ihn keinesfalls weg, wenn er zu euch kommt!
› Füttert ihn mit hochwertigem Futter, gebt ihm etwas zum Ausschlecken oder zu kauen, während die Raketen gezündet werden. Bietet ihm ein tolles (Schnüffel- oder Denk-)Spiel an, probiert Tricks mit ihm zu machen, um ihn in der „denkenden" Gehirnhälfte zu halten.
› Bleibt mit ihm im Haus, auch wenn um zwölf Uhr vor der Tür sonst immer angestoßen wird ...

Hunde können lernen, sich nicht sofort auf alles zu stürzen, was fressbar erscheint.

- Lasst Entspannungsmusik laufen (die ihr vorher mit Entspannung verknüpft habt).
- Wendet Entspannungsübungen an (die ihr vorher geübt habt).
- Nutzt beruhigende Düfte wie Lavendel.
- Fahrt Silvester dorthin, wo keine Böller gezündet werden.
- Lasst euch in schweren Fällen von einer Verhaltenstierärztin/einem Verhaltenstierarzt beraten, wie ihr euren Hund ggf. medikamentös unterstützen könnt.

14 … MEIN HUND „ALLES" FRISST?

Vor allem Welpen haben zu Beginn das Bedürfnis, alles einmal auszutesten: Kot aller Art, Pferdeäpfel, Schnecken, Mäuse, benutzte Papiertaschentücher, Essensreste an Grillstellen, Gras, Socken, Verpackungen, Bälle, Steine, Zigarettenkippen u. v. m. Wenn unverdauliche Gegenstände geschluckt werden, kann das zu Darmverschluss, Vergiftungen o. Ä. führen. Also Achtung! Lasst nichts herumliegen und agiert immer vorausschauend.

Management: An Stellen, die besonders interessant sind, solltet ihr den Hund ohne zu schimpfen o. Ä. anleinen oder ihn hochnehmen. Beispiel: Ich erinnere mich an einen Weg voller Schleimschnecken, die mein Hund als Welpe damals ausgesprochen lecker fand. Da er noch vollkommen untrainiert war und ich schreckliche Angst vor Herzwürmern hatte, nahm ich ihn an der Stelle jedes Mal hoch und trug ihn am Gruselbüffet vorbei. Bald hatte er zum Glück das Interesse an den Schnecken verloren.

Aufmerksamkeit wirkt verstärkend. Also unterbrecht das Verhalten möglichst ohne viel Brimborium. „Komm, wir gehen weiter" reicht aus. Ein gut auftrainierter Maulkorb kann bei hartnäckigen Fällen helfen, Fressen zu unterbinden. Allerdings handelt es sich hier nur um Management und nicht um eine Ursachenbekämpfung. Ihr solltet darauf achten, dass der Hund durch den Maulkorb niemals in Frust gerät, der sich wiederum andere verhaltensbesondere Ventile suchen kann.

Bei den meisten Hunden regelt sich das Problem bald von selbst. Dass Hunde allerdings weiterhin Vorlieben für Pferdeäpfel, Kot oder Gras pflegen können, ist ein häufiges Phänomen. Die Gründe hierfür sind nicht eindeutig erforscht: Sie tun es möglicherweise, weil es schmeckt, weil sie Hunger haben, weil sie unter Nährstoffmangel leiden, aus Stress, aus Langeweile oder aus anderen Gründen, die nur sie kennen mögen.

Ihr habt zweierlei Möglichkeiten, damit umzugehen: Entweder ihr akzeptiert gewisse Ausreißer oder ihr trainiert dagegen an. Ich verspreche euch: Alles andere funktioniert nicht. Wenn ihr ihn ausschimpft oder „Nein" ruft, wird er vielleicht kurzfristig den verbotenen Gegenstand aus Angst vor Strafe liegen lassen. Aber an seiner Lust auf (in unseren Augen) Ekeliges wird sich absolut nichts ändern. Er wird lediglich geschickter werden: Er nimmt den Leckerbissen schneller auf, würgt ihn schneller hinunter oder er frisst ihn dann, wenn ihr ihn nicht sehen könnt bzw. er sich unbeobachtet fühlt.

Ihr habt lediglich die Chance, ihm diese unangenehme Leidenschaft abzugewöhnen, indem ihr Überzeugungsarbeit leistet: Vom Prinzip muss der Hund nur verstehen, dass es sich für ihn lohnt, bestimmte Dinge liegen zu lassen oder sie euch anzuzeigen, ohne sie zu fressen, weil dies fürstlich bei euch und durch euch mit besseren Jackpot-Leckereien belohnt wird.

Investiert in kluges Antigiftködertraining (s. Service „LINKS UND LITERATUR").

Sollte der Hund völlig wahllos nicht organische, harte und/oder unverdauliche Dinge verschlucken, kann auch eine Erkrankung wie das Pica-Syndrom vorliegen. Sucht bitte eure Tierärztin/euren Tierarzt auf und lasst euch beraten.

15 ... MIR MEIN HUND STÄNDIG HINTERHERRENNT?

Je enger die Bindung zwischen euch und eurem Hund ist, desto eher wird er dazu neigen, euch – seine Bezugspersonen – zu stalken. Wenn euch das stört, bringt ihm bei, dass es sich lohnt, auch mal liegen zu bleiben – am besten in seiner Ruhezone. Wie ihr diese aufbaut, könnt ihr im FAQ 60 „Was ist eine Ruhezone und wie baue ich sie auf?", S. 138, nachlesen.

Aus gesundheitlicher Sicht ist es durchaus empfehlenswert, ihm beizubringen, euch nicht den ganzen Tag zu folgen, damit er auf sein tägliches Ruhe- und Schlafpensum kommt und sich zu einem entspannten Hund entwickelt.

MERKE

Euer Hund will euch mit seinem Verhalten nicht „kontrollieren", sondern damit der manchmal übermächtigen Sorge vorbeugen, allein bleiben zu müssen. Der Verfolgungswahn unserer Hunde hat sehr viel mit der Thematik „Trennungsstress" zu tun (s. a. FAQ 6 „Was mache ich, wenn ... mein Hund nicht allein bleiben kann?", S. 31). Ihr könnt dem Hund über Training beibringen, entspannt zu verweilen, auch wenn ihr gerade nicht da seid.

16 ... MEIN HUND MICH UND ANDERE ANSPRINGT?

Anspringen hat häufig mit einer gesteigerten Erregung zu tun. Der Hund springt euch z. B. bei der Begrüßung an, wenn er andere Menschen trifft oder wenn etwas Aufregendes passiert.

Springt ein Hund Menschen an, dann deshalb, weil es sich für ihn lohnt: Das Verhalten wurde zigfach (meist unbewusst) durch Menschen verstärkt. Ein Welpe springt z. B. an den Beinen hoch und wird gestreichelt und angefasst. Anspringen wird durch Aufmerksamkeit und Ansprache jeglicher Art von uns beantwortet. Der Hund hat also von der Pike auf gelernt: Anspringen lohnt sich! Und manchmal ist bereits Schimpfen lohnend genug. Es gilt das zentrale Lerngesetz: Verhalten, das sich lohnt, wird häufiger gezeigt werden (s. a. FAQ 125 „Wie lernt mein Hund?“, E-Book).

Hochspringen ist selbstbelohnendes Verhalten. Ihr werdet es nicht abstellen können, indem ihr euch umdreht und ihn ignoriert. Dann springt euch der Hund eben von hinten an.

Management: Wenn euch Anspringen stört, verhindert – neben konkretem Training –, dass euer Hund überhaupt die Gelegenheit dazu bekommt. Haltet Abstand zum Hund oder zu anderen Anspringopfern.

Training: Baut ein Alternativverhalten mit eurem Hund auf: Was soll er statt Hochspringen tun? Wie wäre es mit Sitzen? Oder auf allen vieren stehen bleiben? Oder sich ein Spielzeug holen und tragen? Bevor euer Hund die Gelegenheit bekommt, euch anzuspringen, gebt ihm das Signal für euer

Unser Verhalten ruft beim Hund eine Reaktion hervor.

geübtes Alternativverhalten und belohnt ihn dafür. Indem neues Verhalten belohnt und altes Verhalten nach Möglichkeit nicht mehr provoziert wird, wird die Trainingswaage in die gewünschte Richtung ausschlagen und Anspringen weniger werden.
Schubst ihn nicht weg. Das steigert nur seine Aufregung und erhöht die Chance aufs Anspringen. Und er weiß dann immer noch nicht, was er stattdessen tun soll. Nichtanspringen ist kein Verhalten. Sitzen oder Stehen schon. Bleibt ruhig, werdet nicht hektisch, fuchtelt nicht mit den Armen herum, lasst die Arme hinunterhängen. Hochgerissene Arme animieren Hunde zum Anspringen. Sie könnten denken, ihr hättet ein Leckerchen oder etwas Spannendes in der Hand.

Streichelt euren Hund generell nur oder sprecht ihn ausschließlich nur dann an, wenn alle vier Pfoten auf dem Boden stehen, damit ihr nicht das falsche Verhalten verstärkt.

Begrüßt ihn beim Nachhausekommen ruhig, geht in die Hocke, damit er gar nicht erst in Versuchung geführt wird. Und ja, ihr dürft ihn begrüßen, unbedingt sogar! Lest mehr über überholte Rangreduktionsmaßnahmen in FAQ 118 „Muss ich immer als Erster durch die Tür?“, E-Book. Fordert ihn niemals auf, euch anzuspringen, nur weil ihr gerade in der Stimmung seid. Bleibt fair. Sorgt dafür, dass sich alle an die Regel halten.

Bietet ihm an, etwas im Maul zu tragen. Das hält viele Hunde auf dem Boden. Sie können ihre Aufregung dann „wegkauen“ und durch Umherwuseln kanalisieren. Deponiert immer ein Spielzeug an der Eingangstür, damit ihr es ihm ins Maul schieben könnt, wenn ihr nach Hause kommt. Nach einer Weile wird sich der Hund das Spielzeug von sich aus holen, da er gelernt hat, seine Aufregung auf diese Weise abzubauen.

Wendet euch an eure Trainerin/euren Trainer, die/der belohnungsbasiert arbeitet, um euch die einzelnen, individuellen Trainingsschritte aufzuzeigen und weitere Möglichkeiten vorzustellen.

Anspringen ist kein respektloses Verhalten, wie man immer wieder hört und liest. „Respekt“ ist ein menschengemachter ethischer Wert, Hunde verhalten sich aber nicht nach ethischen Werten, sondern aufgrund ihrer Emotionen und Bedürfnisse. Das ist wichtig zu unterscheiden, denn Respektlosigkeit ist in der Menschenwelt negativ behaftet, und so fällt es auch gleich viel leichter, den Hund für sein Verhalten zu maßregeln und zu bestrafen.

17 … MEIN HUND JEDEN HUND BEGRÜSSEN WILL?

Wichtig zu wissen: Einem Hund zu erlauben, jedem anderen Hund „Hallo“ sagen zu dürfen, hat einige gewichtige Nachteile. Angesichts anderer Hunde wird seine Erregung im Laufe der Zeit immer stärker ansteigen. Der Hund wird schlecht bis gar nicht abrufbar werden. Sollte er dann mal nicht zum anderen Hund hindürfen, gerät er in Frust, da er nie gelernt hat, sich in solchen Situationen zurückzunehmen und Impulskontrolle aufzubringen. Starker Frust kann in Aggression umschlagen, Leinenaggression ist eine häufige Folge. Zudem können Konfliktsituationen auftreten, wenn der Hund sich anderen Hunden ungefragt nähert und diese sich gegen mögliche Aufdringlichkeiten erwehren müssen.

Hunde, die zu anderen „hin“möchten, tun dies nicht immer, um freundlich „Hallo“ zu sagen. Beobachtet euren Hund, ob er sich tatsächlich einladend nähert oder ob er beim Annähern eine offensive Körpersprache zeigt. Hier gibt es große Unterschiede, hinter denen ganz unterschiedliche Emotionen und Motivationen stecken (s. a. FAQ 126 „Was will mein Hund sagen?“, E-Book).

Lasst euren Hund nur dann andere Hunde begrüßen, wenn auch die andere Seite begrüßt werden möchte. Sprecht euch mit den anderen Hundehaltern ab. Es gibt sehr viele gute Gründe, warum andere das nicht möchten. Akzeptiert ihren Wunsch nach Abstand.

Bringt eurem Hund als Alternative bei, dass es auch bei euch und vor allem an der Leine spannend sein kann und dass es durchaus möglich ist, entspannt zu bleiben, auch wenn andere Hunde in Sichtweite sind.

Unterstützt euren Hund dabei, zu lernen, andere Hunde freundlich zu begrüßen. Diese Fähigkeiten erlernt ihr in einer guten Hundeschule. Überzeugt euren Hund, dass es für ein glückliches Dasein vollkommen ausreichend ist, ab und an andere Hunde freundlich zu begrüßen. Auch wenn wir das häufig so interpretieren: Aber sehr viele Hunde sind ziemlich happy, wenn sie in Ruhe gelassen werden und gar nicht an den anderen Hund herangehen müssen. Zu oft in ihrem Leben haben sie schon die Erfahrung gemacht, dass Hundekontakte – vor allem an der Leine – ziemlich stressig ablaufen. Unser gut gemeintes Bestreben zur Zwangssozialkontaktpflege ist häufig am Bedürfnis des Hundes vorbeigedacht. Ihr sprecht auch nicht mit jeder/jedem.

Wenn ihr eurem Hund Sozialkontakte ermöglichen möchtet, gibt es hierfür auch andere Möglichkeiten (s. a. FAQ 82 „Braucht mein Hund Sozialkontakte?“, S. 194).

18 … MEIN HUND NICHT MIT JEDEM HUND SPIELEN MÖCHTE?

Akzeptiert das! Es gibt viele Hunde, die nicht mit anderen spielen möchten oder die nur mit ganz wenigen ausgewählten Hunden spielen. Nettes Spielen und Spielregeln müssen erlernt werden.

Spielt alternativ mit eurem Hund, wenn er spielen möchte. Spielen ist eine Sympathie- und Vertrauensfrage. Hunde, die miteinander spielen, sind sich sympathisch und wissen, wie der andere auf ihr Verhalten reagiert.

MERKE

Häufig ist das, was wir als Spiel interpretieren, kein echtes Spiel. Lernt echtes Spiel erkennen! Lest hierzu auch das FAQ 84 „Wie erkenne ich echtes Spiel bzw. Mobbing unter Hunden?“, S. 195.

19 … MEIN HUND INS BETT ODER AUFS SOFA WILL?

Überlegt euch vorher, ob das für euch in Ordnung ist oder nicht. Es ist eure Entscheidung. Lasst euch von niemandem einreden, dass ein Hund nichts im Bett zu suchen hätte, weil er ansonsten dominant werden könnte. Ein Hund im Bett hinterlässt dort allenfalls seine Haare, er wird aber nicht die Weltherrschaft an sich reißen.

Wenn ihr ihm das Bett verwehren möchtet, zeigt ihm freundlich und konsequent (also auch dann, wenn ihr todmüde seid), dass es auf einer Decke daneben oder im Körbchen genauso gemütlich und lohnend ist. Übt vorher: Setzt euch mit ihm dorthin, streichelt und massiert ihn dort, hinterlasst dort immer mal wieder Leckerlis, legt ein benutztes T-Shirt von euch dorthin usw.

Auch wenn er ins Bett oder auf die Couch darf, empfiehlt es sich, ihm dennoch beizubringen, dass es Momente geben kann, in denen Bett oder

Entscheidet selbst, ob euer Hund mit aufs Sofa darf oder nicht.

Couch tabu sind. Macht ihm alternative Liegeplätze schmackhaft. Zeigt ihm, dass es sich für ihn auch lohnt, im Körbchen oder auf der Decke zu liegen (s. o.).

Beispiel: Mein Hund Kurt hat gelernt, dass er immer im Bett schlafen darf, wenn mein Mann nicht da ist. Im Wohnmobil ist das Bett für ihn tabu (weil viel zu eng und zu warm), und hin und wieder darf er im „Gräbele“ (in der Mitte) liegen, einfach so. Er ist mit allen Varianten einverstanden, auch wenn seine Bevorzugte definitiv das Bett ist, am liebsten dort, wo es am meisten nach uns müffelt – auf dem Kopfkissen.

20 … MEIN HUND BEIM KLINGELN AUSFLIPPT?

Ein Klassiker, der die meisten Menschen voll nervt! Der Hund hat gelernt: „Es klingelt, ich renne hin und belle! Juchhuu!“ Genau genommen hat der Hund die Türklingel mit starker Aufregung verknüpft. Und das ist auch schon das eigentliche Problem. Überlegt euch, ob der Hund überhaupt mit zur Haustür laufen muss, um Besucher dort zu begrüßen. Alternativ könnte das Klingeln auch das Zeichen werden für: „Geh in dein Körbchen, bleib locker, dann bekommst du eine Belohnung.“

Wenn euch die Kläfferei beim Klingeln stört, wäre es für einen schnellen Erfolg am einfachsten, eine neue Klingel mit einem anderen Ton zu installieren. Dann könntet ihr den noch bedeutungsfreien Klingelton mit einem neuen Alternativverhalten verknüpfen. Z. B.: Es klingelt, geh ins Körbchen.

Wenn ihr mit der alten Klingel arbeiten wollt oder müsst, gestaltet sich das Training etwas mühseliger, denn der Ton ist ja bereits mit hoher Erregung verknüpft und muss nun über die sogenannte „Gegenkonditionierung" in eine neue Emotion (Entspannung im besten Fall) verwandelt werden. Diese Emotion könnt ihr nur über viele Wiederholungen des neuen Verhaltens verändern. Gleichzeitig müsst ihr verhindern, dass der Hund erneut das alte Verhalten zeigen kann, wenn die Klingel ertönt.

Alternativ könnte der Hund auch lernen, dass er ruhig mit zur Haustür kommen darf, sich hinsetzen soll und eine Belohnung erhält, wenn er ruhig bleibt. Deponiert hierfür am besten eine Leckerlidose im Eingangsbereich, sodass ihr die Kekse schnell im Zugriff habt. Ihr könnt auch über konditionierte Entspannung arbeiten – eine tolle Entspannungstechnik, die sehr hilfreich sein kann, Aufregung zu mildern. Fragt eure Trainerin/euren Trainer danach oder googelt den Begriff.

Ein Kindergitter kann dabei helfen, den Bereich Diele/Haustür für den Hund unzugänglich zu machen. Allein die Distanz zur Haustür kann schon leichte Verbesserungen bewirken. Ihr solltet den Hund für ruhiges Verhalten vor dem Gitter belohnen, indem ihr Leckerlis streut.

Für das Training sind Hilfspersonen sinnvoll, um möglichst alltagsnahe Bedingungen zu schaffen: Einer klingelt, einer füttert.

MERKE

Klingeltraining ist Fleißarbeit. Es kommt auf den Charakter eures Hundes und seine Fähigkeit zur Impulskontrolle in dieser Situation an, welche Variante am besten zu ihm passt. Wendet euch an eure Hundetrainerin/euren Hundetrainer, die/der belohnungsbasiert arbeitet und mit euch den passenden Trainingsplan ausarbeitet.

21 … MEIN HUND ALLES ANBELLT?

Es gibt bellfreudige Hunde und weniger bellfreudige Hunde: Akzeptiert, dass „Geschwätzigkeit" nicht komplett abstellbar ist, sondern auch Charakterfrage ist. In vielen Fällen könnt ihr aber auch einiges tun, um sie zu reduzieren, wenn ihr den Grund – und den gibt es immer! – fürs Bellen herausfindet.

Bleibt ruhig und schimpft nicht mit ihm. Haltet ihm niemals die Schnauze zu, um sein Bellen zu unterbinden! Ihr ändert damit nichts an seiner Motivation und Emotion, sondern unterdrückt hundliche Kommunikation. Wenn er nicht bellen darf, wird er sich einer „deutlicheren" Sprache befleißigen müssen, um seine Ängste, Sorgen und Anliegen mitzuteilen: Er wird beim nächsten Mal möglicherweise gleich zuschnappen oder beißen (s. a. FAQ 23 „Was mache ich, wenn … mein Hund aggressiv ist und beißt?", S. 54).

Reduziert langfristig sein möglicherweise zu hohes Erregungsniveau durch mehr Ruhe und Entspannung. Minimiert Stress und Hintergrundstress (s. a. FAQ 135 „Wie erkenne ich Stress und wie gehe ich damit um?", E-Book). Nehmt ihm seine Angst, indem ihr z. B. mehr Distanz zu Angstauslösern einhaltet. Geht im Bogen an anderen vorbei, verlasst den Weg, tretet zur Seite, kehrt um, sucht Rückzugsorte, die für mehr Sicherheit sorgen (s. a. FAQ 80 „Warum pöbelt mein Hund an der Leine?", S. 185).

Findet passende Alternativverhalten (mit eurer Hundetrainerin/eurem Hundetrainer, die/der belohnungsbasiert arbeitet): Was soll euer Hund tun, statt zu bellen? Verhindert über Management, dass der Hund bellen muss. Lasst ihn z. B. nicht mehr unbeaufsichtigt im Garten herumlaufen und den Gartenzaun bewachen.

Bellen ist Kommunikation, euer Hund will (euch) etwas sagen. Findet heraus, was: Hat er Angst? Will er Aufmerksamkeit? Muss er mal raus? Will er jemanden melden? Ist er aufgeregt? Ist er gestresst? Überfordert? Möchte er spielen? Es gibt viele Gründe, warum ein Hund bellt; nur nicht, weil er dominant ist.

22 … MEIN HUND KNURRT?

So wie Bellen ist auch Knurren normale hundliche Kommunikation. Verbietet eurem Hund niemals zu knurren! Wie beim Bellen auch, verändert ihr mit einem Verbot keine Emotionen, sondern unterdrückt Verhalten (wenn es euch überhaupt gelingt), das sich sein Ventil dann eben woanders suchen wird. Vielleicht beim nächsten vorbeirennenden Kind. Nicht gut!

Nehmt das Knurren des Hundes – auch des kleinen Hundes! – ernst und ignoriert es nicht oder lacht darüber. Knurren ist ein immer noch freundliches Signal mitzuteilen, dass etwas für euren Hund nicht stimmt. Findet heraus, warum er knurrt. Meistens knurren Hunde, wenn sie sich bedroht fühlen, wenn ihre Wohlfühldistanz unterschritten wird, wenn andere Hunde offensives Verhalten zeigen oder zu aufdringlich werden, wenn etwas unheimlich ist oder Angst macht oder wenn ihnen wichtige Ressourcen weggenommen werden oder in sie eingegriffen wird (s. a. FAQ 24 „Was mache ich, wenn … mein Hund seinen Knochen oder sein Spielzeug nicht hergibt?“, S. 56).

Es gibt auch spielerisches oder „Wohlfühl“-Knurren, das gern beim wilden Spiel oder beim Strecken und Räkeln geäußert wird. Lernt unterschiedliches Knurren zu erkennen und einzuordnen. Akzeptiert immer die Wohlfühldistanz eures Hundes. Schafft Vertrauen, indem ihr euch stets einladend verhaltet, sodass euer Hund keine Angst haben oder euch misstrauen muss. Lasst ihn von sich aus näher kommen oder nähert euch freundlich, indem ihr auf

Knurren gehört zur normalen hundlichen Kommunikation.

eure Körpersprache achtet: Nähert euch niemals frontal, sondern seitlich im Bogen, beugt euch nicht über den Hund, greift nicht über den Kopf, starrt ihm nicht in die Augen, umarmt ihn nicht, haltet ihn nicht mit Gewalt fest, drückt euch nicht zu eng an ihn etc. (s. a. FAQ 127 „Wie wirke ich freundlich oder bedrohlich auf den Hund?“, E-Book).

Geht niemals so weit, dass euer Hund überhaupt knurren muss. Nur so baut ihr Vertrauen auf. Wenn euch der Hund doch mal im Ernst anknurrt, geht ein paar Schritte zurück. Es zeugt von Klugheit, wenn ihr in diesem Fall seinem Wunsch nach mehr Distanz nachkommt. Ihr müsst nicht Chef spielen. Im Gegenteil: Ihr zeigt eurem Hund souverän, dass ihr seine Signale verstanden habt und dass ihr seine Individualdistanz akzeptiert. Damit vermeidet ihr, dass er in der Kommunikation durch Schnappen und Beißen deutlicher werden muss (s. a. FAQ 125 „Wie lernt mein Hund?“, E-Book).

Übt an Ressourcen, wie z. B. am Spielzeug, so früh wie möglich zu tauschen. Nehmt nicht einfach etwas weg, sondern bietet dem Hund immer eine Alternative an.

23 … MEIN HUND AGGRESSIV IST UND BEISST?

Prinzipiell gilt: Beißen – so wie Knurren und Bellen – ist normale hundliche Kommunikation. Es gehört ins Verhaltensrepertoire des Hundes, sich mitzuteilen. Ein Hund, der beißt, ist nicht „böse“. Ein Hund, der beißt, hat gute Gründe dafür! Schließlich kann er nicht zum Stuhlkreis einladen …

Unterscheidet Beißen und Beißen. Ein Welpe „beißt“ spielerisch, er probiert sich aus und hat noch keine Beißhemmung erlernt. Er muss erst verstehen, dass er nicht in alles – und schon gar nicht in Hände, Finger, Beine und Arme – beißen darf, weil es uns Menschen wehtut. Lasst ihn also auch nicht „ein bisschen und ab und zu“ mit euren Fingern spielen, „weil es gerade so süß“ ist, sondern schiebt ihm immer ein Spielzeug oder etwas Entsprechendes ins Maul, auf dem er herumkauen darf.

Ein erwachsener Hund, der zubeißt, tut dies gewöhnlich, um sich zu verteidigen, um jemanden abzuwehren, um mehr Distanz einzufordern, aus Frust, aus Angst, aus Stress, aus Schmerz, aus einer zu hohen Erregung heraus als Ventil sowie um eine wichtige Ressource zu verteidigen. Er beißt gezielt und direkt zu, weil er gelernt hat, dass freundlichere Signale wie Knurren oder Schnappen nicht zur Kenntnis genommen oder sogar bestraft wurden. Es gibt viele Gründe, warum ein Hund zubeißt.

Auch wenn euer Hund gebissen hat: Werdet nicht aggressiv, schimpft ihn nicht aus, werdet nicht bedrohlich – das kann sehr gefährlich werden und macht die Sache nur schlimmer: Gewalt erzeugt Gegengewalt!

Versucht ruhig zu bleiben. Je aufgeregter ihr seid, desto aufgeregter wird euer Hund reagieren. Tretet langsam von ihm zurück, starrt ihn nicht an, sprecht ruhig, verhaltet euch deeskalierend. Nehmt euch Zeit, durchzuatmen und herunterzukommen. Auch der Hund braucht diese Zeit. Lasst ihn erst einmal in Ruhe.

Reflektiert unbedingt die Situation: Warum musste der Hund beißen? Was ist vorher passiert? Welche Gründe für sein Verhalten könnte es geben? Wie könnt ihr vermeiden, dass die Situation beim nächsten Mal erneut eskaliert?

Ein Hund, der durch Beißen zum Erfolg kommt, z. B. zu mehr Distanz zu einem Angstreiz, wird diese Strategie öfter anwenden. Deshalb ist es unbedingt empfehlenswert, Bissprävention zu betreiben. D. h.:

› Lernt die Körpersprache eures Hundes besser lesen, um Vorwarnungen zu erkennen.
› Bringt euren Hund ab sofort niemals mehr in Situationen, in denen er sich nur noch mit den Zähnen zu verteidigen weiß.
› Bedrängt oder bedroht ihn nicht, nehmt ihm keine Ressourcen einfach so weg (übt tauschen), haltet Abstand zu anderen Menschen, vor allem zu Kindern, usw.
› Reduziert Stress, überfordert ihn nicht, nehmt Druck weg, lasst medizinisch abklären, ob er Schmerzen hat oder krank ist, sorgt für ausreichend Entspannung und Schlaf und andere wichtige Grundbedürfnisse, die zu mehr Zufriedenheit und Ausgeglichenheit führen.

Verhindert mögliche Beißattacken über Management: Gewöhnt euren Hund an einen gut und sicher sitzenden Maulkorb. Der Maulkorb darf den Hund niemals daran hindern, normal atmen, hecheln und auch Wasser trinken zu können! Enge Maulschlaufen sind komplett ungeeignet und tierschutzrelevant. Bringt ggf. zu Hause Kindergitter an, sorgt für Rückzugsorte, an denen der Hund nicht gestört werden kann, etc.

Lasst euch unbedingt von einer Verhaltensberaterin/einem Verhaltensberater, die/der belohnungsbasiert arbeitet, zu diesem sehr ernsten Thema beraten!

MERKE

Einen in ernster Absicht beißenden Hund durch harte Methoden, über Gewalt, Schläge, „Klapse", Schreckreize und Einschüchterung zu „heilen", ist nicht möglich. Ihr könnt sein Verhalten damit möglicherweise deckeln, sprich: hemmen, seine dahinterstehende Emotion (Angst, Frust, Wut) aber nicht verändern, höchstens noch schlimmer machen. Er wird sein altes Verhalten bei nächster Gelegenheit wieder zeigen – dieses Mal dann noch deutlicher (s. a. FAQ 120 „Brauchen manche Hunde eine harte Hand?", E-Book).

24 … MEIN HUND SEINEN KNOCHEN ODER SEIN SPIELZEUG NICHT HERGIBT?

Ressourcenverteidigung kann sich zu einem ernsten Problem entwickeln und sollte schnellstmöglich bearbeitet werden. Ressourcen sind Gegenstände, Personen oder Umgebungen, die der Hund als so wichtig empfindet, dass er bereit ist, sie körperlich zu verteidigen und einzufordern. Dies kann Futter sein, Spielzeug, Bezugspersonen, andere Hunde, das Auto, der Gartenzaun, das Sofa oder das Bett, ein Mäuseloch, eine Wasserstelle, ein Grashalm – eben alles, was in den Augen des Hundes sehr wertvoll erscheint.

Übt mit eurem Hund „Tauschen". Im Alltag gibt es immer wieder einmal Situationen, in denen es notwendig werden kann, dass der Hund einen Gegenstand ausgibt. Je besser ihr dies vorher übt, desto einfacher wird es im Ernstfall werden.

› Legt einfach ein anderes Spielzeug aus, wartet, bis er freiwillig das erste Spielzeug loslässt und sich das andere nimmt.
› Nehmt erst dann das Spielzeug ohne Hektik hoch oder wartet einfach noch.
› Legt mehrere Spielzeuge aus. Probiert einfach Varianten aus.
› Gebt ihm das Gefühl, dass euch die ausgelegten Spielzeuge null interessieren.
› Springt nicht hektisch zu einem Spielzeug hin, bleibt locker, nehmt

es wie zufällig im Vorbeigehen auf, wenn euer Hund gerade ein anderes Spielzeug im Maul hat.

› Lobt ihn ganz viel.
› Bietet ihm das Spielzeug an, das ihr aufgenommen habt.
› Zieht nicht am Spielzeug, das er im Maul trägt. Sobald ihr zieht, zieht er dagegen. Wenn er das Spielzeug ausgeben soll, haltet einfach die Hand darunter bzw. verzichtet einfach auf Zug.
› So lernt euer Hund leicht, dass es sich für ihn immer lohnt, etwas freiwillig aus- oder herzugeben.

Lasst ihm sein Spielzeug immer zur freien Verfügung, damit es gar nicht erst den Stellenwert einer knappen Ressource erhält, die es zu verteidigen gilt (s. a. FAQ 56 „Soll mein Hund Spielzeug zur freien Verfügung haben?“, S. 148). Beweist ihm, dass er keine Angst haben muss, dass er den Gegenstand nicht behalten darf, indem ihr ihm den Gegenstand (oder einen adäquaten anderen) jedes Mal wiedergebt oder anbietet. So kann er entspannt bleiben und vertrauen. Belohnt ihn kräftig, wenn er freiwillig Gegenstände ausgibt oder sie euch sogar freiwillig vor die Füße oder in die Hand legt.

Nehmt nicht einfach seinen gefüllten Napf weg (um zu zeigen, dass ihr der Chef im Hause seid)! Ein Hund, der Hunger hat, findet das – zu Recht – ziemlich übergriffig. Baut Vertrauen auf, indem er immer in Ruhe fressen darf, ohne gestört zu werden. Werft ihm ab und an etwas zusätzlich in den Napf, aber entfernt euch dann wieder, sodass er den Eingriff sogar positiv empfindet.

Solltet ihr seinen Napf aus irgendwelchen Gründen doch mal wegnehmen müssen, dann übt das Wegnehmen und Hinstellen präventiv kleinschrittig. Ihr beginnt am besten mit einem leeren Napf, mit wenig wertigem Futter bzw. einzelnen Leckerlis und tauscht immer mit etwas Besserem. So wird euer Hund nie das Gefühl bekommen, dass er sein Fressen verteidigen muss.

Greift niemals, ohne vorher geübt zu haben, ins Maul des Hunds oder drückt ihm niemals auf die Lefzen, um ihm einen Gegenstand mit Gewalt zu entreißen. Er könnte versuchen, sich zu wehren. Auch Maulöffnen, Hineinschauen, Hineingreifen etc. sollte auf Kooperation basieren und kleinschrittig geübt werden, damit der Hund lernt, dass ihm nichts Schlimmes widerfährt, und er nicht in eine Verteidigungsposition gedrängt wird. Auch bei Tierarztuntersuchungen ist es von Vorteil, wenn der Hund sich ins Maul schauen lässt. Fragt eure Hundetrainerin/euren Hundetrainer, die/der belohnungsbasiert arbeitet, wie ihr diesen coolen Trick aufbauen könnt.

25 … MEIN HUND TROTZ „NEIN!" NICHT HÖRT?

Dann sagt es nicht. „Nein" ist kein Verhalten und auch nicht der Name eures Hundes … Zählt mal spaßeshalber mit, wie oft ihr am Tag „Nein" zu eurem Hund sagt, und beobachtet, ob er mittel- bis langfristig betrachtet tatsächlich die mit „Nein" belegten Verhaltensweisen nicht mehr zeigt. Ich wette: Nein!

„Nein" zu sagen, kann auch Verhalten verstärken, denn auch ein „Nein" bedeutet Aufmerksamkeit. Also führt euren Hund, statt „Nein" zu sagen, möglichst kommentarlos und unauffällig, wie nebenbei, aus der Situation heraus und zeigt ihm dann freudig etwas, das er tun darf.

Setzt freundlich Grenzen, indem ihr dem Hund zeigt, was er stattdessen tun soll, und indem ihr ihn in vielen Situationen, in denen er tolles Verhalten zeigt, belohnt oder mindestens lobt. Konzentriert euch auf erwünschtes Verhalten statt (typisch Mensch) immer nur auf unerwünschtes!

Dennoch werdet ihr auch Abbruchsignale brauchen. Diese baut ihr immer über positive Verstärkung auf (s. a. FAQ 125 „Wie lernt mein Hund?", E-Book). Abbruchsignal bedeutet nämlich nicht, dass ihr den Hund gängeln, ängstigen oder bedrohen müsst. Je nach Situation, die ihr verändern möchtet, können alle möglichen Signale Verhalten abbrechen. Sagt zu einem Hund (der das kann!) doch mal ruhig „Sitz", wenn er euch anspringt, oder „Stopp" auf Distanz, wenn ein Fahrrad vorbeifährt. Ihr werdet sehen, dass das viel besser klappt, als ihn wegzuschubsen oder panisch herumzuschreien, denn er weiß, was er tun soll. Sein Gehirn schaltet in den Denkmodus. Das ist gut.

In manchen Abbruchsignalen steckt eine potenzielle Strafe dahinter, ein „Wenn du das nicht machst, dann …" Beispiele:

Weiter-Signal: Der Hund lernt im ersten Schritt zunächst ganz fair die Vokabel: „Weiter" bedeutet „Wir bewegen uns in Laufrichtung". Wann immer ihr z. B. sicher sein könnt, dass euer Hund sich gleich in Bewegung setzt, sagt ihr das Wort und belohnt ihn sofort fürs Weitergehen. Wenn er die Vokabel zuverlässig gelernt hat, hat er zukünftig die Wahl: Entweder geht er auf das

Signal freiwillig weiter (und darf dafür belohnt werden) oder ihr zieht in sanft (ohne Ruck!) an der Leine so lange mit, bis er freiwillig weiterläuft. Das wird auf keinen Fall belohnt!!! Ihr dürft erst und dann gern wieder belohnen, wenn der Hund ein paar Sekunden mit euch läuft. Schließlich wollt ihr das richtige Verhalten verstärken.

Geschirrgriff-Signal: Der Hund lernt auf Signal, dass er am Geschirr so lange festgehalten bzw. zurückgehalten wird, bis er sich freiwillig zurücknimmt, stehen bleibt oder sich sogar hinsetzt und seinen Impuls, nach vorn zu gehen, aufgibt. Der Hund soll beim Geschirrgriff weder erschrecken noch Meideverhalten zeigen, sondern einfach gelernt haben: „Aha, das Wort „Geschirr" bedeutet: Jetzt kommt die Hand und hält mich am Geschirr fest, ich komme keinen Zentimeter mehr weiter, also setze ich mich doch vielleicht einfach freiwillig hin." It's magic: ein Geschirrgriff, der ohne Griff ins Geschirr bestens klappen kann. Fragt eure Hundetrainerin/euren Hundetrainer, die/der belohnungsorientiert arbeitet, oder Google, wie der Geschirrgriff im Detail aufgebaut werden muss, damit er im Ernstfall verlässlich funktioniert. Ein sauberer Aufbau ist sehr wichtig, damit er gut funktioniert!

26 … MEIN HUND NICHT ZURÜCKKOMMT, WENN ICH RUFE?

Sorgt dafür, dass Zurückkommen immer mit einer positiven Konsequenz verbunden ist. Das heißt: Belohnt ihn immer fett, wenn er zügig zurückkommt. Lässt er sich Zeit, reicht auch ein freundliches „Das geht besser" – vorausgesetzt, ihr habt den Rückruf überhaupt schon mal geübt. Wichtig ist: Schimpft ihn niemals aus, wenn er nicht schnell genug kommt. Negative Konsequenzen haben nur zur Folge, dass er weniger schnell oder gar nicht mehr kommen wird (s. a. FAQ 125 „Wie lernt mein Hund?", E-Book).

Baut einen zuverlässigen Rückruf auf Signal auf und übt ihn immer wieder in allen möglichen Situationen. Eure Hundetrainerin/euer Hundetrainer, die/der belohnungsbasiert arbeitet, kann euch zeigen, wie ihr das am besten macht und worauf ihr achten müsst. Lasst euren Hund nicht ohne Leine herumlaufen, wenn ihr 100 Euro darauf verwetten würdet, dass er nicht zurückkäme, wenn ihr ihn jetzt rufen würdet. Er muss erst lernen, auch bei

Auch jagdlich orientierte Hunde sind abrufbar – mit einem solide aufgebauten Rückrufsignal.

Ablenkungen auf Signal zu euch zu kommen.

Versteckt euch nicht oder rennt nicht weg! Das macht dem Hund im schlimmsten Fall Angst, wird ihn aber nicht daran hindern, wieder wegzurennen oder fortzubleiben, wenn er auf etwas Spannenderes trifft.

Nutzt einen GPS-Tracker für den Fall der Fälle.

27 … ES MAL NICHT SO KLAPPT, WIE ES SOLLTE?

Das ist normal. Euer Hund ist keine Maschine, die immer die gleiche Leistung zeigen kann, sondern ein lebendiges Wesen mit Tagesformen, Befindlichkeiten, Hormonschüben, Krankheiten etc.

Wenn es mal nicht so läuft, wie ihr möchtet, atmet durch, haltet inne, überlegt, woran es liegen könnte. Seid ihr gestresst? Ist euer Hund gestresst? War das Programm zu heftig? Geht es ihm gut? Hatte er genug Ruhephasen? Es gibt viele Gründe, warum es mal nicht rundläuft. Geht nach Hause, kuschelt eine Runde zusammen und versucht es am nächsten Tag erneut.

Verändert die Bedingungen: Passt die Umgebung? Sind zu viele Ablenkungen in Riech- oder Sichtweite? Sind die Trainingsanforderungen dem Lernstand entsprechend gewählt? Geht ein paar Trainingsschritte zurück, und macht es ihm dadurch einfacher.

Nehmt Druck aus der Situation. Gebt eurem Hund Zeit, sich zu erholen. Macht mal einen oder zwei Tage Pause. Fordert einfach mal nichts! Nehmt es locker! Lächelt!

28 … ICH WÜTEND ODER GENERVT BIN?

Das ist normal. Ihr seid auch nur Menschen, und es werden Situationen auftreten, in denen euch euer Hund wütend machen oder unsäglich nerven wird. Und manchmal ist es gar nicht der Hund, der uns wütend macht, sondern ganz andere Dinge: Die Chefin/der Chef, die Partnerin/der Partner, Sorgen, Kummer, Stress – all das kann uns beschäftigen und negative Auswirkungen auf unsere Beziehung zum Hund haben.

Verzichtet in dieser emotionalen Verfassung auf Training, das würde nur in die Hose gehen. Wut ist kein guter Lehrmeister. Wenn ihr wieder gute Laune habt, startet mit eurem Training neu durch. Es ist durchaus in Ordnung, mal etwas Abstand zu gewinnen: Trottet beim Gassi nebeneinanderher, atmet mal durch, gestattet euch, euren Gedanken nachzuhängen, und erlaubt dem Hund, in seine Schnüffelwelt abzutauchen.

Erinnert euch daran, dass euch euer Hund jeden Tag gut gelaunt und freudig begrüßt und euch immer freundlich gesinnt ist. Vielleicht hilft euch das dabei, eure schlechte Laune schneller in den Griff zu bekommen.

Seid nicht nachtragend. Euer Hund würde das niemals verstehen. Er ist nicht in der Lage, euren Groll in den Kontext eines längst vergangenen „Vergehens“ zu setzen.

MERKE

Vergesst nach Möglichkeit bei aller Wut und schlechter Laune nie: Euer Hund macht nichts, um euch zu ärgern. Er macht die Dinge, die er macht, weil er vielleicht nicht weiß, was er sonst machen soll, weil ihr noch nicht gut genug geübt habt, weil er auch mal einen schlechten Tag hat, weil er Bedürfnisse hat, die euch befremdlich vorkommen mögen.
Er weiß es nicht besser!

KAPITEL 3

VOR DEM HUNDEKAUF

29 WAS IST ARTGERECHT?

Die Vorstellung davon, was „artgerecht" bedeutet, wird immer wieder heiß diskutiert und von vielen Menschen unterschiedlich ausgelegt. Ein ehemaliger Kollege war z. B. der festen Meinung, es sei „artgerecht", einen Hund draußen im Zwinger zu halten, „weil das früher auch immer so war". Alles andere sei vermenschlichend. Sich bewusst ein paar Gedanken darüber zu machen, was artgerechte Haltung tatsächlich bedeutet, ist entscheidend dafür, wie die Lebensqualität des einzelnen Hundes aussieht. Um sich mit der Thematik auseinanderzusetzen, gibt es verschiedene Ebenen, die man einbeziehen kann.

Auf der reinen **Gesetzesebene** und laut Duden bedeutet „artgerecht": „den Ansprüchen einer bestimmten Tierart genügend". Unser Tierschutzgesetz[4] (TschG) bzw. im Speziellen die Tierschutz-Hundeverordnung[5] (TierSchHuV) von 2001 definiert die gesetzlichen Rahmenbedingungen, die für eine artgerechte Haltung zum Schutz und zum Wohle des Hundes erfüllt sein müssen. Insbesondere sind der Paragraph 3 TschG sowie die Paragraphen 2 bis 8 TierSchHuV für uns von besonderem Interesse. Ich langweile euch jetzt nicht

4 – https://www.gesetze-im-internet.de/tierschg/BJNR012770972.html
5 – https://www.gesetze-im-internet.de/tierschhuv/BJNR083800001.html

Ein Leben hinter Gittern mag keiner.

mit Paragraphen, ihr könnt die Verordnungen und Absätze bei Interesse im Internet nachlesen.

Wer sich die oben genannten Auszüge des Tierschutzgesetzes und der Hundeverordnung durchliest, dem wird schnell klar werden, warum über das Thema so viel diskutiert und gestritten wird. Beide Werke geben den gesetzlichen Rahmen vor, der allerdings viele Schlupflöcher bietet, interpretierfreudige Auslegungssache ist und so vielleicht manchmal mehr den Menschen vor Bußgeldern schützt als das Tier vor einem unwürdigen Leben.

So war z. B. noch bis zur Fertigstellung dieses Buches das *Anwenden* eines Stachelhalsbandes verboten, nicht aber der *Erwerb* und das *Tragen* des Stachlers. Erst im Jahr 2021 hat der Gesetzgeber endlich ein generelles Verbot von Stachelhalsbändern ausgesprochen, das in Paragraph 2 TierSchHuV als Absatz 5 aufgenommen wurde. Endlich wurde im Sinne des Hundes, des Tierwohls und der artgerechten Haltung entschieden. Der Kauf aber bleibt straffrei möglich.

Ein anderes Beispiel ist das prinzipielle Gestatten der Zwingerhaltung. In meinen Augen handelt es sich hierbei um eine unsoziale, ethisch bedenkliche und ganz und gar nicht artgerechte Form der Haltung eines nachweislich sozialen Lebewesens. Dabei spielt für mich keine Rolle, ob der Zwinger ausreichend groß ist, sauber und gemütlich. Kein Hund dieser Welt würde sich einen Zwinger als Zuhause aussuchen, in dem er viele Stunden seines Tages isoliert von seinen Bezugspersonen sein Dasein fristen muss. Sonst säßen in den zahlreichen Tierheimen lauter glückliche Hunde. Aber: Zwingerhaltung ist nun einmal gesetzlich erlaubt. Was jeder daraus macht, bleibt ihm selbst überlassen. Aber artgerecht?

Auch wenn die Gesetzgebung weiterhin verbesserungswürdig bleibt, lässt sich auf **sozialgeschichtlicher Ebene** feststellen, dass sich die Vorstellung der Menschen von „artgerechter Haltung" im Laufe des letzten Jahrhunderts doch sehr stark verändert hat. Die Rolle, die Hunde heute in unserem Leben einnehmen, ist eine ganz andere als noch vor 100 Jahren. Die Industrialisierung hat den Hund als Arbeitsgerät überflüssig gemacht, sodass die Funktion des

Hunde haben sich dem menschlichen Lebensraum perfekt angepasst.

Arbeitshundes durch den Familienhund abgelöst wurde. Wir halten uns Hunde, weil wir Freude an ihnen haben, im Regelfall nicht jedoch, weil sie für uns arbeiten sollen. Wir gehen dadurch eine viel emotionalere Bindung mit ihnen ein, weshalb es uns allgemein betrachtet auch wichtig ist, dass es ihnen gut geht. Sie sind nicht einfach ersetzbar geworden, sie gelten als Familienmitglieder. Wir erkennen in ihnen individuelle, fühlende Lebewesen mit Bedürfnissen, Vorlieben und Abneigungen. Also sorgen wir auch dafür, dass sie nicht frieren oder unter Hitze leiden müssen, dass sie körperlich und geistig ausgelastet werden, dass sie gesund und fit bleiben, und wir wünschen uns, dass sie ein glückliches Hundeleben führen. Wir teilen unseren Lebensraum mit ihnen, und so ist unser Lebensraum heute für Hunde auch „artgerecht". So wie wir nicht mehr in Höhlen leben, lebt der Hund – zumindest in den nordeuropäischen Ländern – heute nicht mehr vor der Tür, sondern dahinter. Und teilt ganz oft sogar Sofa und Bett mit uns, ohne dass davon die Weltordnung ins Wanken geräte.

Trotz dieser historischen Entwicklung sind paradoxerweise immer noch sehr viele Menschen auf der **ethischen sowie trainingstechnischen Ebene** mit sich im Hader, ob es „artgerecht" sei, Hunde freundlich zu behandeln, auf „nette" Art mit ihnen zu trainieren und auf Ängstigung, Unterdrückung und Gewalteinwirkung zu verzichten. Auch hier sind es wieder die Mythen, die uns vorgeben, dass Hunde durchaus ruppig behandelt werden sollten, da dies eine Sprache sei, die sie verstehen würden, weil sie untereinander ja auch nicht zimperlich miteinander umgingen. Dass das allerdings nicht stimmt, könnt ihr im FAQ 117 „Sind wir ein Rudel und gibt es eine Rangordnung?", E-Book, nachlesen.

MERKE

Es ist durchaus artgerecht, nett zum Hund zu sein, denn Hunde sind es untereinander auch (s. a. FAQ 126 „Was will mein Hund sagen?", E-Book). Und selbst, wenn sie es nicht wären: Ein Mensch muss nicht zum Hund mutieren, um mit ihm kommunizieren zu können und ihm erwünschtes Verhalten beizubringen. Ich behaupte, wir würden unsere Hunde gewaltig unterschätzen, glaubten wir ernsthaft, ihnen vorgaukeln zu können, wir wären ein Hund. Es gehört wohl etwas mehr zum Hundsein dazu, als herumzuschreien oder ihn auf den Rücken zu drehen (s. a. FAQ 123 „Soll ich wie ein Hund kommunizieren?", E-Book).

30 WIE ERKENNE ICH GUTE LITERATUR?

Wer heutzutage Fragen hat, bemüht als Erstes Google oder andere Suchmaschinen im Internet. Heraus kommen unzählige Informationen und Lesestoff für Wochen. Auch beim Thema „Hund“ ist dies nicht anders. Es gibt eine Million Foren, Informationsseiten, Blogbeiträge, Artikel, Facebook-Seiten, Websites, Weiterbildungsangebote, Videos, Fernsehsendungen und vieles mehr. Frischgebackene Hundebesitzer und Hundebesitzerinnen erzählen mir fast immer, dass sie als Vorbereitung viel gelesen hätten – und jetzt noch verwirrter seien als vorher, weil die Informationen teilweise sehr widersprüchlich seien. Wie weiß ich als Neuling also, auf welche Seiten oder Angebote ich mich einlassen kann und welche Zeitverschwendung sind, weil sie sich auf veraltete Mythen stützen, falsche Informationen weitergeben und in der Regel strafbasiert arbeiten? Dies zu beantworten, bedarf es einiges an Hintergrund- und Detailwissen sowie Einblicke in die „Szene“. Dennoch gibt es eine Möglichkeit, auf die Schnelle die Spreu vom Weizen zu trennen und schwarze Schafe zu erkennen.

Wenn ich heute z. B. die Website einer mir unbekannten Quelle aufrufe, scanne ich den Text automatisch nach bestimmten Schlüsselwörtern, die Indizien dafür sind, welche Philosophie im Umgang mit dem Hund vertreten wird. In meinem Kopf gibt es eine Black List und eine White List, die darüber entscheidet, ob ich die Quelle als seriös und empfehlenswert einstufe oder nicht. In der folgenden Tabelle habe ich einige dieser Schlüsselwörter aufgelistet. Mir persönlich reicht übrigens bereits eines der Stichworte unter Black List, um die Quelle entweder direkt aus meinem Filter zu entfernen oder wenigstens nochmal genauer unter die Lupe zu nehmen.

Black List Schlüsselwort	**Steht für:**	**White List Schlüsselwort**	**Steht für:**
Dominanz, Rudel, Rudelführer, Chef, Alpha, Hierarchie, Rangordnung, Rangreduktion	Dominanztheorie, aversive Maßregelung, Strafe, Unterdrückung, Hemmung, Ängstigung, veraltetes Wissen, Kasernenton	Wissenschaftlich basiertes Training, Kooperation, Motivation, Team, Kommunikation	Einbeziehung moderner Erkenntnisse, positive Verstärkung als Grundlage des Trainings, freundlicher, fairer, respektvoller Umgang, positive Verstärkung, Training ist Kommunikation
Kommando	Kasernenton, rauer Umgangston, Anschreien, Befehlston	Signale	Freundlicher Umgangston, lobbasierter, motivierender Sprachstil
Kommunikation statt Konditionierung, Kommunikation statt Training, Beziehung statt Training	Ablehnung und Unkenntnis von Lerngesetzen	Lerntheorie, klassische und operante Konditionierung, effektives Training	Faktenbasierte Kenntnisse der Lerngesetze, Einsatz des „Werkzeugkoffers der positiven Verstärkung“
Training ohne Leckerlis, Training ohne Worte	Unkenntnis der Bedeutung primärer (angeborener) und sekundärer (erlernter) Verstärker	Fokus auf Bedürfnisse des Hundes, bedürfnisorientiertes Belohnen	Einsetzen eines Belohnungsrepertoires in Abhängigkeit der Situation, Ausschöpfen der gesamten Bandbreite möglicher Verhaltensverstärker
Energie, „Energy“, Kommunikation über Körpersprache	Kommunikation über Bedrohung, Strafe, Hemmung, Ängstigung, Unterdrucksetzung, bedrohliche Körpersprache	Einladende Körpersprache Mensch	Konzentration auf eine freundliche Körpersprache und Vermeidung von bedrohlicher, ausladender Gestik und Mimik
Red-Zone-Hunde, Resozialisierung	Selbst erfundener Ausdruck für Hunde mit Aggressionsverhalten, Rechtfertigung für aversive Methoden, strafbasierte Methoden über Schmerzreize	Hunde mit Aggressionsverhalten	Funktionale Verhaltensanalyse, Verhaltensberatung, Gegenkonditionierung und systematische Desensibilisierung, Trainingspläne, Kleinschrittigkeit

Black List Schlüsselwort	**Steht für:**	**White List Schlüsselwort**	**Steht für:**
Leinenimpulse	Euphemismus für aversive Maßregelung durch hemmende Leinenrucke	Abbruchsignale	Über positive Verstärkung trainierte Verhaltensabbrüche
Soziales Lernen	Missbräuchlich verwendeter Ausdruck und Rechtfertigung für aversive Maßregelungen	Behavioristische Lerntheorie	Anwendung von Trainingstechniken auf Grundlage der positiven Verstärkung bzw. operanten Konditionierung
Artgerechtes Training	Ruppiger Umgang, Schnauzgriff, Alpharolle, keine Unterstützung und Hilfe in schwierigen Situationen, Nachahmung von vermeintlich hundlichem Verhalten durch den Menschen	Kleinschrittiges/ gewaltfreies/ modernes/positives Training	An die Fähigkeiten und Charaktereigenschaften des Hundes angepasstes Training auf Basis positiver Verstärkung
Erfolg in 10 Minuten	Unseriöse Versprechen, Verhalten wird über Druck und Ängstigung erzwungen	Lernen als Kontinuum/Prozess	Nutzung der Werkzeugkiste der positiven Verstärkung, effektives Lernen über Motivation, angepasst an individuelle Bedürfnisse
Große Trainingsgruppen mit vielen Hunden	Massenabfertigung ohne ausreichende Moderation und individuelle Betreuung, hoher Stresslevel bei den Hunden	Trainingsgruppen $\leq$ 5 Mensch-Hund-Teams	Individuelles, entspanntes Lernen
100 % mit positiver Verstärkung	Lüge, mangelnde Kenntnisse der Lerngesetze, Strafanwendung wird häufig nicht als Strafe erkannt	Auf Basis positiver Verstärkung, ohne Ängstigung, Hemmung, Unterdrucksetzung, Schmerzreize	Fundierte Kenntnisse der Lerngesetze und bewusste Einbeziehung aller Quadranten der operanten Konditionierung ohne aversive Maßnahmen

Black List Schlüsselwort	**Steht für:**	**White List Schlüsselwort**	**Steht für:**
Keine Auflistung von Aus- und Weiterbildungen, Aus- und Weiterbildungsnachweise von Trainern und Trainerinnen und Ausbildungsstätten, die mit aversiven Maßnahmen arbeiten	Dominanztheorie, aversive Maßregelung, Strafe, Unterdrückung, Hemmung, Ängstigung, veraltetes Wissen, Kasernenton	Aus- und Weiterbildungsnachweise von ausgebildeten, positiv arbeitenden Dozentinnen und Dozenten	Sachkenntnisse auf Basis aktueller wissenschaftlicher Erkenntnisse aus den Bereichen Kynologie, Verhaltensforschung und Neurologie
Deutschland: Kein Hinweis auf Zertifizierung nach Paragraph 11 TschG	Keine Erlaubnis, Tiere gewerbsmäßig auszubilden und zu trainieren	Deutschland: Zertifizierung nach Paragraph 11 TschG	Erlaubnis, Tiere gewerbsmäßig auszubilden und zu trainieren (allerdings nicht zwingend ein Qualitätsmerkmal)
Keine oder schwammige Beschreibung der Arbeitsweise, häufig als Intuition dargestellt	Verschleierung aversiver, veralteter, teils tierschutzrelevanter Methoden	Genaue Erläuterung der Trainingsphilosophie	Transparenz, Nachvollziehbarkeit, Überprüfbarkeit, faktenbasiert
Fehlendes Impressum, keine Datenschutzerklärung	Hobby-Ausbilder und -Ausbilderinnen, meist ohne seriöse Aus- und Weiterbildungen, Verletzung der DSGVO	Vollständiges Impressum und Datenschutzerklärung	Ausbilder und Ausbilderinnen mit der rechtlichen Grundlage zur Ausführung ihrer Tätigkeit

31 WELCHER HUND PASST ZU MIR?

Es gibt zurzeit 367 vom FCI anerkannte Hunderassen und Millionen unterschiedlichster Mischlinge, die auf den Straßen leben oder in Tierheimen und Tierschutzorganisationen oder auf Pflegestellen auf ihren Für-immer-Platz warten. Doch wie sollt ihr nun bei all der verlockenden Auswahl den richtigen Hund für euch finden, dessen Bedürfnisse im Gegenzug auch noch zu euren passen sollten – wie ich bereits in Kapitel „Was ist das Problem mit Erwartungen und Ansprüchen?“, S. 22, angeraten hatte, um späteren Enttäuschungen vorzubeugen?

Mein Lebensstil sollte zum Hund passen.

Ganz sicher ist das keine einfache Frage und abhängig von vielen Faktoren. Viele Menschen lassen sich bei der Wahl ihres Hundes von ihrem Herzen leiten. Das ist nachvollziehbar: Wie schnell ist man schockverliebt und schmilzt dahin, wenn man auf den einen süß/traurig/schüchtern/frech guckenden Vierbeiner trifft, der irgendeine Saite in uns zum Schwingen bringt? Das kann sicher jeder nachvollziehen. Und doch wäre es ungemein wichtig, kurz dem Herzen Einhalt zu gebieten und sich ganz nüchtern ein paar vollkommen unromantische Fragen zu stellen – gemäß dem nicht ganz falschen Motto: „Drum prüfe, wer sich ewig bindet." Die nächsten FAQs beschäftigen sich also mit den Fragen, denen ihr euch stellen solltet – auch, wenn ihr es vielleicht gar nicht wissen wollt.

32 PASST MEINE LIEBLINGSRASSE ZU MEINEM LEBENSSTIL?

Größe und Aussehen eines Hundes spielt für viele Menschen verständlicherweise eine wesentliche Rolle. Ich kenne nur wenige Menschen, denen das Äußere total egal ist – jeder hat da sein ganz persönliches Beuteschema.

Doch was nützt es dem Husky, wenn der Mensch auf Schlittenhunde steht, aber ein Coachpotato ist? Was nützt es dem Labrador aus der Arbeitslinie, wenn der Mensch ihn toll findet, weil er so schlank und zierlich ist, aber kein Interesse an artgerechter Auslastung – wie z. B. Dummytraining – hat? Was nützt es dem hoch erregbaren Malinois, dass der Mensch von ihm begeistert ist, in seinem Haushalt aber quirlige kleine Kinder leben?

So hübsch anzusehen viele Hunde sind, so können sie dennoch rassebedingt über bestimmte Charaktereigenschaften und genetische Dispositionen verfügen, die sie geeigneter oder ungeeigneter für bestimmte Lebensumstände machen. Natürlich gibt es auch immer Exemplare, die völlig aus der Art schlagen und ganz anders sind als ihre Rassebeschreibungen angeben. Das wisst ihr aber nicht vorher. Ihr solltet also getrost davon ausgehen, dass ein Husky oder ein Galgo übermäßig viel rennen will, Weite und viel Auslauf braucht. Großstadtgassi an der kurzen Leine ist somit definitiv nichts für diese lauffreudigen Tiere.

Fragt euch also ehrlich, wie ihr drauf seid: Seid ihr gern draußen aktiv, geht ihr wandern, treibt ihr Outdoor-Sportarten? Seid ihr eher Stadtmenschen, oder geht ihr nur raus, wenn die Sonne scheint? Schlechte Nachricht für alle

Bei der Entscheidung für eine bestimmte Rasse müssen auch deren typische Eigenschaften mitbedacht werden.

Stubenhocker: Alle gesunden Hunde, egal ob klein oder groß, springen draußen gern herum. Nur weil ein Chihuahua klein ist, geht der mitunter trotzdem gern mit auf Wanderschaft, statt sein Leben in einer Tasche oder auf dem Arm beim Shopping zu verbringen. Auch kleine Hunde sind Hunde. Und alle gesunden Hunde schnüffeln gern, erkunden ihre Umwelt, sind neugierig, rennen, buddeln oder spielen. Wer also lieber drinnen bleibt und am PC daddelt, sollte sich besser einen Avatar basteln. Ein Hund aus Fleisch und Blut wird hier nicht glücklich.

Dazwischen aber gibt es viele Arten von Hunden, die sich für viele verschiedene Hobbys eignen. Laufen, Schwimmen, Hüten, Aufpassen, Jagen, Klettern, Denken; der Spezialisierte, der Allrounder, der Gemütliche, der Spritzige, der Eigenständige, der Kooperative – da findet jeder den für ihn geeigneten Mix an Eigenschaften.

33 PASST MEINE LIEBLINGSRASSE ZU MEINEM TEMPERAMENT?

Ich hatte mal eine Kundin, die die hervorragende Eigenschaft besaß, erst einmal zu denken, bevor sie handelte. Wenn ich ihr also einen Tipp gab, wie sie ihren Hund z. B. dazu bringen könnte, länger sitzen zu bleiben, hat sie erst einmal alles genau durchdacht, bevor sie anfing umzusetzen. Das Problem an der Sache war nur dies: Sie dachte jedes Mal darüber nach, auch in der Übung selbst. Mit der Konsequenz, dass ihr kleiner temperamentvoller Terrier ihr immer fünf Schritte voraus war. Ich will damit sagen: Es ist von Vorteil, wenn ein Mensch körperlich, geistig und motorisch gut zum Hund passt. Meine Kundin wäre vielleicht mit einem Großen Schweizer Sennenhund besser dran gewesen als mit einem vorwitzigen kleinen Terrier, der ihr in Entscheidungsfreudigkeit und Schnelligkeit weit voraus war. Manche Hunde brauchen zum optimalen Lernen schnelle Entscheidungen und eine noch schnellere Umsetzung. Allein die Größe eines Hundes hat Einfluss auf seine Schnelligkeit: Ein kleiner Hund ist flinker in einem Sitz (und leider auch wieder flink hochgesprungen) als ein großer schwerer Hund. Bis sich eine Dogge mal hinsetzt oder liegt (und wieder aufsteht), vergeht schon aus physikalischen Gründen weit mehr Zeit als bei einem Malteser.

Ein anderer Aspekt ist dieser: Es ist kein Zufall, dass viele Hunde ihren Menschen charakterlich zu ähneln scheinen. Sie lernen viel von ihnen. Eine Bekannte von mir ist eher der nervöse, fahrige und überaus hektische Typ. Sollte ihr Hund sitzen, konnte sie nicht warten, bis er sich setzte, sondern schmiss schon vorher mit Keksen um sich. Sie wunderte sich, dass ihr Hund sich in Folge nie ruhig hinsetzte, sondern ähnlich hektisch wie sie herumhüpfte. Sie wollte nicht verstehen – obwohl sie wirklich eine intelligente, belesene Person ist –, dass sie mit ihrem ungeduldigen Verhalten hektisches Verhalten bei ihrem Hund verstärkte. Das alles wäre nicht so schlimm gewesen, hätte sie ihm nicht Eigensinnigkeit und Lustlosigkeit unterstellt. Sie vermenschlichte ihn: In ihren Augen war er zu clever, zu intelligent und zu selbständig, um sich für einen Keks „zum sitzenden Affen" zu machen. Doch die eigentliche Frage, die sie sich nicht stellen wollte, lautet: Warum hätte er sich voll motiviert setzen sollen, wenn er doch so vorzüglich fürs wilde Herumhüpfen belohnt wurde? Wer damit zufrieden ist und die Dinge nimmt, wie sie sich entwickeln: Okay! Wer sich aber darüber ärgert und aufregt, wird nicht daran vorbeikommen, sich immer erst einmal selbst zu reflektieren und möglichst schonungslos zu überprüfen.

Es ist schon so: Ruhige, entspannte Menschen bekommen ruhige, entspannte Hunde. Wilde, temperamentvolle Menschen bekommen wilde, temperamentvolle Hunde. Und die Ausnahmen bestätigen wie immer die Regel.

34 BRAUCHEN ANFÄNGERINNEN/ANFÄNGER ANFÄNGERHUNDE?

Obwohl ich die Rassebrille in Bezug auf den Umgang mit Hunden in vielen Fällen problematisch finde und typische Rassebeschreibungen häufig nur sehr subjektiv und unvollständig Charaktereigenschaften und Merkmale widerspiegeln (s. a. FAQ 47 „Ist die Rassebrille immer sinnvoll?", S. 101), bin ich trotzdem der Meinung, dass es Rassen gibt, die für Hundeanfänger weniger geeignet sind.

Je schneller, je reaktiver und offensiver ein Hund auf andere Reize reagiert – z. B. bewegungsfreudige quirlige Kinder, Jogger, Fahrradfahrer, andere Hunde – desto mehr Erfahrung und Wissen in Sachen Umgang und

Training solltet ihr haben, um adäquat handeln zu können und nicht überfordert zu werden. Ihr braucht Grundkenntnisse in Lerntheorie (s. a. FAQ 125 „Wie lernt mein Hund?", E-Book) und solltet bereits euer Trainingshandwerk gelernt haben, um zu wissen, wie ihr den Hund anleiten und unterstützen könnt, um erwünschtes Verhalten zu verstärken und unerwünschtes zu vermeiden. Dieses Wissen eignet ihr euch gewöhnlich aber erst in den ersten Jahren des Zusammenlebens mit eurem Hund an – und oft ist das Kind dann bereits in den Brunnen gefallen. Ich schreibe dies auch aus persönlicher Erfahrung, denn auch ich bin mit einem Hund an den Start gegangen, der definitv kein Anfängerhund war.

Das Gleiche gilt meines Erachtens für Hunderassen, die als besonders aufgeregt, temperamentvoll und arbeitswillig gelten und dabei noch ein gewisses Gewicht mit auf die Waage bringen. Meine Erfahrung mit beliebten

Nicht jede Rasse ist anfängergeeignet. Grundwissen zum Wesen Hund und zur Körpersprache sollte aber jeder haben.

„Familienhunden", wie dem Labrador aus der Show-Linie, z. B., ist immer die gleiche: Junge, noch untrainierte Labbis sind kräftige, sehr aufgeregte, stressanfällige und ungestüme Hunde, die schon so mancher Hundeanfängerin/so manchem Hundeanfänger das Leben vor allem im ersten Lebensjahr sehr schwer gemacht haben. Der Punkt ist aber: Labbis sind lernwillige, dem Menschen zugewandte Hunde, die gern etwas zu tun bekommen und zu den tollsten Begleithunden werden, wenn ihre Besitzer die Kunst der Auslastung und Entspannung im rechten Maße beherrschen. Ich hatte schon unzählige frustrierte Labradorbesitzer im Training, die sich resigniert von 30 bis 40 Kilo geballter Junghundekraft durch die Gegend haben zerren lassen, die ungebremst plattgenietet wurden, weil ihre begeisterten vierpfotenangetriebenen Powerpakete nicht wussten, wohin mit sich und ihrer Lebensfreude, oder die ihre Besitzer vor Begeisterung und mangelnder Impulskontrolle ansprangen und umwarfen, nur weil die, ohne es zu merken, eine Augenbraue hochgezogen hatten und sich ihr Hund angesprochen fühlte.

Das Gleiche gilt für viele andere Rassen auch: Arbeitshunde, Jagdhunde, Hütehunde, Herdenschutzhunde, Wachhunde: Alles Hunderassen, die nicht unbedingt als Anfängerhunde geeignet sind. Es sollte kein Grund für eine Türkin/einen Türken ohne Hundeerfahrung sein, sich einen Kangal anzuschaffen, nur weil dieser aus der Türkei stammt. Ohne das „Gewusst-wie" verläuft das Zusammenleben in vielen Fällen nicht so reibungsfrei, wie die Menschen das erwartet haben. Wird dann noch Druck und Hemmung auf die Hunde ausgeübt – was aus reiner Überforderung oft geschieht –, bringt dies keine Verbesserung, sondern erzeugt noch mehr Stress, Frust und höchste Erregung beim Hund.

Selbstverständlich heißt das nicht, dass sich jede Anfängerin/jeder Anfänger erst einmal zum Warmwerden einen Pudel oder Bolonka kaufen muss. Es gibt Naturtalente, die intuitiv, ohne viel Fachwissen, dafür aber ausgestattet mit dem richtigen Bauchgefühl, alles richtig machen. Oder es gibt die, die von Anfang an Trainer zur Seite stehen haben, die sie so optimal anleiten, dass sie klassische Anfängerfehler vermeiden können.

Fazit: Mit einem gewissen lerntheoretischen und trainingstechnischen Grundwissen und einigen Schulungen in Sachen Körpersprache und Wesen entwickelt sich zunehmend ein wichtiger Erfahrungsschatz, der den entspannten Umgang mit „anspruchsvolleren" Rassen definitiv einfacher macht.

35 IST MEINE LIEBLINGSRASSE ETHISCH VERTRETBAR?

Was nützt es dem Mops und allen „Plattnasen", dass die Menschen ihr Äußeres entzückend finden, sie aber ihr ganzes Leben lang unter Atemnot leiden werden, weil sie quasi keine Nasen haben? Ja, Verantwortung zu übernehmen bedeutet auch, sich über Sinn und Unsinn von Zuchtmerkmalen schlauzumachen und unbedingt die Finger von Qualzuchten zu lassen!

Das gilt für alle Rassen mit Merkmalen, die ein Leben in Schmerz und Einschränkung garantieren, wie z. B.:

› Teacup-Hunde, wie der Toypudel oder der Zwergpinscher, die viel zu klein sind, als dass sich Organe genügend ausbreiten könnten. Das Gehirn drückt gegen den Schädelknochen, die Augen treten hervor und sind besonders verletzungsgefährdet, Kopfschmerzen können den Hund beeinträchtigen.
› Faltenhunde, die zu permanenten Entzündungen zwischen den Hautlappen neigen.
› Schäferhunde mit Wackelhüften, verursacht durch ihre unnatürlich abfallende Rückenlinie.
› Dackel mit Rückenproblemen und Bandscheibenvorfällen durch zu lang gezüchtete Wirbelsäule.
› Nackthunde ohne Fell, die unter empfindlicher Haut leiden oder zu Augenkrankheiten und Blindheit neigen.
› Rassen mit voluminösen Fellkleidern oder Dreadlocks wie dem Komondor, die bei mangelnder Pflege zu Hitzestau oder zu Hautekzemen führen können oder den Befall von Parasiten fördern.
› Rassen wie der Border Collie oder Australian Shepherd mit einem reinerbig weitergegebenen Merle-Gen, das zu Augenfehlbildungen, Skelettdeformationen oder Herzproblemen führt.
› Silberne Labradore oder blaue Französische Bulldoggen (und andere Rassen) mit dem Dilute-Gen, die zwar wegen ihrer besonderen Farbe sehr beliebt sind, aber durch die genetische Abweichung von der Norm häufig an CDA (Color Dilution Alopecia), einem geschwächten Immunsystem, Haarausfall und empfindlicher Haut leiden, was wiederum zu erhöhtem Stress durch starken Juckreiz, Unkonzentriertheit, Hyperaktivität und Nervosität führen kann.

Ein Hund von diesem Kaliber braucht einen Menschen, der ihn im Notfall halten kann.

Die Palette an körperlichen Gebrechen und Verhaltensstörungen, bedingt durch unseriöse und unverantwortliche Züchtungen, ist sehr breit und sollte genauestens unter die Lupe genommen werden.

Bei manchen Rassen war es früher normal, ihre Ohren und die Rute zu kupieren, sprich: abzuschneiden, weil der Mensch einen Dobermann, Rottweiler oder Boxer so für besonders gefährlich ausschauend hielt. Zum Glück ist das Kupieren heute in Deutschland und in den meisten europäischen Ländern verboten. Man stelle sich vor, welche Probleme es in der Hund-Hund-Kommunikation geben kann, wenn einem Tier eines seiner wichtigsten Kommunikationsmittel fehlt.

Tipp: Bitte informiert euch intensiv über die Themen Erbkrankheiten, Qualzucht und körperliche Manipulationen durch den Menschen, damit euer Hund nicht sein Leben lang leiden muss oder kommunikative und soziale Nachteile erleidet.

36 SIND MEINE KÖRPERLICHEN VORAUSSETZUNGEN WICHTIG?

Ich kenne Frauen, die wiegen 50 Kilo und besitzen Hunde, die das Gleiche oder mehr wiegen. Startet der Hund durch, weil er ein Reh oder einen anderen Hund sichtet, haben sie dem körperlich nichts entgegenzusetzen. Das kann sehr gefährlich werden und ziemlich wehtun. Ich kenne Frauen, die sich bereits mehrfach Finger, Schulter oder andere Knochen gebrochen haben, weil ihre Hunde noch nicht gelernt hatten, gelassen auf Reize zu reagieren, und also durchgingen. Da ihre tapferen Frauchen die Leinen aber auch nicht loslassen wollten, wurden sie über die Felder geschleift, mit der Folge übler Schürfwunden und anderen Verletzungen. Hört sich lustig an, ist es aber nicht. Ich empfehle ganz dringend: Ein Hund sollte immer nur so schwer sein, wie seine Halter ihn halten können!

Habt ihr ein bestimmtes Alter erreicht, ist die Frage, ob es wirklich ein Welpe sein muss oder ob ihr nicht lieber einem älteren Hund noch eine schöne Lebensrestzeit schenken möchtet, unbedingt überlegenswert und nur fair. Wer sich einen Welpen oder Junghund zulegt, sollte sich immer fragen, ob er die Bedürfnisse eines bewegungsfreudigen, agilen Jungspunts erfüllen kann und was mit ihm passieren wird, wenn ihr erkrankt und nicht mehr für ihn sorgen könnt.

Wer körperlich eingeschränkt ist und z. B. im Rollstuhl sitzt, blind ist oder unter Erkrankungen wie Epilepsie oder Diabetes leidet, kann mit einem Assistenzhund natürlich gut bestellt sein. Doch nicht jeder Hund ist hierfür geeignet. Gut ausgebildete Assistenzhunde durchlaufen eine lange, strenge Ausbildung und kosten viel Geld. Ich persönlich finde auch hier sehr wichtig, sich nicht nur die Frage zu stellen, inwieweit der Hund dem Menschen helfen kann, sondern sich auch umgekehrt zu fragen, ob die Bedürfnisse des Hundes in dem Maße befriedigt werden können, dass auch er, trotz harter Arbeit, ein erfülltes Leben führen kann. Ein „hauptberuflicher" Assistenzhund muss täglich in vielen Situationen hundliches Verhalten zum Schutz seines Menschen hintenanstellen. Ob es ethisch vertretbar ist, Hunde in solcher Weise in die Dienste des Menschen zu stellen, ist gewiss eine Überlegung wert und bleibt auch hier wieder eine sehr individuelle Entscheidung.

37 ERLAUBT MEINE BERUFLICHE SITUATION, EINEN HUND ZU HALTEN?

Um es kurz zu machen: Hunde sind nicht gern allein. Es gibt natürlich Hunde, die das Alleinsein gut ertragen – lieben werden sie es in der Regel alle nicht. Für viele Hunde allerdings ist das Alleinbleiben eine echte Katastrophe: Manchmal deutlich bemerkbar durch Lautäußerungen und Zerstörungswut, manchmal ist das Leiden stumm und für den Menschen nicht einfach erkennbar. Der Haushund wurde domestiziert mit dem Ziel, sich eng an den Menschen zu binden. Und das tun die meisten voll und ganz. Einen Hund acht Stunden allein zu lassen, ist daher mehr als bedenklich und nicht artgerecht. Dabei spielt auch keine Rolle, ob zwei Hunde zu Hause allein sind. Das mag etwas tröstlicher für sie sein, dennoch fehlt das Entscheidende: die Bezugsperson. Hunde sollten das Alleinbleiben sehr kleinschrittig lernen (s. a. FAQ 6 „Was mache ich, wenn … mein Hund nicht allein bleiben kann?“, S. 31), denn der Alltag erfordert diese Fähigkeit an vielen Stellen. Wer jedoch jetzt schon weiß, dass der Hund jeden Tag viele Stunden sich selbst überlassen sein wird, sollte seinen Hundewunsch nochmals gut überdenken, denn hier haben wir ein echtes K.-O.-Kriterium.

Wenn ein Hund mit ins Büro gebracht werden darf, ist das natürlich toll. Es gibt eine Reihe von Studien, die zu dem Schluss gekommen sind, dass Hunde für das Büroklima, die Gesundheit und den Teamgeist zuträglich sind. Und so sind Bürohunde keine Seltenheit mehr. Dennoch solltet ihr auch hierbei bedenken: Was passiert, wenn ihr den Job wechseln müsst? Wenn ihr ihn nicht mehr mitnehmen dürft oder Home Office nicht (mehr) erlaubt ist? Wie geht's weiter, wenn euer Studium beendet ist? Könnt ihr trotzdem dann noch gut für den Hund sorgen?

38 BRAUCHE ICH EIN HAUS MIT GARTEN?

Man liest sehr häufig, dass man ein großes Haus mit Garten braucht, wenn man sich einen Hund zulegen möchte. Das sehe ich anders. Natürlich macht es einen Unterschied, ob ihr ein 30-qm-Meter-Appartement mit einer Dogge oder einem Kleinpudel teilt. Aber ein Körbchen passt ins kleinste Heim, und wer nichts dagegen hat, ständig über den Hund zu fallen, kann auch in einer Miniwohnung glücklich mit Hund werden.

Entscheidend ist, wie der Hund draußen ausgelastet wird und ob ein Auslaufgebiet in der Nähe ist. Werden seine täglichen Bedürfnisse nach körperlicher und geistiger Betätigung draußen ausreichend befriedigt, wird er sich drinnen hauptsächlich mit Ausruhen und Schlafen beschäftigen – genau das, was er sowieso im Schnitt 17 bis 18 Stunden täglich tun sollte. Auch eine kleine Wohnung reicht dazu vollkommen aus.

39 PASSEN KINDERPLANUNG UND HUND IN MEIN LEBENSKONZEPT?

Ich kenne einige Fälle, da musste der Hund gehen, als das erste Kind geboren wurde. Ich möchte das nicht verurteilen, es gab sicherlich nachvollziehbare Gründe für die Abgabe, und den Menschen ist die Entscheidung womöglich sehr schwergefallen. Dennoch: Würde man bei der Wahl des Hundes von Anfang an die Kindertauglichkeit einplanen und sich darüber informieren, was es heißt, mit Hund und Kind unter einem Dach zu leben, würden diese traurigen Fälle weitaus weniger häufig auftreten. Bei einigen wenigen Menschen ist der Grund auch möglicherweise darin zu suchen, dass der Hund mehr als Sportgerät oder als Überbrückung gesehen wird denn als echtes Familienmitglied, denn wer seinen Hund von Anfang an als festen Bestandteil der Familie versteht, wird dies natürlich auch dann noch tun, wenn die Familie wächst. Für einen Hund ist es in der Regel jedenfalls eine persönliche Tragödie, wenn er sein Heim, in dem er vielleicht schon jahrelang gelebt hat, verlassen muss.

Daher ist es wichtig, sich bei der Wahl des Hundes schon im Vorfeld einen zu suchen, der gutes Potenzial hat, mit Kindern auszukommen. Ein Leben mit Kindern ist naturgemäß turbulent. Der richtige Hund kommt damit aber klar. Er sollte unbedingt stress- und lärmresistent sein, ein im übertragenen Sinn „dickes Fell" besitzen und Kinder in all ihren Facetten gut aushalten können. Natürlich müssen auch Kinder lernen, Rücksicht auf den Hund zu nehmen, das ist keine Frage. Aber vor allem kleine Kinder sind nur bedingt dazu in der Lage und können weder ihr Temperament dauerhaft zügeln noch verfügen sie über die nötige Impulskontrolle, die man manchen Hunden entgegenbringen muss, damit nichts eskaliert. Auf dieses überaus wichtige Thema gehe ich genauer im Kapitel 12 „HUNDE UND KINDER", E-Book ein.

Ein Hund im Familienverbund ist bis zum Ende seines Lebens eine Art „Kind auf vier Pfoten", ein Schutzbefohlener, der niemals so erwachsen wird, dass er eigenständig und autark sein Leben bestreiten könnte. Wenn also Menschenkinder geplant sind oder bereits im Haus leben, ist es wichtig zu wissen, dass auch der Hund weiterhin Zeit einfordern wird: Er braucht Ansprache, Fürsorge, Liebe und Erziehung, damit das Zusammenleben harmonisch bleibt. Ein Hund macht nicht weniger Arbeit, nur weil plötzlich Kinder da sind. Im Gegenteil: Der Hund muss langsam daran gewöhnt werden, dass er nicht mehr das einzige „Kind" im Haus ist, dass sich gewisse Abläufe und Rituale verändern werden und er nicht mehr in den Genuss der ungeteilten

Ist der Hund kindertauglich? Eine wichtige Voraussetzung im Kinderhaushalt.

Aufmerksamkeit kommen kann, was ihm möglicherweise zunächst Mühe machen wird.

Bei der Wahl des Hundes spielt auch das Alter der Kinder eine Rolle. Bereits größere Kinder bewegen sich weniger unvorhersehbar für den Hund, sie sind leiser und kontrollierter als Kleinkinder. Sie können leichter – wenn sie das möchten – mehr Verantwortung übernehmen und Aufgaben mit Kompetenz und fachlichem Wissen zuverlässig ausüben, wenn sie geschult werden. Hunde müssen in diesem Fall nicht ganz so robust und stressresistent sein, wie es sich im Fall von Kleinkindern unbedingt empfiehlt. Ein nervöser Hund mit niedriger Reizschwelle und hoher Reaktivität ist für Kleinkinder ungeeignet. Um ein harmonisches, entspanntes Leben für alle Familienmitglieder zu gewährleisten, müssten in diesem Fall viele Regeln aufgestellt und unbedingt zuverlässig eingehalten werden – zum Schutz der Kinder. Übergriffigkeit und Distanzunterschreitung gegenüber dem Hund kann sehr schnell eskalieren. Die meisten Beißvorfälle passieren zu Hause in der Familie, weil Grenzen nicht eingehalten und Körpersprache falsch interpretiert oder ignoriert wird. Die Erfahrung zeigt mir, dass die wenigsten Menschen dazu bereit sind, sich den Schwierigkeiten und enormen Einschränkungen in Lebensqualität und persönlicher Freiheit, die mit einem schnell gestressten Hund einhergehen, über Jahre auszusetzen. Die Entscheidung fällt über kurz oder lang gegen den Hund.

Fazit: In einem (zukünftigen) Kinderhaushalt ist es also unbedingt notwendig, den Hund sehr genau nach kindertauglichen Charaktereigenschaften auszuwählen – nicht nur zum Wohl der Kinder, sondern auch zu seinem eigenen, damit er nicht irgendwann wieder gehen muss.

40 KANN ICH EINEN HUND HABEN TROTZ TIERHAARALLERGIE?

Es kommt immer wieder vor: Menschen kaufen sich einen Hund, der Hund zieht ein, und plötzlich reagiert ein Familienmitglied mit Nießen, tränenden Augen und im schlimmsten Fall sogar mit Atemnot auf ihn. In der Regel steckt eine Tierhaarallergie dahinter. Der Begriff ist etwas irreführend, da es nicht die Haare des Hundes sind, die eine Allergie auslösen, sondern die

Allergene – tierische Eiweiße –, die auf dem Haar, der Haut, im Speichel und im Urin des Tieres zu finden sind.

Es gibt zahlreiche Rassen wie Pudel, Pudelmixe oder bestimmte Wasserhunderassen, die als allergikerfreundlich verkauft werden. Heute weiß man allerdings, dass es keine Allergikerrassen gibt. Es gibt Rassen, die weniger oder mehr Allergene produzieren und daher besser oder schlechter vertragen werden. Es kann sogar sein, dass einzelne Hunde der gleichen Rasse unterschiedlich starke Reaktionen auslösen.

Bevor man sich also einen Hund ins Haus holt, sollte man sicher sein, dass jedes im Haus lebende Familienmitglied auf Hunde nicht allergisch reagiert. Am besten geht dies natürlich über einen entsprechenden Allergietest, der über einen Blut- oder Hauttest durchgeführt wird. Die Allergologin/der Allergologe wird bei der Anamnese auch ausführlich über mögliche Langzeitschäden und chronische Verläufe von Allergien aufklären und über Möglichkeiten zur Ursachenbeseitigung informieren. Tatsächlich wäre es natürlich am einfachsten, auf einen Hund im Haus zu verzichten. Wer das nicht möchte, kann sich schlaumachen über die Vor- und Nachteile einer Immuntherapie, sprich Hyposensibilisierung bzw. Allergie-Impfung.

Fazit: Ich weiß, wie unglaublich traurig es sein kann, sich einen Herzenswunsch nicht erfüllen zu können, weil die Umstände es nicht zulassen. Dennoch gilt bei allen Überlegungen und Gedanken auch hier zum wiederholten Male: Kopf über Herz – am Ende zum Wohl von Mensch und Tier.

41 WIE VIEL AUFWAND BIN ICH BEREIT, IN DIE PFLEGE ZU INVESTIEREN?

Am Anfang dachte ich, logo, Fellpflege, Haare bürsten, scheren – kein Problem, das gefällt mir. Nun ja. Der Enthusiasmus hat sich über die Jahre definitiv gelegt, spätestens mit dem zweiten Hund, der das Bürsten nicht genießen kann, auch wenn ich mich noch so bemühe, es für ihn angenehm zu gestalten. Und nein, mein Hund muss da nicht durch! Statt ihn täglich zu bürsten, wird er eben alle drei Monate kurz geschoren, und wir profitieren beide davon: Er fühlt sich mit kurzem Fell sehr viel wohler, ist viel agiler und hechelt weit weniger, und ich habe mehr Zeit für angenehmere Dinge.

Ganz klar, das Fell vieler Hunde muss gepflegt werden!

Ich kenne aber auch genügend Menschen und Hunde, die die tägliche Fellpflege sehr genießen. Bürsten, im besten Fall als Entspannungsmaßnahme, das Entfernen der Unterwolle, verfilzter Stellen oder zu vieler Haare in den Ohren gehört ins regelmäßige Repertoire. Fellpflege kann, richtig umgesetzt, viel zu einer vertrauensvollen Bindung beitragen. Allerdings ist hier die Voraussetzung, dass die Pflege niemals in einem Kampf ausartet, gemäß dem Motto: „Da muss er jetzt durch", sondern dass ihr solide Grundlagen über positive Verstärkung, kleinschrittiges Vorgehen und freiwillige Kooperation geschaffen habt, sodass sich euer Hund tatsächlich angstfrei auf die Situation einlassen kann, wissend, dass ihm nicht wehgetan wird oder er in einer Situation gefangen ist (im wahrsten Sinne, denn ein Festbinden oder Einklemmen während der Schur ist bei einigen Groomern die Regel), aus der er nicht entkommen kann. Ich kann nur raten, dass ihr euch hierbei Zeit nehmt, denn ansonsten entwickelt der Hund mit zunehmendem Alter eine wahre Phobie gegenüber Hundefrisören, Schermaschinen, Kämmen, Bürsten, Duschen,

Wannen, Zeckenzangen etc., und dann wird jede Pflegemaßnahme zu einer sehr stressigen Angelegenheit für alle Beteiligten.

Wofür auch immer ihr euch also entscheidet, ist Geschmackssache. Aber eines ist klar: Wer einen Hund mit einem pflegeintensiven Haarkleid hat, muss sich der Sache annehmen – lebenslang. Ein vernachlässigtes Fell und mangelnde Pflege bringen ansonsten auf Dauer gesundheitliche Probleme wie Hautprobleme, Parasitenbefall oder Haarausfall mit sich, nicht selten mit verhaltensauffälligen Folgeerscheinungen.

Nicht nur die Fellpflege gehört zur regelmäßigen Routine, sondern – und das betrifft alle Hunde – auch das tägliche Säubern der Augen und Ohren, manchmal das Ausdrücken verstopfter Analdrüsen (nach Anleitung durch die Tierärztin/den Tierarzt), das Absuchen des Fells und der Haut nach Zecken und anderen Parasiten und die Krallenpflege – ein unterschätztes Thema, denn viele Hunde leiden unter viel zu langen und vernachlässigten Krallen, was in Zehenfehlstellungen münden und zu einem schlechten Gangbild und Rückenproblemen führen kann.

42 ZÜCHTER ODER TIERSCHUTZ? RASSEHUND ODER MISCHLING?

Die Frage aller Fragen, an denen sich die Gemüter – teils heftig – reiben: Nehme ich einen Hund von der Züchterin/vom Züchter? Oder wähle ich lieber einen Hund aus dem Tierschutz?

Vielleicht enttäuschend nun zu lesen, aber ich sage es ehrlich: Ich kann euch diese Frage nicht beantworten. Denn: Die Antwort hängt von so vielen Faktoren, von individuellen Entscheidungen und verschiedenen Emotionen, Motivationen und Intentionen eines jeden Einzelnen ab. Ich habe diese Frage in Form einer kleinen Umfrage mit Kollegen diskutiert und erwartungsgemäß sehr unterschiedliche Antworten erhalten. Spannend und für mich etwas unerwartet war allerdings, dass die deutliche Mehrzahl für den erwachsenen Tierschutzmischling gestimmt hat. Das wiederum liegt vermutlich am eher auf Alltagstauglichkeit ausgerichteten Fokus der meisten Trainer und Hundeschulen. Würde ich ambitionierte Fans von Hundesportarten wie Agility, Dummytraining oder Wasserarbeit befragen, würden die meisten ganz sicher mehrheitlich für die dafür bestimmten Rassen aus der Zucht plädieren. Eine Jägerin/einen Jäger muss ich auch nicht fragen, ob sie bzw. er sich einen Mischling anschaffen würde, ebensowenig wie Menschen, die Hunde beim Zoll oder bei der Polizei einsetzen und hierfür auf diejenigen Rassen zurückgreifen, denen man nachsagt, z. B. besonders geeignet für die Drogensuche zu sein. Und der Schäferhundeverein heißt auch nicht umsonst so, auch wenn die Vereine heutzutage in der Regel rasseunabhängig aufnehmen.

Schaut man aber auf den klassischen Familienhund, den Allrounder, der nichts Spezielles, aber viel Allgemeines können soll, geht die Tendenz scheinbar eher in Richtung Mischling aus dem Tierschutz. Ich schätze, dass allein 80 Prozent meiner Kunden aus der Verhaltensberatung Mixe aus dem Auslandstierschutz besitzen, da diese Quelle schier unversiegbar ist, während es sein kann, dass die heimischen Tierheime zeitweilig keine große Auswahl bieten. Es gibt natürlich auch viele reinrassige Hunde aus dem Tierschutz, man denke nur an die vielen „aussortierten" spanischen Galgos, die jedes Jahr mit Ende der Jagdsaison im Februar, wenn sie nicht gleich getötet werden, mit viel Glück im Canile landen und vermittelt werden, falls sie sich als geeignet erweisen.

Es ist, wie es immer ist: Alles hat Vor- und Nachteile. Es gibt auch hier kein Schwarz oder Weiß – auch, wenn uns das manche Menschen vermitteln möchten. Das Thema ist heftig umstritten, ich kenne unendliche Diskussionen von Laien, Experten, Züchtern, Tierschützern und anderen Hundebegeisterten, die nicht selten in Streit und Vorwürfen enden.

Die einen sind der Meinung, dass man, statt des überteuerten Rassehundes, besser einen „armen" Hund aus dem Ausland „retten" sollte. Ich persönlich stehe diesem Argument sehr kritisch gegenüber: Meine Erfahrung hat gezeigt, dass sich ein Hund, der vielleicht ein hartes, aber freies Leben auf der Straße geführt hat, nicht unbedingt „gerettet" fühlt, wenn er in Deutschland an die Leine genommen wird und von jetzt an „Sitz, Platz, Fuß" machen soll. Ebensowenig muss automatisch der Horrortrip eines Canile-Hundes zu Ende sein, nur weil er in eine Familie nach Deutschland vermittelt wird. Die Vermittlungsarbeit mancher Tierschutzorganisationen ist skandalös schlampig, sodass viele Hunde auf Stellen geraten, die vollkommen ungeeignet und unpassend in Bezug auf individuelle Bedürfnisse von Mensch und Tier sind. Der Horrortrip dieser Hunde geht dann weiter: Sie werden zu Wanderpokalen, häufig mit Endstation Tierheim oder Einschläferung.

Bitte versteht mich nicht falsch: Ich habe nichts dagegen, „arme" Hunde zu „retten", und auch hier kenne ich viele Positivbeispiele. Allerdings sind dies alles Fälle, die aus seriösen, hervorragend arbeitenden, vernetzten Organisationen oder Tierheimen kommen, mit engagierten Mitarbeitern, die zum Wohl der Tiere die Sachlagen prüfen, die begleiten und beraten, mit dem Ziel einer dauerhaften erfolgreichen Vermittlung, und nicht aus Profitgründen (s. a. FAQ 45 „Worauf achte ich bei Züchtern und Tierschutzorganisation?", S. 93).

Die anderen argumentieren, dass ein Hund aus der Zucht die Chancen auf Ausschluss berechenbarer Erbkrankheiten erhöht, während bei Mischlingen die Gefahr bestehe, sich kranke Tiere oder Tiere mit ungünstigen Genpools und Charakterausprägungen ins Haus zu holen.

Fakt ist, es gibt keine Garantien, weder für Rassehunde noch für Mischlinge, am Ende können Überraschungen aller Art nicht ausgeschlossen werden: Es besteht – auch bei sorgsamster Verpaarung – vor allem bei überschaubaren Genpools und geschlossenen Zuchtbüchern, die das Einkreuzen anderer Rassen verbieten, durch die Inzucht immer die Gefahr, kranke reinrassige Hunde zu züchten. Ebenso kann es robuste, gesunde Mischlinge geben, die das Glück hatten, nur die vorteilhaften Gene ihrer individuellen Abstammungslinie vererbt zu bekommen. Ich persönlich glaube, dass es heutzutage – in einer Zeit, in der die Anzahl der Erbkrankheiten allgemein stark angestiegen ist – für die Käufern einem Vabanquespiel gleichkommt, einen gesunden Hund – egal ob reinrassig oder Mix – zu erhalten. Der Mensch hat bereits zu lange zu sehr am canis lupus familiaris herumgeschraubt, als dass man heute noch eine Garantie auf körperliche und geistige Gesundheit vergeben könnte.

Ich empfehle euch, wenn ihr nicht sicher seid, ob es ein reinrassiger Hund oder ein Mischling werden soll, einfach mal die Vor- und Nachteile beider Seiten auf euch wirken zu lassen, eure individuelle Situation und eure Wünsche in eure Überlegungen miteinzubeziehen und euch erst dann zu entscheiden – ungeachtet dessen, was andere dazu sagen mögen.

Die folgende Tabelle macht die Vor- und Nachteile eines Rassehundes bzw. eines Mischlings und die Unterschiede deutlich.

RASSEHUND		MISCHLING	
Vorteile	**Nachteile**	**Vorteile**	**Nachteile**
Aussehen, Größe und Gewicht ist vorhersehbar.			Aussehen, Größe und Gewicht ist nur schwer einschätzbar; häufig kann nur über einen Gentest herausgefunden werden, welche Rassen im Tier stecken.
Rassespezifisches Verhalten/bestimmte Eigenschaften sind zu einem gewissen Prozentsatz wahrscheinlich.			Rassespezifisches Verhalten/bestimmte Eigenschaften sind nicht vorhersehbar, selbst dann nicht, wenn das Aussehen einer bestimmten Rasse ähnelt.
Aus der guten Zucht: Herkunft, Elterntiere, Lebensbedingungen, Aufzucht, Sozialisierungsmaßnahmen können bei seriösen Züchtern nachvollzogen werden.	Aus dem Tierschutz/aus der schlechten Zucht: Vergangenheit unklar, ggf. zu frühe Trennung von der Mutter, negative Erfahrungen, übermäßiger Stress und mangelnde Sozialisierung kann zu unerwünschten Verhaltensausprägungen geführt haben.	Aus bekanntem Umfeld/aus dem Tierheim: Herkunft, Elterntiere, Lebensbedingungen, Aufzucht, Sozialisierungsmaßnahmen können manchmal nachvollzogen werden.	Aus dem (ausländischen) Tierschutz: Oftmals ungewisse Herkunft, keine Informationen zur Vergangenheit, Sozialisierungsmängel, schlechte, stressende Umwelterfahrungen können den Hund geprägt haben.
Rassespezifische Erbkrankheiten können bei sorgsamer Forschung verhindert werden bzw. sind bekannt; kranke Tiere/Tiere, die nicht dem Standard entsprechen, werden von der Zucht ausgeschlossen.	Erbkrankheiten können trotz kontrollierter Verpaarung vererbt werden.	Möglicherweise gesünderer Genpool durch Vermischung mit anderen Rassen; höhere Kreuzungsvitalität.	Erbkrankheiten können durch unkontrollierte Vermehrung nicht ausgeschlossen werden.
Verbandsmitgliedschaft von Züchtern kann Qualitätsmerkmal sein.		(Dem dt. Tierschutzbund angeschlossene) Tierschutzvereine können Qualitätsmerkmal gegenüber privatem Tierschutz sein.	
	Teuer in der Anschaffung.	Günstige Anschaffungskosten.	
Einzigartiges Wesen.	Tierarztbesuche werden notwendig sein. Verhaltensberatung mag notwendig werden.	Einzigartiges Wesen.	Tierarztbesuche werden notwendig sein. Verhaltensberatung mag notwendig werden.

43 SPRICHT ETWAS GEGEN DOODLES, POOS UND ANDERE SCHNOODLES?

Seit geraumer Zeit gibt es eine Vielfalt spezieller Vermehrungen von Hunden, die sich zunehmender Beliebtheit erfreuen. Bei den sogenannten „Hybrid"- oder auch „Designerhunden" werden zwei reinerbige Hunde unterschiedlicher Rassen miteinander gekreuzt, mit dem Ziel, daraus eine perfektere „Rasse" zu generieren. Hybriden sind immer nur Mischlinge der ersten Generation einer Elterngeneration und stehen im Ruf einer ausgeprägten Leistungsfähigkeit, was tatsächlich auch zutreffen kann. Doch dieser Vorteil durch den sogenannten „Heterosis-Effekt" verliert sich wieder, würde man infolge mit zwei Hybriden weiterzüchten. Und so bleibt es in der Regel bei reinerbigen Verpaarungen unterschiedlicher Rassen, die neue „Rasse" bleibt ohne (durch den Verband streng kontrollierte) Zuchtlinie, weshalb Hybriden auch nicht vom VDH anerkannt werden. Dazu kommt noch die nicht unwichtige Besonderheit, dass reinerbige Rassehunde, die vom VDH zur Zucht zugelassen sind, niemals für eine Designerhund-Verpaarung bereitstünden, da dies eine Menge Ärger mit dem Verband nach sich ziehen würde. Für Hybridkreationen werden also Hunde genommen, die den Standards nicht entsprechen, und somit werden potenzielle Gendefekte, Erbkrankheiten und unerwünschte Eigenschaften an den neu geschaffenen Hybriden weitervererbt. Der Erfinder der Labradoodles, Wally Conron, hat sich längst von seiner Erfindung distanziert. In einem Interview mit dem US-amerikanischen Sender ABC sagte er sinngemäß: „Ich habe die Büchse der Pandora geöffnet und Frankensteins Monster herausgelassen." Und weiter: „Ich habe festgestellt, dass die große Mehrzahl entweder verrückt ist oder erbliche Probleme hat. Es gibt zwar ein paar wirklich nette Labradoodles, aber leider nur sehr wenige."[6]

Und trotzdem werden Hybrid-Mixe mindestens ebenso teuer oder sogar teurer verkauft, da ihr Marktwert aufgrund ihrer Seltenheit und wachsenden Beliebtheit steigt. Das ist in gewisser Weise ziemlich ironisch und ein großes Ärgernis für seriöse Züchter anerkannter Hunderassen, die sich mit großem Aufwand und Kosten tatsächlich um Rasseverbesserungen bemühen.

6 – ABC Science: „The first ever labradoodle wasn't a designer dog, he was a guide dog", by Fiona Pepper, Posted Monday 23 Sep 2019

Warum Hybride so beliebt sind: Einerseits mag der Grund an einer mangelhaften Aufklärung naiver Konsumenten und überzeugender Marketingstrategien der Vermehrer liegen. Andererseits bestimmt auch bei der Hundevermehrung wie überall die Nachfrage das Angebot, und so mag es sein, dass Designerhunde den Puls der Zeit treffen, weil viele Menschen nach etwas besonders Besonderem und Individuellem zu streben scheinen und der gute alte Pudel dazu nicht mehr hip genug herüberkommt. Denn vor allem eben dieser wird mit einer Menge anderer Rassen zusammengekreuzt, wie z. B. dem Malteser, dem Golden Retriever, dem Labrador, dem Cockerspaniel oder dem Zwergschnauzer, um daraus einen Maltipoo, Golden Doodle, Labradoodle, Cockerpoo oder Schnoodle zu basteln. Was genau mit dem Pudel nicht mehr stimmt, entzieht sich meiner Kenntnis, denn sowohl der Pudel als auch der Kleinpudel gelten auch heute noch als ausgesprochen gelehrig, anfängertauglich, kinderlieb und, häufig mit weniger tierischen Eiweißen auf Haar, Haut, im Speichel und im Urin behaftet, als potenziell für Allergiker geeignet. Es gibt auch Hybridkreationen, die ohne den Pudel auskommen wie u. a. Puggles (Mops + Beagle), Auskys (Australian Cattle Dog + Siberian Husky), Rottermanns (Rottweiler + Dobermann) oder den Labmaraner (Weimaraner + Labrador).

Der enthemmten und von moralisch-ethischen Grundsätzen befreiten Kreativität der Vermehrer ist keine Grenze gesetzt, was durchaus als unverantwortlich interpretiert werden darf: Zum Teil sehr anspruchsvolle Rassen werden mit anderen anspruchsvollen Rassen gekreuzt, und Wunder werden versprochen. Dabei weiß niemand so genau, was am Ende herauskommen wird. Nur weil die Vermehrer, die wohlgemerkt in der Regel keine Genetiker sind, das Ziel verfolgen, nur die allerbesten Merkmale aus den Elterntieren herauszuholen, heißt das nicht automatisch, dass ihnen das auch so gelingt – Enttäuschungen bei den Käufern sind vorprogrammiert: Der Hybrid haart vielleicht doch, er löst doch Allergien aus, leidet an Hautproblemen oder erweist sich als noch nervöser, unruhiger und reaktiver als seine reinrassigen Elternteile. Er ist am Ende vielleicht doch mit einem ausgeprägten Jagd- oder Hütebedürfnis oder anderen „Untugenden“ ausgestattet und ist nicht das geworden, was er werden sollte: der perfekte Kuschel-Familienhund.

Dabei hätten wir mit den bestehenden Rassen bereits mehr als genug Potenzial, Verbesserungen in Gesundheit und Wesen anzustreben. Ich schätze aber, dass uns in Zukunft noch eine Menge weiterer schräger Hybridkreationen erwarten wird, denn auf den Zug des schnellen Geldes werden einige Vermehrer aufspringen wollen, und der Markt ist leider vorhanden.

MERKE

Hybridhunde sind Mischlinge, die häufig zu überteuerten Preisen und mit kühnen Versprechungen auf dem Markt angeboten werden. Dabei sind sie Überraschungseier, die mit den gewünschten Eigenschaften daherkommen können – oder auch nicht. Mit ihrem Kauf unterstützt ihr hauptsächlich eine ethisch-moralisch bedenkliche Geschäftemacherei – am Ende, wie so oft, auf Kosten der Tiere. Mein Tipp: Finger weg!

44 KANN ICH MEINEN HUND IM LADEN ODER IM INTERNET KAUFEN?

Eine Frage, die leider gar nicht so oft gestellt wird und dennoch wichtig ist: Kann ich einen Hund guten Gewissens im Laden oder im Internet kaufen? Die eindeutige Antwort lautet: Nein! Eine andere Antwort kann es hier nicht geben.

Warum? Weil nicht ein einziges Argument dafürspricht, nicht einmal der vermeintlich günstigere Preis. Zum einen sind die Preise dieses Marktes aufgrund einer gestiegenen Nachfrage gar nicht mehr so günstig, zum anderen lernen wir im FAQ 46 „Welche Kosten erwarten mich?“, S. 99, dass die Anschaffungskosten sowieso nur den kleinsten Teil der Kosten ausmachen, die ein Hund im Laufe seines Lebens generiert. Wer also hier anfängt zu sparen, spart zu 100 Prozent am falschen Ende!

Es gibt leider (!) tatsächlich auch in Deutschland einen Einzelhandel für Hundewelpen. Angeblich stammen diese Tiere aus seriösen Zuchtstätten und haben echte Papiere. Doch warum sollte eine Züchterin/ein Züchter seine gesunden, reinrassigen Welpen einer Ladenbesitzerin/einem Ladenbesitzer zum günstigeren Preis anbieten? Warum sollte sie bzw. er sich dazu auch noch der Gefahr aussetzen, ihren/seinen Ruf zu ruinieren? Welpen, die in Ladengeschäften verkauft werden, entstammen also eher Bezugsquellen, denen ich persönlich niemals trauen würde – und da könnten die tollsten Papiere mitgeliefert werden! Da sie im Laden auch nicht unbedingt sofort verkauft werden – und schon gar nicht die Ladenhüter –, bedeutet dies, dass die Babys für

Finger weg von solchen Verkaufsstätten!

eine Weile ohne feste Sozialpartnern hinter Glas ihr Leben verbringen müssen. Ein Welpe bei der Züchterin/beim Züchter hingegen lebt zusammen im Haushalt mit Familienmitgliedern und mit der Mutterhündin, bis er schließlich verkauft wird.

Und da können die Verkäufer dieser armen Hunde wegen mir auch gern etwas anderes erzählen: dass es tierschutzrechtlich betrachtet erlaubt ist, was dort vor unser aller Augen geschieht, da den Welpen garantiert die gesetzlich vorgeschriebenen Quadratmeter Lebensraum zugestanden werden, dass sie regelmäßig gefüttert werden, zu trinken bekommen und die gesetzlich vorgeschriebene Zeitdauer gestreichelt werden. Natürlich wird dies so sein, und durchs Schaufenster wird man dies auch beobachten können, denn keiner dieser Verkäufer wird sich durch offensichtliche Verfehlungen das Geschäft kaputt machen lassen. Dennoch bleibt dieses Geschäft ethisch ebenso fragwürdig, wie es fragwürdig ist, Mastschweine ganz gesetzeskonform auf solch engem Raum zusammenzupferchen, dass sie nur noch liegen können. Das einzige Argument, das eine solche Vorgehensweise rechtfertigt, lautet: Angebot und Nachfrage. Knallharte Geschäftemacherei. Und so leiden die Welpen dann auch nicht selten an mangelnder Sozialisierung, diversen Krankheiten und psychischen Belastungen, die später schnell in Verhaltensstörungen münden können.

Welpen aus illegalen Vermehrerstätten oder aus Massenhundehaltungen, gern aus dem Ausland, werden regelmäßig illegal nach Deutschland am Zoll vorbeigeschmuggelt. Manchmal werden sie entdeckt und sind dann eine empörte Zeitungsmeldung wert, doch die Dunkelziffer erfolgreich importierter Wühltischwelpen ist hoch, denn auch die Nachfrage ist hoch. Und so kommt es, dass die Welpen in dreckigen, dunklen, fensterlosen Verschlägen von gestressten Gebärmaschinen wie am Fließband auf die Welt gebracht werden, dort ein paar Wochen lieblos vor sich hin vegetieren, nicht ausreichend medizinisch versorgt und umsorgt werden, dann in der Regel viel zu früh von der Mutter getrennt und dadurch per se schon einmal geschädigt werden; und dass reinrassige Hunde möglicherweise gar nicht reinrassig sind, Papiere gefälscht werden, bevor sie in Deutschland, nicht durchgeimpft und bereits todkrank, an kaufwillige Menschen verschachert werden. Ich hatte bereits (in der Regel extrem ängstliche) Welpen im Training, die aus genau diesen fürchterlichen Quellen stammten und die nach ein paar Wochen plötzlich verstarben. Eine Tragödie für die ganze Familie! Ganz besonders dann, wenn auch noch kleine Kinder mit im Spiel sind, die dieses Trauma erst einmal verdauen müssen. Die Online-Verkäufer hingegen, die sieht man nie wieder – ebenso wenig wie das Geld, das man an sie gezahlt hat.

MERKE

Ich hoffe inständig, deutlich gemacht zu haben, warum diese Frage mit einem eindeutigen Nein beantwortet werden muss! Sucht euch gute Quellen! Wie, das könnt ihr im FAQ 45 „Worauf achte ich bei Züchtern und Tierschutzorganisation?“, S. 93, lesen.

45 WORAUF ACHTE ICH BEI ZÜCHTER UND TIERSCHUTZORGANISATION?

Im FAQ 44 „Kann ich meinen Hund im Laden oder im Internet kaufen?“, S. 91, habe ich erläutert, warum ihr unbedingt die Finger weglassen müsst von Vermehrern und deren teilweise illegalem Netz von Vertreibern. Die Gesundheit eures Hundes hängt zu einem Großteil davon ab, woher er stammt. Es ist also wichtig, dass ihr euch an Quellen wendet, die vertrauenswürdig sind, die empathisch mit den Tieren umgehen, ihnen die Versorgung angedeihen lassen, die sie benötigen, und die verantwortungsvolle Vermittlungsarbeit leisten.

Hört sich einfach an, doch woher wisst ihr jetzt, dass auch wirklich stimmt, womit Züchter und Organisationen auf ihren Websites werben? Da steht fast immer, dass die Tiere liebevoll umhegt werden, Familienanschluss haben und im Haus wohnen, dass die Elterntiere bekannt und ganz wunderbar und gesund sind, die Welpen ausreichend sozialisiert und auch medizinisch im vorgeschriebenen Rahmen versorgt werden und dass – nach Voranmeldung – natürlich auch Besuch erlaubt ist. Glaubt man den Seiten, leben alle Hunde im Paradies. Oft werden sie mit vermenschlichtem Vokabular rosarot beschrieben, und ein Foto eines mit runden Kulleraugen schauenden Hundes besiegelt dann den Deal: Das Mitleid, die Empathie, die Verliebtheit siegt, der Verstand wird ausgeschaltet. Ich kenne so viele Fälle, die so oder in ähnlicher Art vonstatten gegangen sind, sowohl bei der Züchterin/beim Züchter als auch bei der Tierschutzorganisation. Die Menschen vertrauen dem geschriebenen Wort, und sie sehen, was sie sehen wollen.

Beim Hundeverkauf wird jedoch betrogen und gelogen, es gibt viele schwarze Schafe und leider auch ein bereitwilliges Publikum, das gern glauben möchte, was ihm dreist aufgetischt wird. Es geht um viel Geld und einen lukrativen Markt. Vorsicht ist angeraten!

Beispiel 1: Eine Kollegin von mir fühlt vor allem „Züchtern", die sich am Ende dann doch nur als Vermehrer entpuppen, immer mal wieder gern auf den Zahn. Sie liest im Internet über die himmlischen Bedingungen, unter denen die Welpen aufwachsen, und vereinbart Besuchstermine. Sie fährt eine Stunde vor dem vereinbarten Termin zum Ort und beobachtet aus der Ferne gar nicht selten, dass die Welpen kurz vor dem Termin aus dem Schuppen ins Haus gebracht werden, um den Besuchern den versprochenen Familienanschluss zu demonstrieren. Nach dem Termin werden die Hunde wieder in den Schuppen gesperrt. Das Wegsperren hat allerdings Folgen: Die Tiere lernen in ihrer ersten wichtigen, prägenden Lebensphase nicht die notwendigen Reize kennen, die zur Heranreifung eines gesunden Gehirns nötig sind, und entwickeln stattdessen typische Eigenschaften unzureichend sozialisierter Hunde. Schwierigkeiten bei der Anpassung an Umweltbedingungen, die in Phobien, übermäßiger Angst oder genereller Ängstlichkeit gegenüber neuen Reizen resultieren. Nicht selten versuchen sich solche Hunde später mit Aggressionsverhalten diese vom Leib zu halten. Das Zusammenleben mit einem Hund, der unter einer mangelnden Sozialisierung litt, ist kompliziert und anstrengend und braucht u. U. jahrelange medizinische Unterstützung, viele Rituale und Vorhersehbarkeiten sowie Rücksichtnahme auf die Befindlichkeiten des Hundes.

Beispiel 2: Eine Kundin im Rentenalter bekam einen jungen Hund aus dem Tierschutz vermittelt, der als vollkommen normal beschrieben wurde, der hervorragend an der lockeren Leine gehen würde und sich prima mit allen Hunden verstünde. Was sie tatsächlich bekam, war ein Hund, der so schwer war, dass sie ihn selbst nicht halten konnte und der beim Anblick eines anderen Hundes bereits auf 100 Meter eine ausgewachsene Leinenaggression an den Tag legte, sodass sich sehr bald jeder Gassigang zum reinsten Horror entwickelte und sich meine Kundin nicht mehr allein auf die Straße traute. Und das, obwohl sie bereits 30 Jahre Hundeerfahrung aufweisen konnte. Sie hatte keine Ahnung, wie sie den Hund in den Griff bekommen sollte, und alle Tipps diverser Hundetrainer, die unisono rieten, dem Hund über körperliche Gewalt und psychischen Druck zu zeigen, wer der Herr im Hause sei, resultierten in sich verschlimmernden Verhaltensweisen und starkem Stress sowohl beim Hund als auch beim Menschen. Dennoch hatte sie den Hund, der drinnen sehr anhänglich war und den Menschen sehr zugewandt, liebgewonnen, sodass sie ihn behalten wollte, wohl wissend, dass ihre Lebensqualität weiterhin stark eingeschränkt sein würde. Erst einige verhaltensberatende Stunden später, mit zunehmendem Wissen und wachsenden trainerischen Fähigkeiten, konnten wir das Ungleichgewicht beheben. Heute sind beide zu einem guten Team zusammengewachsen, und wir können von einem Happy End reden. Doch bis dahin war der Weg psychisch belastend, teuer und nervenaufreibend. Wäre meine Kundin von der von ihr ausgewählten Tierschutzorganisation besser beraten und betreut worden und hätte die Organisation die Arbeit geleistet, zu der sie moralisch verpflichtet ist, hätte sie sich ihren Leidensweg ersparen können.

Alles Ausnahmen? Leider nein! Und nicht selten enden diese Geschichten eben nicht mit einem Happy End. Doch wenn ihr hier genau hinschaut, habt ihr gute Chancen, die richtige Wahl zu treffen und vorhersehbare Probleme zu vermeiden.

In der nachfolgenden Tabelle habe ich für euch aufgelistet, worauf ihr bei der Wahl der Züchterin/des Züchters bzw. der Tierschutzorganisation achten solltet, um kein schwarzes Schaf zu erwischen:

Worauf achte ich bei der Züchterin/ beim Züchter?	**Worauf achte ich bei der Tierschutzorganisation?**
Die Züchterin/der Züchter ist Mitglied im VDH (Verband für das Deutsche Hundewesen).	Es handelt sich mindestens um einen Tierschutzverein, der möglicherweise sogar dem deutschen Tierschutzbund angeschlossen ist.
Informationen zu Zucht- und Aufwachsbedingungen sind transparent und nachvollziehbar, z. B. auf der Homepage auch mit vielen aktuellen Fotos dargestellt. Regelmäßige Videos, die auf der Website oder in den sozialen Medien veröffentlicht werden, belegen die Arbeit der Züchterin/des Züchters.	Die Tierschutzorganisation verfügt über eine Website mit transparenten Informationen zum Vermittlungsprozess, zu ihrer Arbeit, zur Finanzierung etc. Fotos und Videos belegen die Qualität der Vermittlungsarbeit.
Die Züchterin/der Züchter verlangt Auskunft über eure Wohn- und Lebenssituation: Alter, Beruf, Kinder, gesundheitliche Grundverfassung, Stadt/Land, Haus/Wohnung, Garten, zeitliche Verfügbarkeit, Büro, Hobbys etc.	Die Vermittlung verlangt Auskunft über euren Hundewunsch und eure Anforderungen: Alter, Geschlecht, Größe, Bewegungsfreudigkeit, körperliche Gesundheit, muss er allein bleiben können etc. Die Vermittlung verlangt genaue Angaben über eure Wohn- und Lebenssituation: Alter, Beruf, Kinder, gesundheitliche Grundverfassung, Stadt/Land, Haus/Wohnung, Garten, zeitliche Verfügbarkeit, Büro, Hobbys etc.
Regelmäßige Besuche potenzieller Käufer sind ausdrücklich erwünscht. Das Gelände drinnen wie draußen darf besichtigt werden.	Pflegestellen dürfen besucht werden. Der Hund kann persönlich kennengelernt werden. Probegassigänge sind möglich.
Die Züchterin/der Züchter darf euch mit eurer Erlaubnis vor Ort besuchen und sich ein Bild über eure Wohn- und Lebenssituation machen.	Die Vermittlung schickt Mitarbeiter zur Vorkontrolle und überprüft die neuen Besitzer auch nach der Vermittlung. Sie macht sich ein Bild über den Zustand des Hundes im neuen Heim.
Die Interessenten dürfen kritische Fragen stellen, die geduldig und nachvollziehbar beantwortet werden.	Alle Fragen werden transparent und offen beantwortet.
Die Züchterin/der Züchter kann Weiterbildungen zum Thema nachweisen.	Die Vermittlung ist kynologisch geschult und verfügt über intensives Wissen bzgl. Traumata, Verhaltensstörungen, Ängsten, Phobien und Depressionen bei Hunden. Sie schult zudem die Interessenten in Bezug auf die speziellen Bedürfnisse von Tierschutzhunden.
Es werden moderne Methoden in der Aufzucht der Welpen nachgewiesen.	Die Vermittlung verfügt über ein Netz von geschulten Pflegestellen, Tierärzte und ausgebildeten Trainern, die einfühlsam mit den Hunden umgehen, ihre Bedürfnisse verstehen und die über positive Verstärkung arbeiten.

Worauf achte ich bei der Züchterin/ beim Züchter?	**Worauf achte ich bei der Tierschutzorganisation?**
Die Welpen wohnen nachweisbar im Haus und haben ab der richtigen Lebenswoche Zutritt zum Garten.	Die Transporteure sind bei TRACES (Trade Control and Expert System) angemeldet und wurden geschult; das Veterinäramt überwacht jeden Transport nach Deutschland. Transporte erfolgen so stressfrei für die Hunde, wie es möglich ist: Die Tiere haben ausreichend Platz und können sich bewegen; sie haben Einzelboxen bzw. teilen eine Box mit nachweislich harmonisierenden Artgenossen; es steht die ganze Zeit Wasser zur Verfügung; es werden Pausen gemacht; es gibt Zeit zum Verrichten; die Temperaturen im Transportwagen sind angemessen.
Haus und Anlagen sind sauber und gepflegt.	Die örtlichen Gegebenheiten der Pflegestellen sind sauber und gepflegt.
Der Umgang mit allen Tieren ist liebevoll und nicht harsch und grob.	Der Umgang mit allen Tieren ist liebevoll und nicht harsch und grob.
Es werden ab der entsprechenden Woche nachvollziehbar und individuell an die Bedürfnisse und Fähigkeiten der Welpen angepasste, dokumentierte Sozialisierungsmaßnahmen wie kleine Ausflüge, Gassigänge in die nahe Umgebung, Autofahrten, Geräuschgewöhnung über echte Geräusche, verschiedene Besucher unterschiedlichen Alters und Geschlechts etc. durchgeführt. Die Welpen haben verschiedenes Spielzeug zur Verfügung, sie werden mit unterschiedlichen Reizen konfrontiert und lernen unterschiedliche Materialien, Untergründe etc. kennen.	Die Hunde werden ausführlich, soweit bekannt, in Aussehen und Eigenschaften beschrieben. Zeigt ein Hund Verhaltensauffälligkeiten, wie z. B. Leinenaggression, Unverträglichkeiten gegenüber Hunden, Angst vor Menschen/Männern, übermäßiges Kratzen, Sozialisierungsmängel etc., wird dies transparent mitgeteilt. Die Beschreibungen machen kein Zwischen-den-Zeilen-Lesen nötig. Es wird kein Hund an Stellen vermittelt, die hierüber im Unklaren gelassen werden und überfordert wären.
Stubenreinheit wird z. B. mit zur Hilfenahme von Grasmatten gefördert.	
Die Mutterhündin lebt in der Familie. Der Vater kann nachgewiesen und im Charakter nachvollziehbar beschrieben werden.	
Die Auswahl der neuen Besitzer erfolgt nach nachvollziehbaren Kriterien. Unpassende Interessenten werden abgelehnt.	Die Wahl eines Hundes wird abgelehnt, wenn die Vermittlung der Meinung ist, dass er nicht passend ist. Interessenten werden abgelehnt, wenn sie unpassend erscheinen.
Es gibt eine Ahnenlinie. Erbkrankheiten können im Rahmen gentechnischer Möglichkeiten ausgeschlossen werden.	Die Vergangenheit von den zu vermittelnden Hunden wird, soweit bekannt, ehrlich und ungeschönt mitgeteilt.

Worauf achte ich bei der Züchterin/ beim Züchter?	**Worauf achte ich bei der Tierschutz-organisation?**
Die Hunde erhalten die vorgeschriebenen Untersuchungen, Impfungen und Wurmkuren durch eine überprüfbare Tierärztin/ einen überprüfbaren Tierarzt.	Die Hunde werden medizinisch gut versorgt und erhalten die notwendigen Untersuchungen sowie Impfungen. Mögliche (Mittelmeer-)Krankheiten sind über Bluttests weitestgehend ausgeschlossen worden bzw. werden ehrlich mitgeteilt; notwendige Medikamente werden mitgegeben.Das Alter der Tiere wird, soweit bekannt, ehrlich angegeben, die Einfuhrbestimmungen werden eingehalten: Es werden keine Hunde, die jünger als 15 Wochen sind, ins Ausland (nach Deutschland) transportiert und nicht vor 12 Wochen gegen Tollwut geimpft.Es werden keine Frühkastrationen durchgeführt, und es wird keine Bedingung zur Kastration gestellt.
Es werden alle notwendigen Papiere, eine Ahnentafel sowie ein internationaler Impfpass ausgehändigt.	Es werden alle notwendigen Papiere sowie ein internationaler Impfpass ausgehändigt.
Den neuen Besitzern wird eine Grundausstattung, bestehend aus Futter, Geschirr, Leine, Spielzeug und ggf. einer Broschüre mit Anleitungen und Tipps, ausgehändigt, die den Fokus auf positive Verstärkung gerichtet hat.	Den neuen Besitzern wird eine Grundausstattung, bestehend aus Futter, Geschirr, Leine, Spielzeug und ggf. einer Broschüre mit Anleitungen und Tipps, ausgehändigt, die den Fokus auf positive Verstärkung gerichtet hat.
Die Kosten für einen Hund aus der Zucht sind entsprechend hoch. Sie sind allerdings gerechtfertigt, wenn die Züchter tatsächlich gute Arbeit leisten. Zum Züchten gehört eine Menge mehr als zwei Tiere zu verpaaren und auf Nachwuchs zu warten. Es muss viel Geld in gesunde Würfe investiert werden: Das beginnt mit Schulungen und Weiterbildungen, geht weiter mit der Anschaffung und dem Unterhalt einer Zuchthündin und der richtigen Wahl des Deckrüdens (inklusive Reisekosten); dazu kommen Versicherungen und Steuern sowie Kosten für Ausstellungen und zahlreiche medizinische Untersuchungen, genetische Blutuntersuchungen und andere regelmäßige Tierarztkosten; des Weiteren gehören dazu Investitionen in Equipment wie Wurfkisten, Decken, Medizin, Spielzeug, Welpenfutter usw., und endet natürlich mit vielen Stunden Betreuung, Aufzucht, Sozialisierung, Vermittlung und Erstausstattung der Welpen. Eine Zeit, in der man keinem weiteren Beruf, und schon gar nicht aushäusig, nachgehen kann. Züchten ist pro Wurf ein jeweils zeitlich begrenzter, mehr als Fulltime-Job.	Für den Tierschutzhund wird in der Regel eine Schutzgebühr genommen. In dieser Schutzgebühr sind Kosten wie Impfungen, Untersuchungen, Transport, Unterbringung bei Pflegestellen, Versorgung etc. enthalten. Die Tierschutzorganisation sollte diese Kosten transparent darstellen.

Worauf achte ich bei der Züchterin/ beim Züchter?	Worauf achte ich bei der Tierschutzorganisation?
Die Züchterin/der Züchter nimmt den Hund zurück oder hilft bei der Vermittlung einer neuen Stelle, sollte der Hund aus irgendeinem Grund abgegeben werden müssen.	Die Tierschutzorganisation hilft bei der Vermittlung einer neuen Stelle, sollte der Hund aus irgendeinem Grund nicht bleiben können.
Die Züchterin/der Züchter steht auch nach dem Kauf noch für Fragen und Probleme zur Verfügung.	Die Tierschutzorganisation steht euch in allen Belangen während des Vermittlungsprozesses zur Verfügung und betreut euch bis zum Ende. Sie ist auch nach der Vermittlung noch für Fragen und Nöte offen.

46 WELCHE KOSTEN ERWARTEN MICH?

Wer über die Kosten eines Hundes spricht, redet fast immer von den Anschaffungskosten. Vergessen wird sehr häufig, dass die Unterhaltskosten eines Hundes um ein Vielfaches höher sind.

Da ich die Diskussion online schon einige Male verfolgt habe und erstaunt feststellen musste, dass nicht wenige Menschen der Meinung sind, mit ein paar Euros im Monat hinsichtlich des Unterhalts eines Hundes hinzukommen, möchte ich hier beispielhaft meine Kosten der letzten Jahre aufzeigen.

Um es gleich vorwegzunehmen: Nur weil ich Hundetrainerin bin, heißt das nicht, dass ich meine Hunde in materiellem Luxus bade. Ich bin da eher spartanisch unterwegs: Mein Hund besitzt kaum mehr als die Grundausstattung in einfacher Ausführung, ich erneuere regelmäßig robustes Spielzeug, aber ich füttere hochwertiges Futter, Kauartikel und Leckerlis. Mein Hund ist also nicht wirklich der Prinz von Hannover. Und trotzdem sind meine realen Kosten viel höher als gefühlt. In der folgenden Tabelle stelle ich meine Ausgaben der Jahre 2018 bis 2020 pro Monat dar:

2018	247,52 Euro (2 Hunde)
2019	472,13 Euro (2 Hunde bis Ende September)
2020	140,46 Euro (1 Hund)

Meinen Notizen entnehme ich, dass ich das meiste Geld für Futter ausgegeben habe sowie für Snacks. Es gab zwei bis vier neue Spielis alle paar Monate. Dazu neue Näpfe und zwei neue Bettchen in drei Jahren. Enthalten ist noch die Hundesteuer, die bei mehreren Hunden exponentiell ansteigt, sowie die Hundehaftpflicht, eine neue Leckerlitasche, eine neue Leine, Scherenschliffe für die Schermaschine, ein paarmal die Hundefrisörin, eine neue Autoschutzdecke, Zeckenschutzmittel und der ganz besondere Luxus: für in Summe eine Handvoll Tage im Jahr eine Hundepension.

In 2019 schossen die Kosten exponentiell nach oben. Mein Hund Willi erkrankte schwer und benötigte zahlreiche Untersuchungen, eine Milz-OP mit Übernachtung in der Tierklinik, Medikamente, teures Diätfutter, Blutuntersuchungen und einen Ultraschall. Da er nicht mehr geheilt werden konnte, kam dann noch die Einschläferung, eine Einäscherung, eine Urne und irgendwelche Gebühren dazu.

Die Kosten in 2020 beziehen sich auf nur noch einen Hund, und da Kurt zum Glück kerngesund ist, mussten wir den Tierarzt nur für die üblichen Impfungen bemühen. Und so konzentrieren sich die Kosten in 2020 wieder hauptsächlich auf den reinen Lebensunterhalt des Hundes. Und trotzdem sind es 140 Euro jeden Monat für einen mittelgroßen Hund, der ca. 26 Kilo wiegt.

In meiner Kostenauflistung sind keine Kosten für Seminare und Weiterbildungen enthalten; Kosten für Hundeschule, Lehrbücher und möglicherweise sogar das ein oder andere Seminar müsst ihr also noch dazurechnen.

Auch ich schaue selbstverständlich aufs Geld und bewege mich im Vergleich zu anderen vermutlich eher im mittleren Bereich bei meinen Ausgaben. Tierarztkosten sind hingegen nicht verhandelbar und können das Budget unerwartet und über die Maßen, auch für einen längeren Zeitraum, sprengen! Eine Krankenversicherung abzuschließen (Achtung, regelmäßige Kosten!) ist sicher nicht die schlechteste Idee. Denn den Hund leiden zu lassen, weil kein Geld da ist für Physio, regelmäßige Medikamente, Spezialfutter oder gar für eine OP, ist keine Option. Und ihn deshalb abgeben zu müssen, ganz sicher auch nicht.

Wie ihr seht, sind die Kosten für einen Hund über die Jahre nicht zu unterschätzen und gehen weit über die Anschaffungskosten hinaus. Das solltet ihr auf jeden Fall in euren Planungen berücksichtigen.

Im Mischling sind unterschiedliche Rassen vertreten, die großen Einfluß auf den Charakter des Hundes haben können.

47 IST DIE RASSEBRILLE IMMER SINNVOLL?

Viele Menschen sind der Meinung, eine Rassebeschreibung sei so etwas wie die Betriebsanleitung einer Waschmaschine. „Works as designed“, sagen Software-Entwickler dazu, wenn ihre Software das tut, was sie soll. So wurde der Labrador designed als gutmütiger Apportierhund; der Aussie als aktiver, durchsetzungsfähiger Hütehund, der dringend ausgelastet werden muss; der West Highland Terrier als kinderlieber, stets zum Spaß aufgelegter Familienhund; und der Deutsche Schäferhund als nervenfester, ausgeglichener, leichtführiger Arbeitshund. Dummerweise nur tun die Hunde oftmals überhaupt nicht das, was in ihrer „Betriebsanleitung“ steht. Sich auf Rassebeschreibungen zu verlassen ist ungefähr so, als würden wir erwarten, dass alle Menschen die gleichen Charaktereigenschaften hätten, nur weil wir der gleichen Art angehören.

Rassebeschreibungen sind in der Regel keine neutral verfassten Beschreibungen, sondern von Menschen geschrieben, die sich ihrer Rasse verschrieben haben, weshalb es häufig an echter Objektivität mangelt. Zudem sprechen aus den Charakter- und Wesensbeschreibungen unübersehbar alte Mythen und Ammenmärchen. Es wimmelt voller wertender Adjektive, etwa wie „dominant", „starrköpfig", „stolz" oder auch „loyal", „ruhelos", „mutig", „intelligent", „neugierig", „konzentriert" und „gehorsam", die eine zweifelhafte, vermenschlichende und häufig fehlinterpretierte Sicht auf die einzelnen Hunderassen wiedergeben und eine unvoreingenommene Einstellung erschweren.

Aus den wertenden Beschreibungen leiten sich einerseits Empfehlungen ab, die mit den traditionellen, überholten Rangreduktionsprogrammen konformieren (s. a. FAQ 118 „Muss ich immer als Erster durch die Tür?", E-Book), etwa wie „klare Führung" und „konsequente Erziehung" im Sinne von „strenger" Erziehung, und legen so bei vielen Rassen den traditionellen, groben Erziehungsstil in die Wiege eines jeden Welpen.

Andererseits wird aus mangelndem trainingstechnischen Grundlagenwissen nicht wenigen Rassen eine gewisse Untrainierbarkeit attestiert. Sie werden als nicht motivierbar beschrieben oder als zu eigenständig, um „gehorsam" zu sein. Das hat für das Individuum teils folgenschwere Konsequenzen, wie z. B. lebenslange Leinenpflicht wegen des „ausgeprägten Jagdtriebs" mancher Rassen oder chronische Unterlastung, weil „eigenständigen" Hunden wie Maremmanos oder Akitas kein „Sitz" beigebracht werden könne. Grundbedürfnisse bleiben vielleicht unbefriedigt, weil Training erst keine Chance bekommt.

Rassebeschreibungen ist daher mit Skepsis zu begegnen. Sie verleiten dazu, Hunde einer Rasse vorurteilsbehaftet über einen Kamm zu scheren, sie tun dem einzelnen Individuum unrecht und fördern Schubladendenken. Wenn in der Rassebeschreibung steht, dass die Hunde dieser Rasse „ruhelos" seien, dann gilt das als gesetzt. Verhält sich der einzelne Hund dann tatsächlich ruhelos, wird dies seiner Rasse zugeschrieben, nicht etwa anderen möglichen Ursachen, die behoben werden könnten. Genau darin liegt die große Gefahr von Rassebeschreibungen.

Denn selbstverständlich gibt es in jeder Rasse ängstliche und mutige Exemplare, defensive oder offensive, impulsive oder entspannte Hunde. Selbst der gutmütigste Hund – egal welcher Rasse er angehört – kann zum Beißer werden, wenn er bedroht wird. Hunde aller Rassen können jagen (s. a. FAQ 99

„Kann ich meinem Hund das Jagen abgewöhnen?", S. 231), alle gesunden Hunde sind bewegungsfreudig und unternehmungslustig und brauchen agile Menschen; alle Hunde brauchen sehr viel Ruhe und Schlaf – gerade auch die zu hoher Impulsivität neigenden arbeitsfreudigen Rassen! Nicht jeder Wasserhund ist ein begeisterter Schwimmer, nicht jeder Labbi ein passionierter Apportierer.

Dass die Dominanztheorie ein überholtes Konzept ist, habe ich in FAQ 117 „Sind wir ein Rudel, und gibt es eine Rangordnung?", E-Book, ausführlich beschrieben. Die häufige Unterstellung, dass bestimmte Rassen zur „übermäßigen Dominanz" neigen würden und eine feste Führung bräuchten, hat schon Generationen von Hunden viel Leid beschert. Dass jeder Hund, egal welcher Rasse er angehört, konsequent behandelt werden sollte, versteht sich von selbst, denn Konsequenz – die nichts mit Strenge zu tun hat, sondern nur bedeutet, dass aufgestellte Regeln eingehalten werden sollten – ist ein Hilfsmittel zur klaren, eindeutigen Kommunikation und also für jeden Hund jeder Rasse hilfreich und wichtig.

Rassebeschreibungen wecken Erwartungshaltungen in den Menschen und führen zu Enttäuschungen, wenn der Hund diese Erwartungen nicht erfüllt (s. a. Kapitel „Was ist das Problem mit Erwartungen und Ansprüchen?", S. 22). Sie beschreiben ein Ideal, den Standard, sie geben eine Wunschvorstellung wieder. Doch der tatsächliche genetische Rahmen des Individuums ist weit, und unendliche Ausprägungen der Ursprungsidee sind möglich. Nicht zuletzt sind Erziehung und Lernerfahrungen massive Einflussfaktoren auf die Entwicklung des einzelnen Hundes. Abweichungen von der Norm sind wohl also das eher zu Erwartende. Auch wir sehen schließlich alle nicht aus wie Barbie und Ken und benehmen uns so, wie es unsere Rassebeschreibung – das alte Testament – vorgibt. Ich zumindest kenne keinen Menschen, der ein Abbild Gottes wäre, außer vielleicht Albus Dumbledore, und der ist auch nur erfunden.

MEIN TIPP

Betrachtet Rassebeschreibungen als sehr groben Rahmen für bestimmte Zuchtziele zur Erhaltung rassetypischer Eigenschaften. Ansonsten gilt: Ein Hund ist ein Hund ist ein Hund – und jeder einzelne ist einzigartig, besonders und überaus speziell und sollte auch genau so behandelt werden!

KAPITEL 4

VOR DEM EINZUG

48 WIE BEREITE ICH MICH VOR?

Ihr habt euren Hund gewählt, der Einzugstermin steht und die Spannung steigt. Wie könnt ihr nun die Zeit bis dahin überbrücken? Wie könnt ihr euch vorbereiten?

Natürlich gibt es ein paar Sachen, die ihr tun könnt. Viele Kunden lesen sich ein oder machen sich bereits im Vorfeld Gedanken, ob und welche Hundeschule sie besuchen möchten. Im FAQ 30 „Wie erkenne ich gute Literatur?", S. 66, könnt ihr einige Tipps lesen, wie ihr hilfreiche, moderne Literatur von veralteter und überholter unterscheiden könnt. Da der Markt übervoll ist mit Literatur, Artikeln, Texten, Foren, TV-Shows u. a. zum Thema Hund und Hundeerziehung, ist es nämlich manchmal gar nicht so einfach, die Spreu vom Weizen zu trennen. Wer aber lernt, klug zu filtern, muss seine Zeit nicht mit Nonsens vergeuden, erspart sich vor Halbwissen strotzende Diskussionen in diversen Hundeforen und kann stattdessen wirklich viele nützliche Informationen für sich herausziehen. Am Ende dieses Buches im Kapitel „LINKS UND LITERATUR", Service, findet ihr ein paar lohnende Wissensquellen.

Im FAQ 68 „Wie erkenne ich eine gute Hundeschule?", S. 154, könnt ihr nachlesen, was ihr von einer guten Hundetrainerin/einem guten Hundetrai-

Auf in ein neues Abenteuer – jeder Hund bringt eine eigene Persönlichkeit mit.

ner erwarten könnt und worauf ihr unbedingt achten solltet, um bei der Wahl der Hundeschule nicht an ein schwarzes Schaf zu geraten.

Ihr könnt natürlich auch schon damit beginnen, notwendiges Equipment zu besorgen. Welches ihr zu Beginn brauchen werdet, lest ihr im FAQ 50 „Grundausstattung: Was brauche ich alles?“, S. 109. Mein Tipp: Vielleicht muss es am Anfang nicht gleich das Teuerste sein, denn gerade bei Welpen und Junghunden ist die Lebensdauer mancher Körbchen, Decken und Spielzeuge ziemlich kurz.

Auch das FAQ 49 „Wie sichere ich Haus und Garten?“, S. 106, enthält bereits wichtige Infos, die ihr nun anfangen könnt, umzusetzen.

Und zu guter Letzt: Freut euch! Setzt euch nicht unter Druck! Bleibt locker! Ich hatte einige Kunden, die so besessen von der Idee waren, gleich zu Beginn alles perfekt hinzukriegen und keine Fehler zu machen, dass mich das ein wenig an überfürsorgliche Helikoptereltern erinnert hat, die nichts dem Zufall überlassen wollten und die bereits im Vorfeld jeden Wochentag streng getaktet hatten mit dem Bespaßungs-, Ausbildungs- und Auslastungsprogramm des Hundes. Akzeptiert den Gedanken, dass ihr auf jeden Fall Fehler machen werdet. Das ist normal und gehört dazu. Das Ziel, sich sehr gut vorbereiten zu wollen, ist natürlich auf jeden Fall rühmlich und wahrscheinlich begrüßenswerter, als gar nichts zu tun und am Ende in jede noch so kleine Falle zu tappen, die man mit etwas Wissen locker hätte vermeiden können. Aber dennoch: Je ungezwungener ihr dabei bleibt, desto erfolgreicher werdet ihr sein. Glaubt einer Perfektionistin!

49 WIE SICHERE ICH HAUS UND GARTEN?

Ich hatte eine Kundin, die bekam einen sehr verschüchterten Tierschutzhund aus Rumänien vermittelt. Draußen traute er sich kaum drei Schritte zu machen und litt schrecklich unter Panikattacken, aber drinnen fühlte er sich sicher und geborgen. Er versuchte sein sehr hohes Stresslevel selbst zu regulieren, indem er sich Sachen suchte, die er zerfleddern konnte. Die Kundin, eine Studentin, die natürlich auf ihr Geld schauen musste, beklagte, dass er ihre teuren Lieblingsschuhe zernagt hätte, und fragte mich, was sie tun könnte, die Zerstörungswut ihres Hundes zu unterbinden.

Die Antwort ist eigentlich ganz einfach: Neben Stressabbau durch Angst- und Entspannungstraining, ist Management eine der wichtigsten Maßnahmen, die ihr betreiben solltet. Management bedeutet, eine Situation durch Planung, Organisation und vorausschauendes Handeln gar nicht erst entstehen zu lassen. Managementmaßnahmen ersetzen zunächst das Training bzw. können zu einer Lösung führen, auch wenn der Hund nicht trainiert ist, sprich, wenn er nicht weiß, wie er sich in bestimmten Situationen verhalten soll. Training ist – je nach Verfassung des Hundes – nicht immer möglich. Management schon. Deshalb ist Management immer das erste Mittel der Wahl. In dieser Situation heißt das konkret:

Verräumt alles, was euch lieb und teuer ist! Sorgt dafür, dass der Hund nicht drankommen kann! Denn dann kann er auch nichts kaputt machen. Eigentlich ganz logisch. Statt aber auf diese ziemlich einfache Antwort zu kommen, erwarten viele Kunden, dass der Hund entweder intuitiv wissen muss, was er darf und was nicht, oder sie glauben, ihn durch Verbote, ein scharfes „Nein“ und Strafen davon abhalten zu können, den „Fehler“ zu machen. Und wenn das dann nicht klappt – was meistens der Fall ist –, dann werden sie noch saurer und ungehaltener. Was sie häufig nicht auf dem Schirm haben, ist: Aus Hundesicht macht er keine Sachen „kaputt", er will auch seinen Menschen nicht ärgern. Sondern er folgt schlicht und ergreifend einem Bedürfnis. Er kaut auf Sachen herum, weil ihn das beruhigt. Oder weil es Spaß macht. Oder weil die Zähne ausfallen und gerade neue wachsen. Es gibt viele Bedürfnisse, die einen Hund dazu bringen, auf Dingen herumzukauen. Das Auseinandernehmen von Gegenständen und Daraufherumkauen ist einer der Hauptjobs des Hundes. Also gebt ihm auch welche, die er zur freien Verfügung hat. Als gesunder, neugieriger Hund möchte er vielleicht wissen, wie es drinnen aussieht. Oder er ist der Meinung, dass Quietschies ausschließlich dafür gemacht wurden, um sie aus dem Stoffkörper herauszuoperieren.

Verräumt also temporär alles, was nicht in die Chirurgenpfoten und ins Skalpellmaul des Hundes gehört. Keine Sorge für die Ästheten unter euch: Irgendwann hat der Hund gelernt, was er zerlegen darf und was nicht. Ihr

Junge Hunde lieben es, an interessanten Dingen herumzunagen.

müsst nicht auf Dauer in einem Zuhause leben, in dem die unteren Schränke eures Regals leer geräumt sind. Das erinnert ein bisschen an Kleinkinder, die mobil werden. Und sogar bei denen ist diese Phase ja zum Glück auch irgendwann vorbei.

Stellt niedrig stehende Vasen und wertvolle Erbstücke von der Großmutter hoch (denkt daran, die freudig wackelnde Rute eines Hundes kann schnell mal einen ganzen Tisch leer fegen), knotet verlockend herunterhängende Bändel nach oben, stellt eure Deko und Designerstücke in die Kammer und gute Schuhe in den Schuhschrank. Lasst auf keinen Fall Essen offen herumstehen, auch nicht weiter hinten auf dem Küchentisch oder der Anrichte. Lernt der Hund erst einmal, dass dort etwas zu holen ist, wird er definitiv öfter nachschauen und findig dabei werden, dranzukommen. Sorgt dafür, dass er nicht lernt, den Mülleimer zu öffnen. Vor allem auch dann nicht, wenn ihr nicht da seid und keine Möglichkeit habt, ihn davon abzuhalten. Das Gleiche gilt für Briefe, Papier, (benutzte) Tempotücher usw.: Alles weg damit! Sonst schreddert euch der Hund das Schreiben vom Finanzamt oder Liebesbriefe. Ihr erspart euch mit der neu gewonnenen Ordnung eine Menge Aufwand und Ärger.

Es empfiehlt sich ebenfalls, Teppiche einzurollen und so lange beiseitezulegen, bis der Hund gelernt hat, seine Blase und den Darm unter Kontrolle zu halten. Sonst ist das Häufchen oder Pipi – wenn ihr nicht höllisch aufpasst – schnell mal dort gemacht, wo ihr es definitiv nicht haben möchtet.

Solltet ihr Treppen im Haus haben, lohnt es sich, ein Kindergitter aufzustellen, damit der Hund nicht unkontrolliert auf den Treppen herumtoben kann. Vor allem Welpen und Hunde unter einem Jahr sollten nur bedingt viel Treppengehen bzw. müssen das Treppengehen langsam beigebracht bekommen.

Dass Medizin, Putzmittel und andere gefährliche Stoffe sicher aufzubewahren sind, muss ich natürlich nicht extra erwähnen. Denkt auch bitte daran, dass bestimmte Lebensmittel, wie z. B. vor allem dunkle Schokolade und ganz besonders Birkenzucker, das in Light-Produkten verwendet wird, tödlich für Hunde sein können. Alles weg damit!

Im Garten solltet ihr dafür sorgen, dass der Zaun dicht ist und der Hund auf keinen Fall ausbüxen kann. Ganz besonders gilt dies für Hunde aus dem Tierschutz, die häufig per se ängstlich und insbesondere sehr geräuschempfindlich sind und z. B. nach Knallgeräuschen wie Böllern oder dem explosiven

Knattern eines Mopedauspuffs in Panik geraten können und zum Flüchten neigen. Wenn sie noch nicht gelernt haben, Schutz und Hilfe bei ihren Bezugspersonen zu suchen, kann das sehr gefährlich werden.

Denkt auch daran, dass manche Zimmer- und Gartenpflanzen, wie Alpenfeilchen, Ficus, Geranien, Hortensien oder Kirschlorbeer, für Hunde sehr giftig sind. Ich bin nicht der Meinung, dass ihr nun den Garten umplanen und Pflanzen ausbuddeln solltet. Aber ihr solltet einfach ein Auge auf den Hund im Garten haben und ihn vor allem in der Anfangszeit dort nicht allein lassen, damit er gar nicht erst auf dumme Ideen kommt. Ladet euch am besten übers Internet eine vollständige Liste für Hunde giftiger Pflanzen und Lebensmittel herunter, die ihr für jedes Familienmitglied sichtbar deponiert, denn es dauert eine Weile, bis jeder weiß, was alles dazugehört.

50 GRUNDAUSSTATTUNG: WAS BRAUCHE ICH ALLES?

Für den Anfang empfehle ich: Schafft euch so viel wie nötig und so wenig wie möglich an. Im Laufe des Hundelebens wird noch genug Zeug dazukommen.

Zur Grundausstattung empfehle ich die folgenden Utensilien:

› Zwei Näpfe für Futter und frisches Wasser, das immer bereitstehen muss.
› Hochwertiges Futter: Spart nicht am Futter, denn wie beim Menschen auch, hat Futter großen Einfluss auf Gesundheit und Verhalten.
› Natürliche Kauknochen, die ohne chemische Zusätze oder Weichmacher auskommen. Schenkt euch z. B. die typischen zu Knoten geformten Büffelknochen, die nur so aussehen können, weil sie mit einer Menge Chemie weich gemacht werden.
› Unterschiedliche Leckerlis fürs Training und für eure Gassigänge.
› Verschiedene Spielzeuge aus Stoff und Kautschuk, mit denen der Hund spielen oder die er zergeln, tragen oder zerknautschen kann. Je nach Kaubedürfnis beißt der Hund gern auf weicheres oder auch härteres Material, wenn er mehr Widerstand braucht, weil z. B. die neuen Zähne wachsen und es juckt oder schmerzt. Regelmäßig neues Spielzeug liefert – neben vielem anderen – zudem wichtige neue Reize, die das Hundegehirn bereichern und sein Erkundungsverhalten anfeuern.

Ihr könnt eurem Hund beibringen, was er sich zum Spielen nehmen darf und was nicht.

- Ein Kautschukspielzeug zum Befüllen mit z. B. Hüttenkäse oder Leberwurst: Ein hilfreiches Tool, denn damit könnt ihr den Hund länger beschäftigen; zugleich hat das Schlecken eine beruhigende, einschläfernde Wirkung, die ihr sehr gut vor allem beim Aufbau einer Ruhezone (s. a. FAQ 60 „Was ist eine Ruhezone und wie baue ich sie auf?“, S. 138) gebrauchen könnt. Vor allem für aufgeregte Welpen, Jung- und Hibbelhunde sind Schleckspielzeuge, u. a., gut geeignet, um das Erregungsniveau zu senken.
- Mehrere Schlafplätze bzw. Hundedecken: Für jeden Raum, in dem der Hund schlafen oder ruhen soll, ist es sinnvoll, einen Liegeplatz für ihn entsprechend einzurichten (s. auch FAQ 51 „Wo soll mein Hund schlafen?“, S. 113).

- Hundebox oder Welpenauslauf: Eine räumliche Begrenzung kann helfen, den Hund dabei zu unterstützen, Ruhezeiten einzuhalten. Hunde neigen dazu, ihr Ruhebedürfnis zu ignorieren und stattdessen den ganzen Tag hinter ihrem Menschen herzudackeln. Schlafmangel führt zu Stressanfälligkeit, gesteigerter Unruhe, erhöhter Reaktivität u. a. Ausführliche Informationen zum Thema findet ihr im FAQ 52 „Brauche ich eine Hundebox oder einen Welpenauslauf?", S. 116.
- Hausleine: Eine Hausleine ist ein praktisches Managementinstrument, um unerwünschtes Verhalten beim Hund in der Anfangszeit auf sanfte und möglichst verstärkungsarme Art abzubrechen. Warum das so ist, lest ihr im FAQ 58 „Wofür brauche ich eine Hausleine?", S. 133. Die Hausleine trägt der Hund am Geschirr (nicht am Halsband), damit er nicht ständig darüberstolpert, sie braucht nicht länger als ca. ein Meter lang zu sein, sie sollte leicht sein und keine Handschlaufe haben, damit er nirgendwo im Haus hängen bleiben kann. Eine schmale, leichte Biothaneleine ist hierfür sehr geeignet.
- Ein (Sicherheits-)Geschirr: Vor allem Hunde aus dem Tierschutz sollten unbedingt ein (gut sitzendes) Sicherheitsgeschirr tragen. Hunde mit ausgeprägtem Fluchtinstinkt haben es sehr schnell raus, wie sie sich aus einem normalen Geschirr durch Rückwärtsbewegungen herauswinden können. Das Gleiche gilt für ein Halsband – ein absolutes No-Go! Damit dem Hund die gefährliche Flucht nicht gelingt, gibt es Geschirre mit doppeltem Brustgurt, die das Herauswinden verhindern.
- Ein Halsband: Wenn es mal schnell gehen muss, z. B. zum Pipimachen, haben (gut gepolsterte) Halsbänder durchaus ihre Berechtigung (außer bei Hunden, die dazu neigen, sich daraus zu befreien). Man kann sie zügig an- und auch wieder ablegen. Für den normalen Gassigang sind sie allerdings nicht geeignet, zumindest so lange nicht, bis der Hund gelernt hat, entspannt an lockerer Leine zu gehen. Warum das so ist, könnt ihr im FAQ 69 „Was nehme ich: Geschirr oder Halsband?", S. 160, nachlesen.
- Eine längere Leine, eine kurze Leine: Die längere Leine sollte mindestens 5 bis 10 Meter lang sein und wird dort benutzt, wo der Hund sich nicht im Freilauf bewegen darf, aber einen Spielraum haben sollte, z. B. im Training oder bei Gassigängen. Eine kurze Leine sollte nicht kürzer als 1,2 Meter sein und wird so selten wie nötig eingesetzt, z. B. im Straßen-

verkehr, da die Bewegungsfreiheit des Hundes massiv eingeschränkt wird. Wer geschickt im Leinenhandling ist, kommt auch sehr gut nur mit einer längeren Leine aus, die er nach Bedarf einholen oder länger lassen kann.

› Leckerlibeutel: Wenn ihr mit dem Hund trainieren bzw. ihn für tolles Verhalten belohnen möchtet, solltet ihr einen Leckerlibeutel mitführen. Es gibt sie in allen Varianten, Formen, Farben, Größen, Materialien und Preisklassen. Welchen ihr wählen werdet, ist Geschmackssache. Ihr solltet auf jeden Fall sehr schnell an die Leckerlis herankommen können und nicht erst stundenlang auspacken und herumfummeln müssen, denn das würde aus Trainingssicht keinen Sinn machen. Wer belohnen will, muss schnell sein. Mehr zum Thema lest ihr im FAQ 132 „Muss ich immer mit Leckerlis durch die Gegend laufen?", E-Book. Mein Beutel für das Alltagsgassi ist gerade so groß, dass das Futter hineinpasst, ebenso wie ausreichend Kotbeutel, ein Klicker, eine Pfeife, ein Schlüssel und der Lieblingsball meines Hundes.
› Kottüten: Ist klar.
› Alte Handtücher zum Abrubbeln bei Schmuddelwetter: Wer einen Hund mit längerem Fell hat, wird ziemlich bald merken, wie wichtig Handtücher sind, wenn man die Wohnung nicht in einen Sandstrand oder in ein Schlammbad verwandeln möchte.
› Hundetransportbox fürs Auto (falls vorhanden) oder eine Schutzmatte für den Rücksitz, inklusive Anschnallmöglichkeit über ein spezielles Sicherheitsgeschirr: Wer mit Hund Auto fährt, muss ihn irgendwo sicher unterbringen. Ob im Kofferraum, getrennt durch ein Gitter, in einer Hundetransportbox oder auf dem Rücksitz – es gibt viele Möglichkeiten einer Unterbringung, die nicht nur von der Größe des Hundes abhängen sollte, sondern auch davon, wo sich der Hund im Auto am wohlsten fühlt. Es ist einzig nur wichtig, dass die Sicherheitsvorkehrungen immer auch so weit einem Unfall standhalten, wie dies technisch möglich ist.
› Pflegeutensilien wie eine weiche Bürste, feuchte neutrale Babytücher zum Popo oder Ohren Saubermachen: Vor allem Hunde mit langem Fell oder Fell, das schnell verfilzt, brauchen regelmäßige Fellpflege. Je eher ihr damit beginnt, den Hund langsam und sensibel daran zu gewöhnen, desto einfacher wird es auch später bleiben. Die Bürsten sollten natürlich nicht wehtun und dennoch ihren Zweck erfüllen. Am besten probiert ihr die

Bürste an euch selbst aus. Manche sind wirklich ziemlich unangenehm. Und der Rest ergibt sich bei Bedarf und früh genug.

MEIN DRINGENDER APPELL

Finger weg von allen Hilfsmitteln, die euch schnelle Erfolge im Training versprechen und auf Schreck- und Schmerzreizen basieren oder für den Hund unangenehm zu tragen sind: Kettenhalsbänder; Würgeleinen; Antizuggeschirre, die den weichen Rumpf bei Zug auf die Leine zusammendrücken; Antibell- und Sprühhalsbänder; Spritzflaschen und andere glorreiche Erfindungen, die nichts anderes bewirken, als den Hund zu verängstigen sowie ihm Schmerzen zuzufügen, und die mit fairem Umgang nicht das Geringste zu tun haben.

51 WO SOLL MEIN HUND SCHLAFEN?

Wo der Hund schlafen soll, ist eine sehr individuelle Entscheidung, es gibt hierfür jedenfalls keine allgemeingültigen Regeln. Ich kenne alle möglichen Formen nächtlicher Konstellationen. Von „Der Hund kommt mir nicht ins Schlafzimmer“ bis hin zu „Ich verbanne eher meinen Mann aus dem Bett als den Hund“ ist jede Variante vertreten. Sicher ist jedenfalls, dass euer Hund gewiss nicht zum dominanten Weltherrscher mutieren wird, solltet ihr beschließen, dass der richtige Platz für ihn bei euch im Bett ist. Es gibt Fälle, in denen der Hund das Bett (oder das Sofa) als eine wichtige Ressource zu betrachten lernt, die er manchmal dann auch bereit ist zu verteidigen. Spätestens, wenn er euch nicht mehr ins Bett lässt, wäre dann Zeit für Training. Aber keine Sorge: Dem Hund über freundliche Trainingsmaßnahmen einen anderen Platz dauerhaft schmackhaft zu machen, ist kein Hexenwerk (s. a. FAQ 24 „Was mache ich, wenn … mein Hund seinen Knochen oder sein Spielzeug nicht hergibt?“, S. 56).

Es ist normal, dass Hunde gern ihren Schlafplatz wechseln, abhängig von den Temperaturen und den jeweils benötigten Härtegraden des Untergrunds. Sie sollten unbedingt die Möglichkeit haben, sich wärmer oder kühler zu betten oder weicher oder härter zu liegen.

Stellt überall dort Hundekissen, Körbchen und Co. auf, wo euer Hund ruhen und schlafen wird. Also z. B. an ruhigen Stellen im Wohnzimmer, im

Schlafzimmer oder auch im Büro, falls ihr ihn mit zur Arbeit nehmen möchtet. Die Orte sollten so gewählt werden, dass sie geschützt an einer Wand (nicht am Fenster), an ruhigen Stellen und nicht an Durchgangspassagen liegen, an denen oft die Familienmitglieder oder Kollegen hin und her laufen: Der Hund soll sich sicher fühlen können und nicht permanent aus dem Schlaf geschreckt werden. Trotzdem sollten die Liegeplätze dem Hund ermöglichen, seine Menschen stets sehen und hören zu können.

Wenn ihr euren Hund von Beginn an daran gewöhnen möchtet, bei Tisch nicht zu betteln, würde es sich z. B. auch unbedingt anbieten, ihm ein Körbchen neben oder in die Nähe des Tisches hinzustellen, damit er einerseits bei euch sein kann, aber auch nicht unbedingt sabbernd mit hypnotisierenden Stieraugen neben euch sitzen muss.

Damit er freiwillig (!) sein Körbchen öfter aufsucht bzw. auch dortbleibt, solltet ihr zu Beginn ein wenig trainieren: Das Körbchen soll positiv mit Entspannung und Ruhe verknüpft werden, was häufig auch schon ganz nebenbei passiert, da der Hund hier in der Regel nachts viele Stunden schläft.

Wird der Schlafplatz positiv verknüpft, sucht der Hund diesen Ort gern auf.

Wie ihr das aber pimpen könnt, wenn es nicht so ist, lest ihr im FAQ 60 „Was ist eine Ruhezone und wie baue ich sie auf?“, S. 138.

Manche Menschen möchten nicht, dass der Hund im Schlafzimmer schläft, oder der Hund sucht das Schlafzimmer erst gar nicht auf, meistens dann, wenn es sich in den oberen Stockwerken befindet. Der Nachteil hieran ist, dass ihr nicht mitbekommt, ob er vielleicht nachts mal raus oder er sich übergeben muss – was durchaus ab und zu vorkommen kann. Bei einer Freundin schläft der Hund unten im Wohnzimmer, da er nicht gern offene Treppen läuft. Im Fall, dass es pressiert, stupst er mit der Nase an ein Glöckchen, sodass Frauchen wach wird und ihn in den Garten lassen kann. Es gibt nichts, was es nicht gibt…

Den Hund beim Kind im Kinderzimmer bzw. im Bett schlafen zu lassen, sollte gut überlegt sein. Alter und Reife des Kindes und Charakter des Hundes spielen hierbei eine wichtige Rolle. Wenn ihr zu hundert Prozent ausschließen könnt, dass der Hund ungehalten reagieren könnte, wenn sich das Kind nachts im Schlaf bewegt und vielleicht auch mal auf den Hund rollt oder ihn berührt, und wenn ihr sicher sein könnt, dass nach dem Aufwachen keine Distanzlosigkeiten wie z. B. zu enge Umarmungen vorkommen werden, die den Hund in die Ecke drängen und in eine Verteidigungsposition zwingen könnten, wäre diese Variante vielleicht in Ordnung. Beim kleinsten Zweifel hingegen hat der Hund unbeaufsichtigt im Zimmer des Kindes nichts zu suchen.

Ein Körbchen oder eine Decke, die mit Entspannung ohne gleichzeitigen Körperkontakt zum Menschen verknüpft wurde, hat viele Vorteile, wie z. B. in folgenden Situationen:

› Beim Restaurantbesuch: Eine Decke, die im Restaurant, einer Schulung o. Ä. unter dem Tisch liegt, ist ein tolles Dauersichtsignal für den Hund. Er weiß sofort, was von ihm erwartet wird. Es reicht vom Prinzip auch nur ein kleines Tuch, das für den Hund über Training die Bedeutung „ruhig liegen“ bekommt. Dabei spielt keine Rolle, ob er darauf oder daneben liegt.
› Bei Abwesenheit der Bezugsperson (sprich, beim Alleinesein, s. a. FAQ 6 „Was mache ich, wenn… mein Hund nicht allein bleiben kann?“, S. 31): Beim Alleinbleibentraining ist das A und O, dass der Hund einen Ruheort hat, an dem er ohne Bezugsperson entspannt verweilen kann. So könnt ihr Trennungsstress vermeiden.

- An fremden Orten, in Hotels, auf Besuch: Es mag Fälle geben, in denen der Hund nicht aufs Sofa oder ins Bett darf (z. B. in Hotels oder bei den Schwiegereltern). Hier hilft es sehr, wenn er ein Körbchen als Ruheort akzeptiert.
- Als Rückzugsort, wenn der Hund seine Ruhe möchte: Ein Körbchen ist auch wichtiges Kommunikationsmittel des Hundes. Zieht er sich dorthin zurück, ist das für den Menschen (insbesondere für Kinder) das Zeichen, dass er nicht gestört werden möchte. Eine freundliche Bitte um Individualdistanz, der zu entsprechen kein Problem sein sollte.

Mein Tipp: Investiert unbedingt Zeit ins Körbchentraining, es lohnt sich in sehr vielen Situationen!

52 BRAUCHE ICH EINE HUNDEBOX ODER EINEN WELPENAUSLAUF?

Bei dieser Frage streiten sich die Geister, meiner Meinung nach aber zu Unrecht. Ich bin großer Fan von Hundeboxen bzw. Welpenausläufen, da sie viele Vorteile – sowohl für den Hund als auch für den Menschen – bieten. Und um den klassischen Bedenken gleich zu Beginn zuvorzukommen: Wenn ich eine Box befürworte, dann rede ich niemals davon, den Hund gegen seinen Willen wegzusperren. Das wäre unethisch und nicht artgerecht.

Dennoch sind Eingrenzungen der Bewegungsfreiheit auf einen kleineren räumlichen Bereich, vor allem in der Anfangszeit, erfahrungsbedingt, sinnvolle Maßnahmen aus verschiedenen Gründen:

- Mit einer Box oder einem Auslauf könnt ihr eurem Hund leichter beibringen, auf sein Ruhebedürfnis zu hören und sich zu entspannen, anstatt permanent hinter euch herzulaufen, vor lauter Sorge, nicht bei euch sein zu können.
- Boxen und Ausläufe, die mit Entspannung und dem Gefühl der Sicherheit verknüpft werden, helfen dem Hund auch später beim Alleinbleibentraining und sind hierfür eine wichtige Basis, auf der das weitere Training aufbaut (s. a. FAQ 6 „Was mache ich, wenn … mein Hund nicht allein bleiben kann?“, S. 31).

So entspannt liegt ein Hund nur dann in seiner Box, wenn er sie als sicheren und ruhigen Ort kennengelernt hat.

- Sie sind zudem nützlich als Zufluchtsort, z. B. bei Silvester oder Gewitter; sie dienen als wichtiger Rückzugsort, wenn der Hund sich dem familiären Trubel entziehen möchte, und als geschickte Parkmöglichkeit, wenn Besuch erwartet wird und die laute Kindergeburtstagsparty steigt, er aber nicht die ganze Zeit mittendrin sein soll (oder kann, weil es ihn zu sehr stresst).
- Eine Box bzw. ein Welpenauslauf kann in einem Mehrhundehaushalt extrem hilfreich sein, um die Hunde räumlich zu trennen, aber auf Sicht zu lassen und sie so aneinander zu gewöhnen, oder um sie sicher getrennt fressen zu lassen, ohne dass der eine dem anderen etwas wegschnappen kann.
- Mit einer Box schlagt ihr außerdem gleich zwei Fliegen mit einer Klappe, wenn euer Hund im Auto ebenfalls in einer Sicherheitsbox untergebracht werden soll.
- Die Box kann zudem überall aufgestellt werden, wenn ihr unterwegs seid, auf Besuch, im Urlaub oder auf Schulungen, und dem (vielleicht von Natur aus etwas aufgeregteren) Hund ohne viel Aufwand dabei helfen, schneller herunterzukommen, sich zu Hause zu fühlen und sich zu entspannen.

› Der höhlenartige Charakter einer Box hat bei vielen Hunden zudem eine positive Wirkung, da sie sich an solchen geschützten Orten besonders sicher fühlen können.

Für all dies ist aber natürlich immer die wichtigste Bedingung, dass Boxen oder Welpenausläufe stets über kleinschrittiges Training mit Ruhe und Entspannung verknüpft werden und dass sie groß genug sind, sodass der Hund sich dort unterschiedlich warm oder kühl betten kann, dass er stehen, liegen und sich ausstrecken kann. Nach einem erfolgreichen Boxentraining sollte dem Hund vom Prinzip egal sein, ob die Tür offen oder geschlossen ist. Er sollte sich mit beiden Zuständen wohlfühlen und zufrieden verweilen und schlafen können. Wenn er den Ort häufig von sich aus aufsucht, habt ihr alles richtig gemacht. Wie ihr in diesen wünschenswerten Zustand der Entspannung gelangt, könnt ihr im FAQ 60 „Was ist eine Ruhezone und wie baue ich sie auf?", S. 138, genauer nachlesen.

53 IST EINE PIPIMATTE SINNVOLL?

Wenn mich Kunden kontaktieren, die das Problem haben, dass ihr Welpe nicht stubenrein werden mag, frage ich als Erstes immer danach, ob sie wohl eine Pipimatte benutzen. Pipi- oder Urinmatten sind Matten, die ihr in der Wohnung auslegen könnt und auf die der Welpe mindestens sein kleines Geschäft verrichten soll – anstelle auf den Teppich oder aufs Parkett zu pieseln. Das hört sich zunächst ja mal nicht ganz falsch an. Vor allem, wenn ihr in einem Hochhaus wohnt und der Weg bis nach unten zu weit ist für den Welpen, um so lange einzuhalten.

Was mir die Kunden häufig auch erzählen, ist, dass sie gar nicht verstehen können, warum ihr Hund draußen kein einziges Geschäftchen erledigt. Und kaum betritt er die Wohnung, entleert er sich erleichtert auf der Matte.

Der Grund für dieses Verhalten ist einfach zu erklären und lautet nicht, dass er das tut, um seine Menschen zu ärgern: Nein, im Gegenteil. Er hat ganz brav gelernt, anstelle auf Grün und Wiese zu pinkeln, vorlieb mit einer künstlichen Matte zu nehmen. Er weiß es schlicht nicht besser, und er wird sich draußen bemitleidenswert doll anstrengen, sich nicht aus Versehen auf der

Wiese zu entleeren. Hunde sind von Haus aus sehr reinlich. Sie mögen nicht in ihr Körbchen oder in ihre Box machen und geben alles, es nicht zu tun. Meist brauchen sie dann noch eine kurze Weile, bis sie verstanden haben, dass auch die Wohnung und sogar der Garten eine Art erweitertes Körbchen sind, in das sie nicht hineinmachen möchten. Und sobald Blase und Darm so weit ausgereift sind, dass sie länger einhalten können, machen sie dann nur noch draußen (außerhalb des „Körbchens"). Die Matte hingegen bringt den natürlichen Reinlichkeitssinn des Hundes durcheinander: Sie gaukelt dem Hund vor, überall dorthin machen zu können, wo die Matte hingelegt wird.

In meinen Augen machen Pipimatten nur bei alten, kranken bzw. chronisch inkontinenten Hunden Sinn, die tatsächlich den Weg nach draußen nicht mehr schaffen. Wer allerdings einem gesunden Hund schnell Stubenreinheit beibringen möchte, wird nicht drum herumkommen, dem Hund dies auch beharrlich anzutrainieren: Nach jedem Aufwachen, nach jeder Aufregung, nach jedem Essen, nach jedem Spielen, spätestens aber, wenn er anfängt „zu suchen", sprich, nervös herumzurennen, sich um sich selbst zu drehen oder sich sogar immer wieder in Richtung Tür zu bewegen und „anzuzeigen", sollte der Hund prophylaktisch auf die Wiese gesetzt werden, damit er in Ruhe Pipi machen kann. Stubenreinheit zu trainieren ist ein reines Fleißprogramm. Und wenn doch mal etwas danebengeht, dann in der Regel deshalb, weil der Mensch nicht aufmerksam oder schnell genug war, den Hund nach draußen zu lassen.

Wer einen weiten Weg bis zum nächsten Grün hat und es wirklich nicht rechtzeitig nach draußen schaffen kann, kann sich übergangsweise, bis die Blase des Hundes ein wenig trainierter ist, natürlich mit Pipimatten, besser noch mit Echtgrasmatten behelfen, die dem Hund wenigstens den wertvollen Hinweis mitliefern, dass Gras der richtige Untergrund fürs Geschäft ist. Der Switch von der Grasmatte zur echten Wiese sollte dann nicht mehr so schwierig für den Hund sein, wie der Wechsel von einer künstlichen Matte zur echten Wiese.

Denjenigen, bei denen das Kind bereits in den Brunnen gefallen ist, rate ich: Beachtet ab sofort die oben genannten Regeln und geht öfter mit dem Hund raus. Ihr könnt die Matte für den Übergang mitnehmen, damit dem Hund das Pipimachen draußen leichter fällt. Und wenn er das erste Mal die Wiese trifft, lobt ihn über den Klee, freut euch sichtbar. Und schmeißt die Matte weg.

Ein entspanntes Miteinander entsteht, wenn die Regeln für beide Seiten klar sind.

54 WELCHE REGELN SOLLTE ICH AUFSTELLEN?

Für ein friedliches Miteinander und zur Vermeidung von Gefahren und Unfällen werdet ihr nicht umhinkommen, gewisse Regeln aufzustellen, die alle beteiligten Seiten einhalten sollten, damit das Projekt „Leben mit Hund“ erfolgreich wird. Das betrifft nicht nur den Hund, sondern auch Eltern, Großeltern, Kinder und Besucher, sprich alle, die mit dem Hund in Kontakt kommen werden.

Weil ich immer wieder danach gefragt werde, finde ich allerdings wichtig zu erwähnen: Es gibt keine Regeln, die allgemeingültig sind. Regeln sind individuell unterschiedlich, ganz nach Lebenssituation und Bedarf. Ihr bestimmt die Regeln, und niemand sonst!

Beispiel: Ich hatte eine Kundin, die war total unglücklich, weil ihr Trainer gesagt hatte, dass ihr Hund auf keinen Fall mit ihr zusammen auf dem Sofa sitzen dürfe. Sie müsse ihm die Rangordnung klarmachen, indem er immer nur auf dem Boden zu liegen hätte. Da sie das Sofa vorher aber schon eine Weile mit ihm geteilt hatte und beide damit eigentlich sehr zufrieden waren, vermisste sie die allabendlichen Kuschelstunden dort sehr. Als ich ihr erklärte, dass sie einem längst überholten Mythos aufsitze, war sie sehr erleichtert. Seitdem sitzen die beiden wieder einträchtig nebeneinander und genießen friedlich ihr Sofaleben.

Regeln aufzustellen, um Dominanz zu unterbinden, macht keinen Sinn (s. a. FAQ 118 „Muss ich immer als Erster durch die Tür?", E-Book). Ob Anspringen, Betteln am Tisch, euch bis aufs Klo hinterherrennen, zum Spielen auffordern etc.: Ihr allein bestimmt, was euer Hund darf oder nicht. Eure Überlegungen sollten einzig darum kreisen, welche praktischen Vor- und Nachteile das Verhalten des Hundes für ihn und für euch haben könnten. Denn es gibt Momente im Hundeleben, da kommt er gerade glücklich und zufrieden vom Schlamm- und Pfützenbad nach Hause, sieht aus wie ein Erdferkel und springt – wie immer – aufs Sofa. Jetzt zu schimpfen wäre unfair. Woher soll er schließlich wissen, dass er mit Schlammfüßen nicht aufs Sofa darf, ansonsten aber schon?

Damit das nicht passiert, kommen sinnvolle Regeln ins Spiel: Regeln regeln Situationen. Sie vermeiden Stress, Ärger und Gefahr. Regeln dienen der Kommunikation und bringen dem Hund Erwartungssicherheit: Er weiß, was wann und wie passieren wird, sodass er einfach lernen kann, sich unterschiedlichen Varianten einer Situation anzupassen.

Beispiele für Regeln bei uns zu Hause:

› Nach jedem Gassigang werden vor der Tür die Pfoten kontrolliert und ggf. saubergemacht. Damit Kurt nicht mit Schlammpfoten aufs Sofa springt.
› Die Küche ist tabu. Kurt darf davor liegen und von dort alles beobachten. Ich mag beim Kochen nicht über ihn steigen müssen, und er soll auch nicht in Versuchung geraten, Essen von der Ablage „wegzufinden", wenn ich nicht aufpasse.
› Als wir noch im Zweihundehaushalt lebten, hatte an der Leine jeder Hund seine feste Seite, um Leinengewirre zu vermeiden und um mehr Individualdistanz zu schaffen. Das hatte positiven Einfluss auf das Erregungsniveau der Hunde.

- Wenn die Autotür aufgeht, wartet Kurt, bis er angeleint ist. So entstehen keine Hektik und Gefahren.
- Pipimachen im Vorgarten anderer Leute oder an Häuserwänden ist tabu.
- Bei Tisch liegt Kurt im Körbchen oder unter dem Tisch, weil ich nicht möchte, dass er bettelt. Er wird niemals am Tisch gefüttert. Von niemandem!
- Kurt darf auf Einladung im Bett schlafen. Ohne Einladung schläft er in seinem Bettchen, z. B. wenn es zu heiß ist oder das Bett zu eng.

In einem Kinderhaushalt sind Regeln besonders wichtig: Kinder müssen eine Menge lernen, wie sie mit einem Hund umzugehen haben, um sich nicht zu gefährden und um einen respektvollen Umgang mit ihm zu lernen. Im FAQ 116 „Welche Regeln im Kinderhaushalt sollte ich aufstellen?“, E-Book, könnt ihr mehr zum Thema erfahren.

Auch auf Gassigängen können gewisse Regeln sinnvoll sein. Im FAQ 89 „Gibt es einen Hundeknigge?“, S. 206, könnt ihr hierzu mehr lesen.

MERKE

Welche Regeln ihr aufstellt, bleibt euch überlassen. Wenn ihr aber eine Regel aufstellt, dann sollte sie immer und von allen Beteiligten eingehalten werden, auch wenn es gerade schwierig ist, ihr müde seid oder keine Lust habt. Doch nur so wird es euch gelingen, euren Hund nicht zu verwirren, klar und eindeutig zu kommunizieren und Ärger und gefährliche Situationen zu vermeiden.

55 WIE FÜHRE ICH ERST- UND ZWEITHUND ZUSAMMEN?

Wenn ihr bereits einen Hund habt und euch nun fragt, wie ihr den Neuzuwachs so in die Familie integrieren könnt, dass keine Probleme entstehen, seid ihr gedanklich auf jeden Fall schon mal auf dem richtigen Weg. Ich setze voraus, dass euer Ersthund andere Hunde mag und sozialverträglich ist. Alles andere würde nicht unbedingt für einen Mehrhundehaushalt sprechen.

Die Anfangszeit ist für alle Beteiligten – den Ersthund, den neuen Hund, aber auch für euch – in der Regel sehr aufregend, voller Unsicherheiten und nicht immer einfach. Ein vorher rundlaufender Familienbetrieb mit festen

Ritualen, Abläufen, Gewohnheiten und Selbstverständlichkeiten wird durch das neue Familienmitglied zunächst einmal kräftig durcheinandergeschüttelt werden. Daher ist die Art und Weise, wie geschickt ihr den Zweithund einführt und mit dem Ersthund bekannt macht, mitentscheidend dafür, wie harmonisch es in der Zukunft laufen wird. Ihr könnt viel dazu beitragen, dass der Motor wieder ins gleichmäßige Schnurren gerät, wenn ihr von Anfang an Sand im Getriebe vermeidet.

Wenn ihr euch einen Welpen ins Haus holt, wäre es toll, wenn euer Ersthund den Welpen ab einer bestimmten Lebenswoche schon bei der Züchterin/beim Züchter kennenlernen könnte. Eine vorsichtige Heranführung im Garten und unter Aufsicht natürlich wäre eine gute Option. Alle anderen Welpen sowie die Mutterhündin sollten möglichst nicht dabei sein oder wenigstens durch einen Zaun getrennt sein, damit die Aufregung für den Ersthund nicht allzu groß wird. Das Zusammentreffen muss nicht lange dauern. Es reichen fürs erste Mal ein paar Minuten. In diesen ersten Minuten ist es unbedingt wichtig, dass die Zusammenkunft friedlich und ruhig abläuft. Die Hunde sollten auf keinen Fall sich selbst überlassen sein – gemäß dem Motto: „Die regeln das schon unter sich" –, sondern das Zusammentreffen sollte von euch moderiert werden. Ggf. könnt ihr euren Ersthund angeleint lassen, freundliches aneinander Schnüffeln und neugierige Blicke solltet ihr durch ruhiges Loben und Zureden positiv verstärken. Vielleicht geht ihr dabei in die Hocke oder setzt euch auf die Wiese, damit nehmt ihr potenzielle Anspannung oder sogar Ängstlichkeit aus der Situation. Gebt eurem Ersthund unbedingt das Gefühl, dass er nicht die zweite Geige spielt. Beachtet beide und stürzt euch nicht ausschließlich auf den „süßen" Welpen. Bietet dem körperlich unterlegenen Welpen Schutz, ohne den Ersthund wegschicken zu müssen. Nach ein paar Minuten beendet ihr das Zusammentreffen und geht mit positiven Gefühlen auf allen Seiten auseinander.

Wenn ihr die Möglichkeit bekommt, den Welpen mehrmals besuchen zu können, desto besser. Das Ziel dieser Treffen sollte immer sein, dass sich beide Hunde in der Gegenwart des anderen wohlfühlen können. Das heißt, es schadet nicht, den Gang herunterzuschalten und mit viel Ruhe an die Sache heranzugehen. Es versteht sich von selbst, dass jede Form von Zwang, Ängstigung, Ungeduld etc. fehl am Platz wäre.

Wenn ihr einen bereits älteren Hund aus dem Tierschutz ins Haus holt, würde ich auch hier vorher erst einmal mehrere Treffen draußen an einem neutralen Ort verabreden. Ein gemeinsamer kurzer Spaziergang ist immer eine gute Möglichkeit, Hunde zusammenzuführen. Es geht auch hier nicht darum, beide sofort abzuleinen und „die mal machen zu lassen" – der Schuss kann nach hinten losgehen. Ein sogenannter „Social Walk", zunächst an der Leine und auf höflichem Abstand, taugt da sehr viel mehr. Vielleicht können die Hunde zunächst hintereinander, dann mal mit Abstand nebeneinanderlaufen, um mit dem Geruch des anderen vertraut zu werden. Hunde aus dem Tierschutz werden aus Sicherheitsgründen draußen sowieso nicht abgeleint, sodass es nur fair ist, euren Hund ebenfalls angeleint zu lassen – es sei denn, er hört wirklich auf euch, kann auf Signal bei euch bleiben und überfällt den anderen nicht zu stürmisch. Aus meiner Sicht wäre es unvorteilhaft, wenn die Hunde bei diesen Zusammentreffen aus irgendwelchen Gründen aneinandergeraten würden. Die Treffen sollten ausschließlich friedlich und entspannt ablaufen, um so bereits eine solide Basis zu schaffen, die später auch mal Unstimmigkeiten aushält. Anhand dessen, wie die Hunde sich hier verhalten, kann man schon erste Vermutungen darüber anstellen, wie sympathisch sie sich sind.

Wenn der Tag des Einzugs ansteht, ist es empfehlenswert, beide Hunde zunächst wieder draußen aufeinandertreffen zu lassen und erst dann gemeinsam das Haus zu betreten. Der neue Hund wird das neue Zuhause neugierig erkunden wollen. Er sollte diese Möglichkeit erhalten und dabei auch nicht gestört werden. Lasst ihn in aller Ruhe die Orte, an denen er sich aufhalten darf, erschnüffeln, das gehört unbedingt zum Ankommenprozess dazu. Sollte euer Ersthund zu Ressourcenverteidigung neigen, sind das durchaus erschwerte Bedingungen für den Zweithund. Ihr solltet vorher mit eurem Hund das Thema bearbeiten (s. a. FAQ 24 „Was mache ich, wenn … mein Hund seinen Knochen oder sein Spielzeug nicht hergibt?", S. 56) und über Management Konfliktpotenzial reduzieren: Verräumt zunächst alles, was Konflikte auslösen könnte, oder trennt Bereiche über Gitter ab. Es macht keinen Sinn, die Hunde das „unter sich regeln" zu lassen. Das wäre kein guter Start in den neuen Lebensabschnitt!

Damit das Zusammenleben auch drinnen gut funktioniert – vor allem, wenn die räumlichen Gegebenheiten beengt sein sollten –, ist es von Vorteil, wenn die Hunde ab sofort nicht 24 Stunden am Stück zusammen sein müssen.

Trennt einen Bereich des Zimmers ab, stellt ein Kindergitter auf, damit ihr die Hunde separieren könnt und sie Ruhezeiten einhalten lernen. Im abgetrennten Bereich findet das neue Familienmitglied sein Körbchen, Spielzeug, seine Näpfe, etwas zum Kauen etc. Ihr könnt euch mit ihm dort hineinlegen, falls er Körperkontakt und Nähe benötigt. Es geht nicht darum, ihn wegzusperren. Die Hunde sollten sich sehen können, sollten aber nicht jederzeit zusammenkommen können. Vor allem dann nicht, wenn ihr einen Hund habt, der vom anderen nicht ablassen kann. Eine räumliche Trennung ist sinnvoll, damit die Hunde von Beginn an lernen, entspannt und ruhig beieinander zu sein, um Dynamik herauszunehmen und zu verhindern, dass die Stimmung kippt.

Auch getrennt zu füttern ist mindestens zu Beginn sehr wichtig, aber auch auf Dauer sicherlich nicht falsch. Die Ressource Futter sollte niemals zum Thema zwischen den Hunden werden müssen. Stellt also keine Näpfe nebeneinander, sondern postiert sie räumlich getrennt, mit ein paar Metern

Der junge Zweithund lernt viel vom älteren, erfahreneren Hund.

Abstand dazwischen. Auch hier bietet sich in der Anfangszeit der abgetrennte Bereich für den neuen Hund an. So können beide Hunde in aller Ruhe fressen und müssen keine Sorge haben, dass der andere ihnen etwas wegschnappen wird. Sind die Näpfe dann leer geschleckt, tauschen viele Hunde, um mal zu schauen, ob auch wirklich jedes Fitzelchen weg ist. Diese ritualisierte Verhalten ist völlig in Ordnung.

Vergesst nicht, dass sich für den Ersthund das Leben plötzlich stark verändern wird. Bisher war er die Nummer eins, alle Aufmerksamkeit galt ihm. Jetzt plötzlich wohnt ein weiterer Hund im Haushalt, der ebenfalls viel Aufmerksamkeit von seinen Menschen einfordern wird. Vor allem gilt das für Welpen, die gerade in den ersten Monaten unentwegt beaufsichtigt werden müssen. Gebt eurem Ersthund das Gefühl, weiterhin eine wichtige Rolle zu spielen. Haltet Kuschelzeiten ein, schickt ihn nicht weg, geht auch allein mit ihm Gassi, spielt mit ihm und tut die Dinge, die ihr vorher auch gemacht habt. Wenn dann der Zweithund immer öfter mit eingebunden wird und ein Teil des gemeinsamen Zusammenspiels wird, wird es für den Ersthund leichter werden, die neuen Bedingungen zu akzeptieren – und hoffentlich sogar zu schätzen!

Schraubt eure Anforderungen an beide Hunde massiv herunter! Rechnet damit, dass der Ersthund plötzlich anderes Verhalten zeigen könnte als vorher. Und dass er möglicherweise temporär nicht mehr das Gleiche wird leisten können wie vorher. Er muss sich erst an die neuen Bedingungen gewöhnen, bevor er unter den neuen Ablenkungen trainierte Verhaltensweisen wie früher zeigen kann.

Vergleicht den neuen Hund nicht mit dem alten! Jeder Hund ist individuell. Lernt ihn kennen, nehmt seine Eigenschaften zur Kenntnis und erwartet nicht einfach, dass er automatisch das gleiche Verhalten zeigen kann wie euer Ersthund.

Seid geduldig, und bleibt freundlich und gelassen, auch dann, wenn es mal chaotisch wird. Nehmt euch die Zeit, alle (wieder neu) ankommen zu lassen. Achtet gerade am Anfang auf ausgedehnte Ruhezeiten, denn ausgeruhte Hunde sind die halbe Miete für ein friedliches Miteinander.

Rechnet damit, dass in der Anfangszeit die Erregung der Hunde recht hoch sein wird. Alles ist neu, neue Abläufe und Rituale müssen sich finden, es braucht eine Weile, bis die Hunde die Tagesabläufe kennen und eine Erwartungssicherheit entwickelt haben, die ihnen erlaubt, sich schneller zu entspannen. Mehrere Hunde im Haushalt bedeutet immer eine ganz besondere Dynamik. Ihr werdet das merken, wenn z. B. der bis dahin immer ruhige Ersthund plötzlich bellt, nur weil der Zweithund bellt, wenn sie gemeinsam auf dumme Ideen kommen bzw. wie unterschiedlich sie sich verhalten werden, wenn ihr zusammen oder einzeln Gassi geht. Ein Hund allein benimmt sich immer relaxter als mehrere zusammen. Bei mir hat es zwei Jahre gedauert, bis mein Ersthund Willi akzeptierte, dass im Haushalt dauerhaft ein weiterer Hund leben würde. Es dauerte zwei ganze Jahre, bis wir alle Abläufe, Rituale und Regeln so etabliert hatten, dass er sich wieder besser entspannen konnte. Für meinen Zweithund Kurt war die Anpassung weit weniger schwierig, denn zum einen kannte er es nie anders und zum zweiten ist er von Natur aus ein entspannter, gechillter Hund, der sich mühelos neuen Situationen anpassen kann.

Ich will damit sagen: Es gibt keine Konstellationen in einem Mehrhundehaushalt, die es nicht gibt. Manche Hunde lieben sich, teilen ihr Körbchen miteinander, fressen aus einem Napf, liegen ständig mit Körperkontakt beieinander und sind ein Herz und eine Seele. Dann wieder gibt es Konstellationen, da haben die Hunde nichts gegeneinander, kämen aber auch sehr gut ohneeinander aus. Sie koexistieren friedlich, interagieren aber selten miteinander. Ein akzeptabler Zustand mit gutem Potenzial, solange ihr dafür sorgt, dass keine Konflikte entstehen, die die Waage zur anderen Seite ausschlagen lassen würden. Und dann gibt es die schwierigen Fälle. Die, in denen die Hunde sich partout nicht riechen können, und die immer wieder aufeinander losgehen – aus welchen Befindlichkeiten auch immer. Manchmal entwickeln sich Feindschaften oder Disharmonien auch erst später, wenn die Hormone verrücktspielen, wenn ein Hund in die Jugendentwicklung kommt oder eine Hündin läufig oder (schein-)trächtig wird.

Wenn ihr aber von Anfang an darauf achtet, dass die Zusammenführung bedächtig moderiert und friedlich verläuft und jeder Hund stets seinen Bereich hat, in den er sich ungestört zurückziehen kann, wenn ihr darauf achtet, dass die Bedürfnisse aller Hunde befriedigt werden und kein Hund vom anderen gedeckelt und überrannt wird, könnt ihr zumindest viel dazu beisteuern, dass ein friedliches und freundschaftliches Mit- oder Nebeneinander ermöglicht wird.

KAPITEL 5

IM NEUEN HEIM

56 WIE GESTALTE ICH DIE ERSTE FAHRT NACH HAUSE?

Für den Welpen, den ihr bei der Züchterin/beim Züchter abholt, ist die erste Fahrt manchmal – wenn Autofahren in den ersten Lebenswochen nicht geübt wurde – überhaupt die erste Fahrt seines Lebens in einem Auto. Dazu kommt, dass er ab nun getrennt ist von der Mutter und seinen Geschwistern. Die erste Fahrt ist also ein einschneidendes Erlebnis, das sich nicht zum Horrortrip entwickeln sollte.

Für einen bereits älteren Hund, den ihr aus dem Tierheim abholt oder der vielleicht schon eine lange Fahrt aus dem Ausland hinter sich hat, ist die erste Fahrt mindestens sehr aufregend oder aber sehr beängstigend und stark stressend. Ein LKW voller übermüdeter, angestrengter Hunde, die nicht wissen können, was sie erwartet – es braucht nicht viel Fantasie, um zu erahnen, dass viele Hunde erst einmal sehr traumatisiert sein werden.

Es gilt also, diese erste Fahrt ins neue Zuhause so angenehm wie möglich zu gestalten. Auch wenn eine Autobox mehr Sicherheit während der Fahrt bietet, würde ich in diesem Fall den Welpen noch nicht dort unterbringen und sich selbst überlassen. Eine Box sollte geübt werden, damit sie nicht (mehr) mit negativen Gefühlen verknüpft wird und jede Fahrt zum Drama wird. Es empfiehlt sich also, eine Fahrerin/einen Fahrer zu organisieren und es sich

Gebt eurem neuen Mitbewohner Zeit, anzukommen.

mit dem Hund auf dem Rücksitz gemütlich zu machen. Einem Hund aus dem Tierschutz könnte die Nähe zum unbekannten Menschen wiederum unangenehm sein, sodass er vielleicht in der Autobox besser untergebracht ist. Ihr seht ja, wie der Hund auf euch reagiert, also lasst euer Bauchgefühl entscheiden, welche Variante im Einzelfall geeigneter ist.

Breitet eine Decke aus, in die er sich kuscheln kann, legt dem Welpen vielleicht ein Tuch dazu, das nach seiner Mama und seinen Geschwistern riecht, damit er sich nicht komplett fremd und verloren fühlen muss. Wenn der Hund euch vorher schon durch diverse Besuche kennenlernen konnte, ist die Situation für ihn wahrscheinlich nicht mehr ganz so schwierig, als wenn komplett alles um ihn herum neu ist.

Je nach Länge der Fahrt macht öfter Pausen, in denen er sich draußen erleichtern, ein bisschen herumlaufen, frische Luft und Grün schnüffeln und sich vom Fahrstress erholen kann.

Leint ihn für die Pausen gut an! Benutzt bei Hunden aus dem Tierschutz unbedingt ein Sicherheitsgeschirr! Es sind schon viele Hunde durch schlechte Sicherungen ausgebüxt.

Bietet ihm regelmäßig frisches Wasser an. Futter würde ich während der Fahrt nicht anbieten, das könnte möglicherweise zu schwer im Magen liegen.

Sollte euer Hund erbrechen müssen, dann verträgt er Autofahren offensichtlich noch nicht, ihm ist schlecht, er leidet an Reiseübelkeit. In diesem Moment ist daran nicht viel zu ändern, außer längere Pausen zu machen und sanft zu fahren, aber nehmt dies als Hinweis, dass das Autofahren zu Hause kleinschrittig geübt werden muss. Nehmt Handtücher und Papiertücher mit, damit ihr das Maleur einfach auffangen und wegwischen könnt.

Bietet eurem Hund während dieser ersten Fahrt Schutz und Geborgenheit, indem ihr einfach da seid, ihm liebevoll zuredet und Körperkontakt zulasst, wenn er dies möchte. Drängt euch aber nicht auf!

57 WIE GESTALTE ICH DIE ERSTEN TAGE/WOCHEN OPTIMAL?

Regel Nr. 1, die leider viel zu oft aus Unwissenheit nicht beachtet wird, lautet eindeutig: Lasst den Hund in Ruhe ankommen! Und damit meine ich nicht bis zum nächsten Tag, sondern die nächsten Wochen und Monate.

Ja, Hunde sind in der Regel sehr anpassungsfähig und lernen schnell. Und dennoch braucht es seine Zeit, bis der Hund wirklich Wurzeln geschlagen hat.

Die ersten Tage wird er damit beschäftigt sein, sich mit seinem neuen Zuhause vertraut zu machen. Er lernt die einzelnen Zimmer kennen, zu denen er Zutritt hat, er wird sich mit den verschiedenen Hausgerüchen und Geräuschen vertraut machen, die Familienmitglieder kennenlernen, er wird lernen, wo seine Rückzugsorte sind, wie Tagesabläufe funktionieren, wann es Futter gibt, wann er nach draußen darf, wie die unmittelbare Umgebung aussieht usw. Seine Verdauung wird sich neu einstellen. Vor allem Hunde aus dem Tierschutz leiden in den ersten Wochen häufig unter Durchfall. Das ist normal und hat viel mit dem erhöhten Stresslevel in der Eingewöhnungsphase zu tun. Behaltet es dennoch im Auge und lasst im Zweifelsfall eure Tierärztin/euren Tierarzt nachschauen, ob andere Gründe dahinterstecken könnten.

Für euch bedeutet das: Fahrt ein moderates Programm!

Macht euch und dem Hund keinen Freizeitstress. Die Sozialisierung beginnt bereits mit dem ersten Tag im neuen Zuhause, in dem sich der Hund erst einmal mit den neuen Bedingungen in engster Umgebung vertraut macht.

Fangt an mit kurzen Gassigängen in ruhiger Umgebung. Euer Hund muss momentan auf keinen Fall alle Hunde des Viertels kennenlernen. Es reicht bei vielen Hunden auch erst einmal völlig, wenn er in den ersten Tagen nur zum Verrichten nach draußen geht. Seht ab von stundenlangen Spaziergängen, „um den Hund auszulasten". Der ist in dieser Phase des Ankommens bereits mehr als ausgelastet.

Vor allem Hunde aus dem Tierschutz sind häufig extrem ängstlich: Gebt ihnen Zeit! Wenn sie drinnen bleiben oder sich erst einmal nur im Garten aufhalten möchten, dann ist das vollkommen in Ordnung (s. a. Kapitel 10 „DER TIERSCHUTZHUND – DIE ZWEITE CHANCE", E-Book).

Verzichtet in den ersten Tagen auf Besuch, vor allem auf Kinderbesuch. Alle wollen das neue Familienmitglied kennenlernen, es streicheln und kuscheln. Dazu ist später noch Zeit genug. Achtet in diesen ersten Wochen unbedingt darauf, mit dem Neuzuwachs genügend lange Pause- und Entspannungszeiten zu üben (s. a. FAQ 59 „Wie viel Ruhe und Entspannung braucht mein Hund?", S. 134).

Der Welpe braucht auch Zeit, um seinen Bedürfnissen in Ruhe nachgehen zu können.

Erklärt euren Kindern, dass der Hund im Moment viel Ruhe braucht, und achtet darauf, dass die Kinder und natürlich auch alle anderen Familienmitglieder die Regeln unbedingt einhalten (s. a. FAQ 54 „Welche Regeln sollte ich aufstellen?“, S. 120). Etabliert Alltagsrituale, die dem Hund die Eingewöhnung leichter machen. Wenn er weiß, wie seine Tagesabläufe aussehen, hilft ihm das sehr.

Verzichtet im Moment noch auf klassisches Training. Die Hundeschule hat noch Zeit. Euer Hund muss noch kein Sitz, Platz und Fuß können. Konzentrationsfähigkeit und Lernbereitschaft werden zunehmen, je angstfreier und sicherer sich der Hund bei euch fühlen kann. Welpen sollten mindestens eine Woche oder länger Zeit bekommen, bevor Projekte wie Hundeschule, Arztbesuche, Stadtbesuche, Busfahrten etc. in Angriff genommen werden. Hunde aus dem Tierschutz brauchen gewöhnlich deutlich länger zur Eingewöhnung.

Macht viele schöne Dinge mit eurem Hund:

› Redet freundlich mit ihm, lacht, habt gute Laune, seid geduldig.
› Lasst ihn viel schnüffeln und erkunden, kullert ihm Leckerlis über den Fußboden oder versteckt Leckerlis in einem Schnüffelteppich, animiert ihn immer mal wieder zum Spielen. Erwartet aber nicht, dass er das schon kann. Nur Hunde, die sich sicher fühlen, spielen, und das auch nur, wenn sie es gelernt haben.
› Stellt ihm eine Kiste mit Spielzeug hin, die zur freien Verfügung steht.
› Bietet ihm etwas zum Kauen an.
› Kuschelt mit ihm und streichelt ihn (wenn er das mag und nicht weggeht, s. a. FAQ 139 „Wie streichle ich richtig?“, E-Book).
› Verhaltet euch körpersprachlich einladend, vermittelt ihm das Gefühl von Sicherheit (s. a. FAQ 127 „Wie wirke ich freundlich oder bedrohlich auf den Hund?“, E-Book).

Jeder Hund ist anders: Beim einen geht die Eingewöhnung sehr schnell, er fasst schnell Vertrauen und passt sich extrem schnell an. Beim anderen dauert die Eingewöhnungsphase manchmal Monate oder länger. Gebt eurem Hund genau die Zeit, die er braucht, um sich wohlzufühlen, anzukommen, euch zu vertrauen und Bindung aufzubauen.

MERKE

Auch wenn ihr zeitweilig das Gefühl haben mögt, zu wenig zu tun: Glaubt mir, meistens ist es nicht so, und ihr braucht kein schlechtes Gewissen zu haben. Ich erlebe immer wieder, dass die frischgebackenen Hundebesitzer viel zu viel machen, weil sie das rechte Maß für ihren Hund noch nicht kennen. Herauszufinden, welches Maß für euren Hund das richtige ist, ist tatsächlich die schwierigste Aufgabe, die in diesen Wochen auf euch wartet. Lest hierzu auch FAQ 134 „Wie laste ich meinen Hund im richtigen Maß aus?“, E-Book.

58 WOFÜR BRAUCHE ICH EINE HAUSLEINE?

Wenn ihr das FAQ 50 „Grundausstattung: Was brauche ich alles?“, ab S. 109, gelesen habt, wisst ihr bereits, dass eine Hausleine eine ca. eine Meter kurze, leichte Leine ohne Schlaufen ist, die man den Hund in der Anfangszeit drinnen am Geschirr tragen lässt. Sie ist ein reines Managementinstrument, um den Hund leicht unterbrechen zu können oder, am besten sogar, um unerwünschtes Verhalten gar nicht erst entstehen zu lassen. Auf diese Weise muss man weder grob auf ihn einwirken, noch verstärkt man damit zu sehr das falsche Verhalten.

Am einfachsten lässt sich der Nutzen einer Hausleine an einem Beispiel erklären: Der Welpe ist neugierig und will die Welt erkunden. Im Haus wurde alles Mögliche weggeräumt, doch er wird wieder Sachen von höchstem Interesse finden, an die er immer wieder herangeht. So sind Tisch- und Stuhlbeine gute Beispiele hierfür. Junge Hunde, die vor allem beim Zahnwechsel dringend etwas zum Kauen benötigen, suchen sich gern Holzbeine aus, die hervorragend geschreddert werden können. Wenn ihr nun jedes Mal den Welpen mit viel Bohei vom Stuhlbein wegholt, wird das Stuhlbein leider nicht an Attraktivität verlieren. Im Gegenteil, zusätzlich zum Kaubedürfnis lernt der Hund: „Hurra, immer wenn ich da hingehe, bekomme ich Aufmerksamkeit von meinem Menschen. Das ist cool, selbst wenn er meckert, das mach ich jetzt öfter. Denn als soziales Wesen freue ich mich sehr über jede Form von Aufmerksamkeit.“

Damit solche unerwünschten „Verhaltensketten“ gar nicht erst entstehen, könnt ihr eine Hausleine benutzen. Am besten noch bevor der Welpe überhaupt zum unerlaubten Objekt der Begierde schleicht, haltet ihr die Leine einfach kommentarlos fest und bietet ihm sofort eine Alternative an: ein Wurzelholz z. B., um sein Kaubedürfnis optimal zu befriedigen, ein Stofftier zum Schütteln und Zerfetzen oder Entspannungskuscheln zum Herunterfahren. Hat der Hund das Objekt der Begierde schon zwischen den Zähnen, nehmt ihr die Leine auf, sprecht ihn an und animiert ihn ruhig, zu seinem Platz zurückzukehren. Dort bietet ihr ihm eine Spielalternative an. Ihr haltet die Leine so lange fest, bis ihr sicher sein könnt, dass er sein ursprüngliches Projekt für den Moment vergessen hat. Wichtig ist immer, dass ihr ihm alternativ zeigt, was er tun darf. Achtet dabei darauf, dass seine Bedürfnisse befriedigt werden, sodass er sich selbst keine unerlaubten Projekte mehr suchen muss. Nach einer Weile werdet ihr merken, dass solcherlei Aktionen seltener werden. Ihr habt das Verhalten nicht weiter verstärkt.

MERKE

Hausleinen sind sehr geeignet, um Verhalten auf sanfte Art zu unterbrechen oder gar nicht erst entstehen zu lassen. Sie bieten Sicherheit und schützen vor Unfällen oder blöden Situationen. Ihr müsst nicht mehr hektisch ins Fell des Hundes grapschen und ihn damit erschrecken oder ängstigen. Mit der Zeit wird der Hund gelernt haben, was erlaubt ist und was nicht. Das macht die Hausleine dann obsolet.

59 WIE VIEL RUHE UND ENTSPANNUNG BRAUCHT MEIN HUND?

Sehr viel! Die Ursache vieler Verhaltensprobleme ist in einem dauerhaft zu hohen Stresslevel und zu wenig Schlaf und Ruhe eines Hundes begründet. In meiner Praxis als Verhaltensberaterin stelle ich sehr oft fest, wie stark das Grundbedürfnis nach Ruhe unterschätzt wird. Dabei ist ein ausgeruhter Hund die halbe Miete zum gesellschaftsfähigen Hund.

Ich vergleiche den Gemütszustand sehr gern mit uns Menschen. Wenn wir chronisch zu wenig Schlaf bekommen, werden wir mit der Zeit fahrig, unkonzentriert, schlecht gelaunt, ungeduldig, unleidlich, dünnhäutig, aggressiv und – krank!

Mit Hunden ist es haargenau so. Hunde, die zu wenig Schlaf bekommen,

Lieblingsbeschäftigung: Ausruhen und dabei alles im Blick haben.

werden hibbelig, sie kommen kaum noch herunter, brauchen ewig, bis sie sich ablegen und entspannen können; sie haben nur sehr kurze Tiefschlafphasen, die doch aber für die Reizverarbeitung und die Entwicklung des Gehirns so enorm wichtig sind. Sie bellen schnell und viel, reagieren hitzig, verfügen über wenig bis keine Impulskontrolle, sind launisch, werden viel schneller aggressiv und bissig oder sogar depressiv und krank.

Der einzige Unterschied zwischen Mensch und Hund liegt in der Dauer der benötigten Ruhephasen, und ich glaube, hier liegt der Hase im Pfeffer begraben: Weil die meisten Menschen mit 8 Stunden Schlaf hervorragend aufgestellt sind, gehen sie oft automatisch davon aus, dass 8 Stunden Schlaf auch für Hunde genug ist, um erholt und entspannt den Alltag zu meistern. Doch das ist ein fataler Irrtum. Hunde benötigen mindestens 16 bis 22 Stunden, um wirklich ausgeruht zu sein. So brauchen Welpen extrem viel Schlaf und Ruhe, gesunde erwachsene Hunde weniger, gestresste Hunde wieder mehr, alte und kranke Hunde sowieso.

Wie viel der einzelne Hund benötigt, ist individuell verschieden und hängt von den Lebensumständen und von seinem Charakter ab. Ein Assistenzhund, der z. B. täglich im Altersheim „mitarbeitet" – der also dort herumläuft, viele Menschenkontakte hat, sich viel anfassen lassen und sein Temperament zügeln muss –, sollte sehr viele Ruhepausen bekommen – auch dann, wenn er so aussieht, als würde ihm das alles nichts ausmachen. Arbeiten ist anstrengend

Gemeinsames Entspannen tut beiden Seelen gut.

und kostet viel Energie. Auch ein Hütehund, der eine Schafherde bewacht, lümmelt im echten Leben die meiste Zeit herum, beobachtet halbwach mit einem Auge die Herde und kommt nur hin und wieder zum Einsatz, um versprengte Tiere zusammenzutreiben. Kein Hüte- oder Herdenschutzhund ist 8 Stunden im Dauereinsatz; die würden am Rad drehen und könnten ihre Aufgabe gar nicht wahrnehmen. Auch dies ist ein weitverbreiteter Irrtum vieler Border-Collie- und Australian-Shepherd-Besitzer, die mit ihren Hunden dreimal in der Woche zum Agility marschieren, stundenlang Gassi gehen und zusätzlich noch einmal wöchentlich die Hundeschule besuchen, weil die Arbeitshunde „ja beschäftigt werden müssen". Viele dieser Hunde sind so daueraufgeregt und hibbelig, dass sie nicht einmal mehr im Schlaf richtig herunterkommen können. Immer wieder habe ich Kunden in der Beratung, die mir erzählen, dass sie nicht mehr wüssten, was sie tun sollen, um ihren Hund müde zu bekommen. Wenn ich ihnen dann rate, das Programm sukzessive auf ein Drittel zu kürzen, fällt ihnen erst einmal die Kinnlade hinunter, und sie bleiben skeptisch. Doch nach ein paar Wochen und Monaten stellen sie fest, dass auch ihr Hund entspannen kann. Dass er plötzlich viel weniger bellt, nicht mehr in die Leine beißt, dass seine Aufregung viel schneller sinkt, er zu Hause viel schneller einschläft und er sehr viel leidlicher geworden ist. Ruhe muss erlernt werden!

In der Regel gilt: Je aufgeregter ein Hund von Natur aus ist, je reaktiver und hibbeliger, desto mehr Ruhephasen braucht er, um diesem ungesunden Zustand entgegenzuwirken. Je grundgechillter hingegen ein Hund ist und je schneller er von sich aus herunterkommen kann, desto besser wird er auch mit etwas weniger Schlaf auskommen. Auch wir Menschen brauchen nicht alle 8 Stunden Schlaf, um ausreichend erholt zu sein und uns gut zu fühlen.

Hunde sind eigentlich ziemliche Faultiere. Die meiste Zeit des Tages lungern sie herum und tun – nichts. Wenn wir sie ließen. Doch durch die Domestikation haben wir ihnen über Tausende von Jahren leider die Fähigkeit genommen, auf ihr Ruhebedürfnis zu hören. Hunde wurden dazu gezüchtet, sich eng an den Menschen zu binden. Und das tun sie hervorragend mit allen Konsequenzen. Sie folgen ihren Menschen überallhin und fühlen sich unwohl, wenn sie nicht in seiner Nähe sein können. Das geht auf Kosten ihrer dringend benötigten Ruhephasen. Ganz anders ist dies bei Katzen, die ähnlich viel Ruhe wie Hunde brauchen und sie sich auch nehmen. Eine müde Katze zieht sich zurück und kümmert sich nicht darum, was der Mensch in der Zwischenzeit macht.

Nicht so der Hund: Ihr sitzt entspannt auf dem Sofa, euer Hund chillt neben euch. Plötzlich steht ihr auf, zack! – der Hund springt auch auf. Ihr wechselt den Raum, zack! – der Hund dackelt hinter euch her, egal wie todmüde er ist. Ihr geht aufs Klo. Der Hund geht mit. Und so geht das den ganzen Tag.

Anders, als immer wieder zu hören und zu lesen ist, folgt er euch aber nicht deshalb, weil er euch kontrollieren will. Auch diese hartnäckige Behauptung gehört in die Riege der veralteten Mythen, die dem Hund stets negative Eigenschaften unterstellen und ihm und seinen Bedürfnissen Unrecht tun. Es ist genau andersherum: Der Hund folgt euch auf Schritt und Tritt aus seinem ausgeprägten Sicherheitsbedürfnis heraus. Wenn er etwas kontrollieren will, dann verständlicherweise sein Leben, nicht eures. Denn er hat Sorge, dass ihr, seine Bezugspersonen, plötzlich weggehen und ihn allein lassen könntet. Wie wir alle wünscht er sich in seinem Leben Sicherheit. Und da er nicht wissen kann, was ihr gerade vorhabt, muss er euch eben folgen, um sicherzugehen.

Es ist daher eine eurer wichtigsten Aufgaben, ihm beizubringen, seine Ruhephasen einzuhalten – was wirklich nicht immer einfach umzusetzen ist. Wie ihr das hinbekommt, könnt ihr im FAQ 60 „Was ist eine Ruhezone und wie baue ich sie auf?“, ab S. 138, nachlesen.

60 WAS IST EINE RUHEZONE UND WIE BAUE ICH SIE AUF?

Wie schon im FAQ 59 „Wie viel Ruhe und Entspannung braucht mein Hund?", S. 134, erwähnt, tun sich viele Hunde, vor allem Welpen, enorm schwer, auf ihr Ruhebedürfnis zu hören, sich hinzulegen, zu entspannen und zu schlafen. Und bei einem Hund reden wir hier immerhin von 16 bis 22 Stunden (je nach Alter und Verfassung). Auch lassen die häuslichen Bedingungen oft nicht zu, dass der Hund überhaupt zur Ruhe kommen kann – vor allem in Haushalten mit kleinen Kindern.

Dabei ist genügend Ruhe und Entspannung für den Hund die Grundvoraussetzung, auch schwierigen Situationen gefestigt entgegenzutreten, gesund zu bleiben, sich auf die Aufgaben zu konzentrieren, die wir ihm stellen, und zufrieden und ausgeglichen den Alltag mit uns zu bestreiten. Ein gechillter Hund ist die halbe Miete für ein stressfreies Zusammenleben. Doch wie geht Ruhe? Denn so einfach, wie es sich anhört, ist es oft nicht. Viele Kunden beklagen, dass ihr Welpe oder Junghund meist am Abend komplett ausrasten würde.

Wie kriege ich also den Welpen dazu, endlich Ruhe zu geben? Wie mache ich, dass der Hund sich schnell entspannen kann, anstatt noch zwei Stunden durch die Wohnung zu tigern und Mist zu bauen? Fakt ist, je mehr ich ihm „befehle", die Klappe zu halten und sich gefälligst in sein Körbchen zu legen, desto aufgeregter wird er. Das ist zum Scheitern verurteilt. Denn er soll ja nicht einfach nur auf Befehl liegen, sondern entspannt liegen bzw. sein.

So wie bei Kindern ist es auch bei Hunden: Nach müde kommt doof. Und damit er nicht doof zu werden braucht, müsst ihr ihm beibringen, was er anderes tun kann. Die Basis dessen ist der Aufbau einer richtig gut verknüpften Ruhezone. Ihr schafft einen Wohlfühlort, an dem der Hund nur eine Aufgabe hat: zu chillen. Dies ist in mehrerlei Hinsicht eine Win-win-Maßnahme für Hund und Mensch: Wenn er weiß, wo er hingehen kann, um sich wirklich sicher, geborgen und wohlzufühlen, um herunterzufahren und zu entspannen, dann hilft ihm das auch in stressigen Situationen – z. B. Silvester oder wenn er allein bleiben muss. Oder auch dann, wenn zu Hause die Party steigt oder Besuch kommt und er Probleme mit fremden Personen im Haus hat. Am Ende erspart euch eine Ruhezone tatsächlich eine Menge Aufwand und Sorgen. Der Hund kann dort geparkt werden, er chillt, und auch ihr habt eure Ruhe und könnt euch entspannen.

Wenn ihr eine Ruhezone für und mit dem Hund aufbauen wollt, ist es sinnvoll, dafür einen Ort auszuwählen, an dem er vielleicht sowieso schon gern liegt und wohin er sich öfter zurückzieht. Häufig mögen Hunde höhlenartige Unterschlupfe, entfernt von einem Fenster oder sonstigen Ablenkungen. Es sollte ein möglichst ruhiger Ort sein, ein Ort, an dem sich der Hund sicher und geborgen fühlen kann, sich aber nicht isoliert fühlen muss. Er soll ja am Familienleben teilhaben. Optimalerweise ist dieser Ort z. B. durch ein Gitter vom Rest des Raumes abgetrennt. Es kann ein gemütliches Körbchen sein und noch etwas Platz drum herum, sodass er seine Liegefläche verändern, wahlweise warm oder kühl liegen kann. In dieser Zone haltet ihr euch zunächst täglich immer wieder gemeinsam mit eurem Hund auf.

Unbedingte Dos in der Ruhezone:

› Sanftes Massieren, Streicheln, Kuscheln (wenn er Körperkontakt möchte), ohne den Hund zu aktivieren.
› Ruhige Musik laufen lassen.
› Ein gefüllter Kautschukball zum Ausschlecken (z. B. prall gefüllt mit Hüttenkäse): Schlecken hat beruhigende und müde machende Wirkung.
› Den Kauknochen nur noch hier geben.
› Spielzeug anbieten, das er kauen und nagen kann.
› Hier die Hauptmahlzeiten füttern.
› Immer wieder Leckerlis in die Ruhezone streuen, um sie interessant zu gestalten.
› Dort Entspannungstechniken wie die konditionierte Entspannung aufbauen und anwenden (fragt Google oder eure Hundetrainerin/euren Hundetrainer danach).
› Thundershirt: Der Body, der einen konstanten leichten Druck auf den Torso ausübt, wirkt entspannend und schützend. Das Thundershirt sollte unbedingt zunächst in entspannten Situationen angezogen werden, damit der Hund sich gut daran gewöhnt und positive Emotionen damit verknüpft. Achtet darauf, dass der Hund das Geräusch des aufreißenden Klettverschlusses nicht als erschreckend empfindet.
› Mit dem Relaxodog haben sehr viele Hundebesitzer bereits tolle Erfolge erzielen können. Die kleine „Wunderbox“ sendet entweder hörbar Entspannungsmusik oder, für uns lautlos, bestimmte Geräuschwellen, die

auf Hunde eine entspannende Wirkung haben. Auch wenn es nicht so in der Beschreibung steht, empfehle ich, zunächst über klassische Konditionierung den Relaxodog aufzubauen. Sprich: das Gerät mehrfach laufen zulassen, wenn der Hund sowieso entspannt ist.

› Lavendel hat beruhigende Wirkung. Ein bis zwei Tropfen des Öls auf ein Halstuch getröpfelt, kann schon beruhigend wirken. Ich würde jedoch vorher ausprobieren, ob der Hund darauf positiv reagiert. Man kann das Halstuch auch erst mal ins Körbchen legen und schauen, ob er sich dort gern aufhält oder das Tuch eher meidet.
› Adaptil als Spray oder für die Steckdose wirkt häufig sehr beruhigend, allerdings hauptsächlich bei Hunden, die eine „gute" Welpenzeit bei der Mutterhündin erleben durften, denn Adaptil wirkt über beruhigende Pheromone, die die Mutter beim Stillen ausschüttet, damit die Welpen nicht zu fest in die Zitzen beißen.
› Rituale und zunächst immer gleiche Tageszeiten beim Aufbau helfen, dass der Hund die Ruhezone freiwillig, aus Gewohnheit, von sich aus aufsuchen wird.

Bitte beachtet: Übt keinen Zwang aus – die Tür der Box oder des Welpenauslaufs wird zu Beginn des Trainings nicht geschlossen! Der Ort soll emotional so positiv wie nur möglich aufgeladen werden. Der Hund soll sich hier im wahrsten Sinne des Wortes pudelwohl fühlen, deshalb bleibt die Absperrung zunächst immer geöffnet! Und er wird niemals dorthin zitiert! Alles basiert auf Freiwilligkeit – er soll ja lernen, sich gern dort aufzuhalten!

Wenn ihr merkt, dass euer Hund diesen Ort von sich aus immer öfter aufsucht und sich dort hineinlegt, um zu ruhen, dann habt ihr gute Arbeit geleistet. Ihr könnt nun damit anfangen, auch mal die Tür kurz zu schließen, z. B., wenn er gerade an seinen Kauknochen nagt oder den Kautschukball ausschleckt. In der Aufbauphase bleibt ihr dabei und macht die Tür wieder auf, bevor er sich irritiert zeigt und bevor er mit dem Knochen bzw. dem Kautschukball fertig ist, sodass er also auch danach noch weiter liegen bleibt und feststellt, dass das Türeschließen gar nicht schlimm ist.

In einem dritten Schritt könnt ihr die Dauer der geschlossenen Tür dann ausweiten. Bei diesem Training sollte euer Hund die ganze Zeit entspannt bleiben und nicht nervös werden. Wenn er nervös wird, seid ihr zu schnell.

Dann geht nochmal einen Schritt im Training zurück. Bleibt er entspannt, dann könnt ihr langsam anfangen, eure Anwesenheit in der Ruhezone peu à peu abzubauen. Am besten, indem ihr zunächst in der Zeit, die ihr mit eurem Hund dort verbringt, nicht mehr mit ihm redet und ihn ignoriert. Später dann, indem ihr die Ruhezone gar nicht mehr oder nur noch unregelmäßig bis selten aufsucht und ihn auch nicht ansprecht, wenn er sich dort aufhält.

Die Ruhezone soll in jedem Fall vor allem wirken, wenn die Tür offen bleibt. Sprich, die Tür, die geöffnet wird, sollte nicht zum erleichternden Signal werden, die Ruhezone endlich verlassen zu können. Dennoch ist die Option, die Tür schließen zu können, absolut hilfreich, wenn z. B. Besuch ansteht oder Kleinkinder herumkrabbeln, die keinen Zutritt zur Ruhezone haben dürfen.

Für den Hund wird die Ruhezone so auch zu einem wichtigen Kommunikationsmittel für euch: Er möchte gerade keine Interaktion mit euch.

Wichtig ist, dass ihr die Ruhezone immer wieder mit schönen, ruhigen Dingen (wie oben aufgelistet) aufpimpt, damit die Emotion „Entspannung" dort weiter fest verknüpft bleibt und nicht einem frustigen Gefühl des „Weggesperrtseins" weicht.

In der Ruhezone wird der Hund nicht gestört, egal wie er sich hinlegt.

Unbedingte Don'ts in der Ruhezone:

- Keine Kinder, niemals nicht! Dieser Ort gehört dem Hund. Hier wird er niemals gestört!
- Keine Besucher, die dort eindringen.
- Keine unangenehmen Dinge passieren hier.
- Keine aktivierenden Spiele oder Bewegungen.
- Keine Aufregung.
- Kein Zwang.
- Kein Kampfschmusen: Sprich, wenn geschmust wird, dann so, dass der Hund es genießen kann und nicht weglaufen möchte bzw. auch jederzeit weggehen kann.
- Kein Wegsperren des Hundes als Strafmaßnahme!

Ihr werdet feststellen: Hat der Hund eine Ruhezone, die er gern aufsucht, wird er viel schneller, dauerhafter und regelmäßiger Ruhezeiten einhalten und damit letztlich gechillter durchs Leben kommen.

Für mich persönlich ist der Aufbau der Ruhezone die erste Maßnahme, sobald ein neuer Hund, egal welchen Alters, bei mir einzieht – noch vor jedem ersten „Sitz", „Platz" oder „Fuß". Auch bei Welpen könnt ihr damit ab Minute 1 sofort beginnen.

MERKE

Versteht die Ruhezone als absolutes Fundament für alle Trainings, für alle Anforderungen und Aufgaben, die in den nächsten Jahren folgen werden. Ist das Fundament bröckelig, kann euch alles, was darauf aufbaut, irgendwann auf die Füße fallen.

61 WARUM SIND ANKÜNDIGUNGEN SO WICHTIG?

Stellt euch vor, ein Fussel hängt in eurem Haar, jemand kommt näher und grapscht hinein, ohne etwas zu sagen, um den Fussel herauszufummeln. Im ersten Moment würdet ihr erschrecken, euch wahrscheinlich ziemlich unwohl fühlen, möglicherweise intuitiv einen Schritt zurücktreten oder ihn sogar abwehren, um eure Wohlfühldistanz wiederzuerlangen.

Wenn ihr Hochnehmen ankündigt, muss sich euer Hund nicht erschrecken, und er weiß, was kommt.

Würde euch der Mensch vorher warnen, „Achtung, du hast da was, ich nehme das jetzt weg“, wäre die Situation eine ganz andere. Ihr könntet entspannt abwarten, weil ihr wüsstet, was als Nächstes passiert. Ihr könntet euch seelisch darauf einstellen. Womöglich würdet ihr sogar einen Schritt auf denjenigen zumachen, damit er besser und schneller den Fussel entfernen kann.

Genauso geht es auch unseren Hunden, und das gleich zig Mal am Tag. Ohne sie vorzuwarnen, greifen wir ganz oft distanzunterschreitend und unvorhersehbar in ihre Wohlfühldistanz ein. Wir zerren sie, ohne sie anzusprechen und zu sagen „Komm mit“, einfach an der Leine vor und zurück, wir schnappen sie uns und heben sie unvermutet hoch, wir leinen sie an oder ab, indem wir ohne Warnung ins Geschirr greifen, und so weiter und so fort.

Wir erzeugen damit unnötigen Stress, denn an den Körperreaktionen der Hunde kann man deutlich erkennen (wenn man hinschaut), wie sie das finden: Sie zerren an der Leine, würden sich gern der Situation entziehen, verlagern ihren Körperschwerpunkt weg vom Menschen, schauen in die andere Richtung, zappeln herum; gähnen, schlecken und schütteln sich erleichtert, sobald der Mensch wieder auf mehr Abstand geht. Man könnte jetzt natürlich sagen: „Mein Gott, der stirbt nicht davon." Nein, tut er nicht. Ebenso wenig, wie ihr davon sterben würdet, wenn euch jemand einfach so in eure Haare fasste. Aber unzweifelhaft ist ein solches Verhalten unhöflich, einschüchternd und übergriffig, denn der Hund fühlt sich durch unser Agieren unwohl, in manchen Fällen sogar angegriffen. Es kann durchaus passieren, dass mancher Hund so sehr erschrickt, dass er kurz mal abschnappt.

Beispiel: Mein Ersthund Willi war so einer. Eine Mitarbeiterin in einer Hundepension packte ihn, der gerade im vollen Schweinsgalopp hinter einem anderen Hund im Spiel herjagte, im Vorbeigehen am Geschirr, um ihn zur Ruhepause zu verdonnern. Statt ihn anzusprechen, zurückzurufen – Willi war sehr gut trainiert und war selbst aus dem Spiel abrufbar – und dann mit freundlichen Worten anzuleinen, griff sie mit ihren Händen einfach so in seine sehr hohe Erregung ein. Er erschrak heftig und biss ihr in den Finger. Mir war das einerseits natürlich unangenehm, doch Willis überbordendes Temperament war dort bekannt, also hätte ich andererseits von Fachleuten durchaus mehr Sachkenntnis erwartet. Der Buhmann an der Stelle aber war ich: Ich bekam eine Standpauke verabreicht und musste mir anhören, dass ein solches Verhalten des Hundes nicht tolerierbar und ich eine schlechte Trainerin sei, wenn ich meinem Hund nicht endlich die Rangordnung klarmachen würde. Ich lernte aus diesem Vorfall und machte meinem Hund die Rangordnung nicht klar, kündigte dafür lieber der antiquierten Hundepension.

Ich empfehle euch: Redet mit eurem Hund! Sagt ihm doch einfach, was ihr zu tun gedenkt. Führt bestimmte Signale ein und übt sie; bringt ihm Vokabeln bei, z. B. fürs Hochnehmen („Hopp"), An- und Ableinen („Leine"), Anfassen („Anfassen"), ins Geschirr greifen („Geschirr"), Geschirr ausziehen („Ausziehen"), ins Maul schauen („Zähnchen"), die Augen sauber machen („Auge"), die Ohren („Ohren") und Pfoten („Pfote") kontrollieren und für alles, was euch noch sinnvoll erscheint. Es tut nicht weh, und ihr brecht euch keinen Zacken aus der Krone. Und das Schönste: Euer Hund versteht, er wird kooperieren, ruhig und entspannt bleiben und mit der Zeit sogar proaktiv mitmachen. Bitte vergesst nicht, ihn dafür mindestens zu loben, ein Leckerli schadet sicher auch nicht.

62 WIE BAUE ICH BINDUNG AUF?

Kennt ihr das? Ihr seid auf der Hundewiese, euer Hund rennt begeistert mit den Hundekumpeln herum. Ihr ruft ihn, und er kommt – nicht. Und eine schlaue Hundebesitzerin/ein schlauer Hundebesitzer erteilt daraufhin den jovialen Rat: „Du musst mal an eurer Bindung arbeiten."

Ja, die viel zitierte Bindung! Ein Begriff, der vielerorts sehr inflationär (aus)-genutzt wird, denn gemeint ist eigentlich, dass, wenn der Hund nicht aufs Wort „pariert", etwas mit eurer Bindung nicht stimmen kann.

Stellt euch vor, ihr habt mit eurem Kind eine tolle Beziehung, eure Bindung ist eng. Nun schlendert ihr mit ihm durch die Spielzeugabteilung. Euer Kind bleibt die ganze Zeit an eurer Seite und schaut euch in die Augen. Würdet ihr das „starke Bindung" nennen oder einen Termin bei der psychologischen Beratung vereinbaren?

Lasst euch also nicht verunsichern. Bindung hat nichts damit zu tun, ob euer Hund so zuverlässig funktioniert wie ein Gefreiter bei der Truppenübung. Bindung hat nichts mit Kadavergehorsam und Unterwerfung zu tun, wie uns immer noch oft weisgemacht wird. Im Gegenteil. Gehorsam erfolgt über Zwang. Bindung aber kann nicht erzwungen werden. Wenn euer Hund an der Leine zieht, dann übt Leinenführigkeit. Wenn euer Hund nicht zurückkommt, wenn ihr ruft, dann übt den Rückruf. Freundlich. Und siehe da, schon entsteht Bindung!

Bindung entsteht nicht durch Zwang, sondern hat viel mit Vertrauen zu tun.

Bindung entsteht durch …

- eine emotionale Beziehung, die sich über die Zeit entwickelt.
- viele schöne gemeinsame Erlebnisse, Unternehmungen und Bedürfniserfüllung.
- Schutz, Beruhigung, Zuverlässigkeit und Vorhersehbarkeit durch euch.

MERKE

Wie eng eure Bindung zu eurem Hund einmal sein wird, hat viel mehr damit zu tun, was ihr bereit seid zu geben, als was ihr glaubt, vom Hund einfordern zu müssen. Ihr habt es in der Hand!

63 WIE BEREITE ICH MEINEN HUND AUF BESUCH VOR?

Bei dieser Frage kommt es sehr darauf an, wie stark Besucher euren Hund beeinflussen. Ein gechillter, unaufgeregter, menschenzugewandter und nicht ressourcenverteidigender Hund wird keine Probleme mit Besuch haben. Er wird ihn freundlich begrüßen wollen, sich dann ganz bald daran gewöhnt haben, dass er „langweilig“ auf dem Sofa oder am Tisch herumsitzt, dass die Menschen sich laut unterhalten oder lachen bzw. er etwas im Haus zu schaffen hat; er wird ihn bald mehr oder weniger ignorieren.

Ganz anders ist das bei einem aufgeregteren oder misstrauischen, ängstlichen Hund. Er muss erst lernen, Besuch als etwas Normales zu akzeptieren und dass er sich auch in Gegenwart von Personen, die nicht zum Haushalt gehören, entspannen kann. Hierfür ist wieder die Ruhezone (s. a. FAQ 60 „Was ist eine Ruhezone und wie baue ich sie auf?“, S. 138) sehr hilfreich. Wenn der Hund lernt, immer wenn Besuch kommt, seine Ruhezone aufzusuchen, die ja bereits mit Entspannung verknüpft ist, stehen die Chancen gut, dass er auch Besuchern entspannt begegnen kann und seine Erregung nicht zu stark ansteigt.

Ein Welpenauslauf oder eine Box, die geschlossen werden kann (s. a. FAQ 52 „Brauche ich eine Hundebox oder einen Welpenauslauf?“, S. 116), ist eine hilfreiche Managementmaßnahme, um zum einen Besucher zu schützen, sollte der Hund Probleme haben, Fremde im Haus zu akzeptieren, und um ihm, zum anderen, einen sicheren Ort aufzuzeigen, an dem er keine Angst vor Fremden haben und nicht übergriffig werden muss, da er dort immer (!) in Ruhe gelassen und ignoriert wird.

Es empfiehlt sich, eure Besucher darin zu unterweisen, was sie tun können oder besser lassen sollten, damit der Hund den Besuch als positiv empfindet und ruhig und entspannt bleiben kann, anstatt die ganze Zeit herumzutigern oder aufdringlich zu werden. Es kommt auf den einzelnen Hund an, wie viel Aufmerksamkeit und Ansprache er vertragen kann, ohne davon „abhängig" zu werden oder zu sehr hochzudrehen. Je aufgeregter oder ängstlicher ein Hund ist, desto mehr sollte er in seiner Ruhezone verweilen, ignoriert werden und so wenig Ansprache wie möglich erhalten.

Seine Anwesenheit auf Partys oder Kindergeburtstagen, wenn es mal hoch hergeht, sollte vermieden oder mindestens zeitlich begrenzt werden, damit er nicht irgendwann überdreht. Und natürlich sollte er von zu vielen und zu ruppigen Kinderhänden geschützt werden.

Eine einladende Körpersprache der Menschen (s. a. FAQ 127 „Wie wirke ich freundlich oder bedrohlich auf den Hund?", E-Book) versteht sich daher in allen Fällen von selbst, ebenso, dass Besuch nicht ungefragt grob erzieherisch tätig wird oder in wichtige Ressourcen (wie Futternäpfe, Knochen, Spielzeug, Liegeplätze) des Hundes eingreift.

64 WANN FANGE ICH MIT DEM ALLEINBLEIBENTRAINING AN?

Die Antwort lautet: So schnell wie möglich! Wenn der Hund bei euch einzieht, ist natürlich erst einmal alles neu und befremdlich. Trotzdem könnt ihr mit dem Alleinbleibentraining ab dem ersten Tag beginnen, da das Training immer erst einmal mit dem Aufbau einer Ruhezone startet (s. FAQ 60 „Was ist eine Ruhezone und wie baue ich sie auf?", S. 138) und ihr in dieser Phase anwesend seid, sodass das Training für den Hund kein Problem darstellen wird.

Bis ihr den Hund erstmalig allein lassen könnt, ohne dass er dies als stressend empfindet, gibt es vorher einige Fleißaufgaben zu erledigen, die ihr wirklich ernst nehmen solltet, damit eine grundsolide Basis geschaffen wird und euch später nicht ein womöglich wackeliges Konstrukt auf die

Es ist ein langer Weg, bis euer Hund das Alleinbleiben nicht mehr als stressig erlebt.

Füße fällt. Lest im FAQ 6 „Was mache ich, wenn … mein Hund nicht allein bleiben kann?“, S. 31, wie ihr Trennungsstress über sehr kleinschrittiges Training und Management verhindern bzw. abbauen könnt.

65 SOLL MEIN HUND SPIELZEUG ZUR FREIEN VERFÜGUNG HABEN?

Ich hatte einige Kunden, die mir erzählten, dass sie gelesen bzw. den Tipp von ihrer bisherigen Trainerin/von ihrem bisherigen Trainer bekommen hätten, ihrem Hund auf keinen Fall Spielzeug zur freien Verfügung zu lassen. Der hierfür genannte Grund lässt sich so wiedergeben: „Du bist der Chef, du entscheidest, wann, wie lange und womit der Hund spielt. Und wenn du nicht bestimmst, wird der Hund dich irgendwann dominieren.“ Hier haben wir es mit einer weiteren typischen Rangreduktionsmaßnahme im Kampf gegen die gefürchtete Dominanz zu tun.

Bitte vergesst das einfach! Natürlich bekommt der Hund Spielzeug zur freien Verfügung. **Und gute Gründe liegen auf der Hand:**

› Hat er Spielzeug, wird er sich nach einer Weile nicht mehr an euren Sachen vergreifen, sondern kann seine Sachen zernagen und darauf herumkauen.
› Ein Hund braucht etwas, womit er sich beschäftigen kann. Wie soll er seine

Zeit verbringen, wenn nicht u. a. mit seinem Spielzeug – und zwar genau dann, wenn er Lust dazu hat? Das Hundehirn braucht Input und neue Reize, um sich zu entwickeln, um neue Synapsen zu bilden und somit vital zu bleiben – so wie jedes andere gesunde Säugetiergehirn auch. Und Spielzeug ist ein wichtiger Bestandteil des sogenannten „Enrichments": das Anbieten von artgerechten Beschäftigungsmöglichkeiten zur Steigerung der Lebensqualität, des Wohlbefindens und zum Erhalt der geistigen Gesundheit.

› Spielzeug bzw. Gegenstände, die dem Hund überlassen werden (das kann auch eine alte Socke sein), dienen auch dazu, Stress abzubauen und zu beruhigen. Manche Hunde tragen gern ihr Spielzeug durch die Gegend oder schlafen daneben ein. Hätten sie kein Spielzeug, würden sie sich etwas anderes, vielleicht weniger Akzeptables suchen, denn das Bedürfnis, zu tragen, zu kauen oder zu schnuffeln, besteht und sucht sich einen Weg zur Befriedigung.
› Achtung: Je rationierter ein Spielzeug wird, desto wichtiger kann es werden – die Geburtsstunde der Ressourcenverteidigung: Je knapper eine Ressource, desto wertvoller wird sie. Kennen wir das nicht auch von uns selbst? Wenn mir jemand die seltenen Pommes vom Teller klaut, dem steche ich die Augen mit der Gabel aus …

Aus der Beobachtung eines sein Spielzeug verteidigenden Hundes mag die Idee des scheinbar dominanten Verhaltens entstanden sein, woraus die Lösung resultierte, dass das Spielzeug, wenn überhaupt, nur streng zugeteilt werden dürfe, damit der Hund auf diese Art die Hierarchie und seine untergeordnete Rolle zu verinnerlichen lernt. Eine gefährliche Fehlinterpretation, die eine Verschlimmerung des Problems zur Folge haben kann, da der Hund ja gar nicht das Bedürfnis hat, den Menschen zu dominieren, sondern lediglich dem Bedürfnis folgt, ein für ihn wichtiges Objekt zu sichern. Die Lösung liegt also nicht in der Deckelung seines Verhaltens, sondern in der Bereitstellung der Ressource in ausreichender Menge, sodass sie am Ende gar nicht mehr den Status „Ressource" hat. Nebenbei solltet ihr „Tauschen" und „Ausgeben" mit ihm üben, damit er jeden Gegenstand gern, freiwillig und auf Signal herausgibt. Und auch dazu braucht ihr natürlich nicht den Chef zu spielen. Lest zum Thema Ressourcenverteidigung unbedingt auch das FAQ 24 „Was mache ich, wenn … mein Hund seinen Knochen oder sein Spielzeug nicht hergibt?", S. 56.

Spielzeug zur freien Verfügung zu haben, ist ganz und gar nicht das Gleiche, wie den Hund durch Ballwerfen, Zergeln o. Ä. aktiv zum Spielen aufzufordern. Im ersten Fall liegt das Spielzeug einfach herum, der Hund kann es sich holen, wann immer er mag. Im zweiten Fall wird die Erregung des Hundes durch das aktive Spiel stark gefördert, sodass ein herumliegendes Spielzeug durchaus mit einer hohen Erregung verknüpft werden und er nicht zur Ruhe kommen kann, weil er permanent versuchen wird, euch zu Action und Aufmerksamkeit zu motivieren. Drinnen wäre das natürlich kontraproduktiv, da der Hund sich dort vielleicht eher aufs Entspannen konzentrieren sollte. Ihr solltet also zumindest drinnen wilde Spiele vermeiden oder aber immer kurzhalten und mit Entspannung beenden.

Die suchterzeugende Tücke des klassischen Ballwerfens habe ich bereits in FAQ 77 „Wie viel Spielen und Ballwerfen ist in Ordnung?", S. 173, ausführlich beschrieben. Ihr solltet drinnen wie draußen nach Möglichkeit aufs Ballwerfen verzichten, wenn ihr eurem Hund einen großen Gefallen tun möchtet.

MERKE

Spielzeug ja, jederzeit und zur freien Verfügung, aber mehrheitlich passiv herumliegend. Es ist absolut in Ordnung, wenn sich der Hund immer wieder eines seiner Spielzeuge holt und sich damit zufrieden beschäftigt. Stellt ihm regelmäßig neue Spielzeuge als Enrichment-Ergänzung zur Verfügung. Solltet ihr den Hund mit Spielzeug hochfahren und mit ihm spielen, achtet darauf, ihn nach dem Spiel immer durch Entspannungsrituale wieder herunterzufahren, damit er am Spielzeug auch Entspannen lernt.

66 WAS MUSS ICH BEI HAUSHALTSGERÄUSCHEN BEACHTEN?

Das Thema Geräusche wird häufig unterschätzt: Zum einen, weil viele von ihnen Alltagsgeräusche für uns sind, die wir teilweise nicht einmal mehr hören, und wir gar nicht auf Idee kommen, dass sie für den Hund ängstigend sein könnten. Ich kenne z. B. einen Hund, der zusammenbricht, wenn er das Dotzen eines Balls auf der Straße hört. Zum anderen, weil wir die Konsequenzen nicht erkennen, die eine Geräuschangst mit sich bringt, wenn wir nicht gegensteuern. Häufig ist dies bei Silvester, Schüssen und Böllern der Fall

(s. a. FAQ 13 „Was mache ich, wenn … mein Hund (keine) Angst vor Schüssen und Silvester hat?“, S. 41). Aber auch im Haushalt gibt es viele Geräusche, an die ihr euren Hund vorsichtig gewöhnen solltet, damit sich keine Ängste entwickeln.

Tipp: Macht es nicht wie ich: Weil ich damals gar nicht auf die Idee gekommen bin, dass ein Staubsauger ein furchteinflößendes Monster sein könnte, schaltete ich ihn gedankenlos einfach so ein, als mein Welpe Willi ihn gerade neugierig beschnüffeln wollte. Der Sauger schepperte los und Willi erschrak so sehr, dass er in seine Box rannte und die nächsten zwei Stunden nicht mehr herauskam. Die Angst vor allen Staubsaugern – egal wo sie herumstanden – blieb sein ganzes Leben lang erhalten.

Ein weiteres Malheur passierte mir, als er als Welpe einen Wischmopp aus Alu, der locker an einer Wand lehnte, mit der Nase beschnuppern wollte und dieser dann laut krachend umfiel. Leider passierte das gleich zweimal, und zwar innerhalb weniger Minuten. Auch dieser Schreck währte ein Leben lang, und ich hasse mich noch heute für meine Unbedarftheit.

Wichtig zu wissen: Geht nicht einfach davon aus, dass alles, was für euch kein Problem darstellt, auch für den Hund easy ist. Alle Geräte, die laute oder manchmal auch leise Geräusche von sich geben, die sirren oder quietschen, knallen, zischen, klicken oder ploppen, solltet ihr üben. Setzt nicht voraus,

Übt kleinschrittig mit eurem Hund, damit er das Gerät nicht als bedrohlich empfindet.

dass euer Welpe bereits bei der Züchterin/beim Züchter gelernt hat, mit Alltagsgeräuschen im Haus klarzukommen. Auch Geräusch-CDs, die den Welpen möglicherweise vorgespielt werden, sind nicht unbedingt wirkungsvoll.

Ob es sich also um den Staubsauger handelt, einen Mixer, den Föhn, einen Bohrer o. Ä., spielt keine Rolle. Auch ein Schlüssel, der auf den Boden fällt, kann euren Hund sehr erschrecken – und zwar nicht nur Welpen, sondern Hunde jeden Alters. Geräusche wie zuknallende Fenster, schleudernde Waschmaschinen, zerspringendes Glas etc. – all dies sind zwar für uns völlig normale Alltagsgeräusche, aber der Hund muss erst lernen, sie als ungefährlich einzuordnen.

Bei der Geräuschgewöhnung solltet ihr darauf achten, dass euer Hund beim ersten Mal genügenden Abstand zum Reiz hat, um keinesfalls erschrecken zu müssen. Es empfiehlt sich, z. B., dass er (vielleicht mit einer Hilfsperson) im Nebenraum bleibt, während ihr das Haushaltsgerät einschaltet. Lasst die Türen auf, damit er selbst entscheiden kann, ob er näher kommen möchte oder nicht. Stellt das Gerät auf die leiseste Stufe und steigert langsam. Vor dem Anschalten könnt ihr das Gerät auch erst einmal nur hinstellen und vom Hund in Ruhe beschnüffeln lassen. Redet mit ihm. Sprecht ermutigend auf ihn ein. Lobt ihn und erzählt ihm, wie toll er das macht. Eure motivierende Stimme kann sehr viel dazu beitragen, die vielleicht unheimliche oder zumindest ungewohnte Situation gut aushaltbar zu gestalten.

Übt fallende Schlüssel: In einigen Metern Entfernung lässt eine Hilfsperson den Schlüssel aus niedriger Höhe, vielleicht erst einmal mit einer Socke gedämpft, herabfallen. Während dieser auf den Boden fällt, schiebt ihr eurem Hund ein paar superleckere Kekse ins Maul. Seid großzügig! Die Hilfsperson wiederholt den Vorgang ein paarmal und vergrößert die Höhe bzw. verringert langsam den Abstand zum Hund. Wichtig ist: Jedes Mal, wenn der Schlüssel auf den Boden knallt, bekommt der Hund zeitgleich oder spätestens nach einer Sekunde Futter. Haltet ihn nicht fest, er soll selbst entscheiden können, welchen Abstand er braucht. Wenn er Angst zeigt, war der Reiz zu stark, eure Distanz zu gering; das sollte nicht passieren. Deshalb startet erst einmal lieber zu weit weg als zu nah. Lasst das Kind nicht in den Brunnen fallen! Es dort herauszuholen ist viel schwieriger und langwieriger, als das Training von Beginn an kleinschrittig durchzuführen. So wird aus dem fallenden Schlüssel ein tolles Spiel. Und wenn euch im Alltag direkt neben dem Hund so etwas passiert, sagt ihr einfach gut gelaunt: „Hach, bin ich ein Schussel heute", zückt freudig einen Keks oder geht schnell zur Keksdose, und euer Hund wird lernen, dass solche Geräusche vielleicht sogar ganz cool sind.

Geräuschgewöhnungen gehen häufig sehr schnell. Oft gilt tatsächlich hopp oder topp: Das erste Mal und wie ihr damit umgeht, entscheidet meist schon darüber, wie der Hund das Geräusch zukünftig empfinden wird. Je vorsichtiger ihr es einübt (im Sinne von Entfernung und Intensität), je entspannter ihr bleibt, je schneller ihr ihm eine Belohnung anbietet, je beruhigender ihr mit ihm sprecht, desto einfacher wird sich euer Hund an bestimmte Alltags- und Haushaltsgeräusche gewöhnen. Wenn er dann irgendwann von euch einfordert, dass ihr ihn doch bitte mit dem eingeschalteten Staubsauger massiert, dann habt ihr alles richtig gemacht.

67 WANN SOLL ICH EINE HUNDESCHULE BESUCHEN?

Überhaupt eine Hundeschule zu besuchen, macht in der heutigen Zeit und bei all den Anforderungen, die wir an unsere Hunde stellen, durchaus Sinn, es sei denn, ihr seid bereits so gut geschult, dass ihr dort nichts Neues mehr lernen könnt. Hundeschulen sind eigentlich Menschenschulen. Es geht darum, den Menschen den Umgang mit dem Hund zu lehren, sie über hundliche Körpersprache aufzuklären und ihnen Werkzeuge an die Hand zu geben, mit denen sie bestimmte Situationen gut meistern lernen. Wer die Hundeschulgruppe als Sozialisierungsmaßnahme für den Hund nutzen möchte, sollte unbedingt darauf achten, dass die Stunden auch so geführt werden, dass die Hunde ein konstruktives Miteinander lernen. Mehr dazu lest ihr in FAQ 68 „Wie erkenne ich eine gute Hundeschule?", S. 154.

Zu welchem Zeitpunkt ihr mit der Hundeschule beginnen solltet, hängt maßgeblich von eurem Hund ab. Prinzipiell würde ich jedem gesunden Hund nach Einzug ein bis zwei Wochen Zeit geben, um mit den neuen Lebensumständen klarzukommen und sich einzugewöhnen, bevor ich in der Hundeschule vorstellig würde. Im Einzelnen kommt es aber sehr stark darauf an, wie euer Hund mental drauf ist. Ich kenne viele Fälle von Hunden aus dem ausländischen Tierschutz, die nach einer Woche Eingewöhnung in die Hundeschule geschleppt wurden, um dort unbedingt Bei-Fuß-Gehen zu lernen, die aber noch so paralysiert waren, dass sie kaum unterm Sofa hervorkriechen wollten. In einigen Hundeschulen wurden diese Hunde zudem dann noch über Zwang, Gewalteinwirkung und sinnentleerte Verbote „therapiert" (wie z. B. nur am Anfang der Stunde Pipi machen zu dürfen und danach bei jedem Versuch zu markieren, auf den Boden gedrückt zu werden), mit dem einzigen Erfolg, noch weiter paralysiert zu werden. Mein dringender Appell: Das taugt nichts! Brecht sofort die Stunde ab!

Hunde, die Angst haben, müssen erst einmal lernen, ihre Angst abzulegen. Um Tricks zu lernen, wie Sitz, Platz und Fuß, müssen sie in der Lage sein, sich zu konzentrieren und mitzuarbeiten. Das geht aber nur, wenn sie nicht das Gefühl haben, dass ihnen jeden Moment der Himmel auf den Kopf fällt und die Menschen um sie herum zusätzlich auch noch eine Bedrohung darstellen. Ich empfehle euch in einem solchen Fall, eine Verhaltensberaterin/einen Verhaltensberater, zu kontaktieren, die/der euch helfen kann, mit dem Thema Angst angemessen umzugehen (s. a. FAQ 12 „Was mache ich, wenn … mein Hund ängstlich ist?", S. 37). Erst danach haben klassische Grundgehorsamsübungen eine Chance, erfolgreich trainiert zu werden. Für Hundeschule ist es dann immer noch früh genug.

68 WIE ERKENNE ICH EINE GUTE HUNDESCHULE?

Hundeschulen gibt es wie Sand am Meer. Und jede vertritt ihre eigene Philosophie: Die einen konditionieren nicht, sondern kommunizieren, andere machen alles ohne Worte, ohne Strafe, ohne Leckerlis, andere wiederum verlangen vom Menschen, sich wie ein Hund zu benehmen, um mit ihm auf Augenhöhe zu kommunizieren, andere lassen ihre Energie strömen, die meisten behaupten, gewaltfrei zu arbeiten, nicht wenige werben mit kostenlosen Welpengruppen, mit Erfolgsgarantien nach 5 Minuten Training oder mit ihrer 30-jährigen, autodidaktisch erworbenen Hundeerfahrung.

Trotz mittlerweile staatlicher Überprüfung deutscher Hundetrainer sind die Qualifikationen der einzelnen Trainer immer noch sehr unterschiedlich, sodass ein genauerer Blick vor der Vertragsunterschrift oder noch bevor die Trainerin/der Trainer bereits an eurem Hund herumschraubt, ein absolutes Muss ist! Nur weil Trainer die Erlaubnis besitzen, gemäß Paragraph 11 Abs.1

Je weniger erzwungen wird, desto mehr Spaß wird der Hund beim Lernen haben.

Satz 1 Nr. 8f TSchG Hunde auszubilden, bedeutet das leider nicht automatisch auch, dass sie auf Gewalt im Training verzichten.

Auch gut zu wissen: Trainer, die nicht gewerbsmäßig arbeiten (z. B. in Hundevereinen), brauchen keine Erlaubnis laut Paragraph 11 TschG und auch sonst keine Zertifizierung, Aus- oder Weiterbildung vorzuweisen. Genau hinzugucken, lohnt sich also.

Es gibt im Wesentlichen drei Bereiche, auf die ihr euer Augenmerk richten könnt, um herauszufinden, wie die Hundeschule arbeitet. In den drei folgenden Tabellen habe ich die wichtigsten Punkte zusammengefasst, auf die es mehr oder weniger ankommt.

1. Inhalte der Trainer-Webpage

Welche Ausbildung hat die Trainerin/ der Trainer vorzuweisen?	Hat sie/er eine Ausbildung? Welche Weiterbildungen hat sie/er besucht. Bildet sie/er sich weiter fort? Bei welchen Fachleuten hat sie/er Seminare, Workshops etc. besucht? Ist sie/er bereit, Geld in Wissen zu investieren und sich regelmäßig fortzubilden? Welcher Riege gehören die besuchten Dozenten an? Sind sie bekannt für gewaltfreies oder eher für strafbasiertes Training?
Welcher Trainingsmethode folgt die Trainerin/ der Trainer?	Die Trainingsmethode sollte auf der Webpage klar und deutlich beschrieben werden. Sie sollte auf wissenschaftlichen Erkenntnissen basieren, modern sein und Schlüsselwörter wie „Dominanz“, „Rudelführung“, „Chef sein“ etc. ausschließen. Papier ist geduldig und durch sprachliches Geschick kann sehr viel schöngeredet und verschleiert werden. Wie viel Essenz bleibt also unterm Strich übrig? Finden sich womöglich nur Worthülsen oder handelt es sich um handfeste Informationen? Lest hierzu auch FAQ 30 „Wie erkenne ich gute Literatur?“, S. 66.

Trainingsgarantien …	… sind mit Misstrauen zu begegnen: „Nur ein Training nötig“, „Geldzurückgarantie“, „Training in drei Minuten“ etc. deuten nicht auf eine seröse Hundeschule hin. Wer lernen will, braucht Zeit. Zu Lernendes muss aufgebaut, verarbeitet und wiederholt werden, bis es sich im (Säugetier-)Gehirn langfristig setzen kann. Training ist Fleiß- und Präzisionsarbeit, und der Erfolg eines jeden Trainings ist abhängig von der Umsetzung und Konsequenz der einzelnen Hundehalterin/des einzelnen Hundehalters. Wirbt jemand mit „3-Minuten-Trainings“, stecken garantiert aversive (gewaltbasierte) Methoden dahinter: Der Hund wird so eingeschüchtert, dass er sich aus Angst (zunächst) nicht mehr traut, ein bestimmtes Verhalten zu zeigen. Der Vergleich ist adäquat: Kinder lernen auch nicht schneller zu rechnen, indem wir ihnen regelmäßig auf den Hinterkopf hauen. Sie lernen über gut aufbereitete Erklärungen und ein pädagogisch sinnvolles Konzept.
Wie teuer sind die Kurse?	Die Frage nach den Kosten ist für die meisten Hundebesitzer verständlicherweise sehr wichtig. Leider gehen viele davon aus, dass der Hund unter „Hobby“ zu verbuchen ist, die Kurse also nach Möglichkeit wenig, am besten gar nichts kosten sollten. Wie ich aber schon in FAQ 46 „Welche Kosten erwarten mich?“, S. 99, geschrieben habe: Hunde kosten Geld, und dabei ist die Anschaffung der geringste Anteil. Zertifizierte Trainer, die wissen, was sie tun, haben in der Regel viel Geld in ihre Ausbildung und zahlreiche Weiterbildungen investiert und verdienen ihren Lebensunterhalt damit, was für andere „Hobby“ bedeutet. Sie verkaufen euch ihr Wissen. Und so gilt auch in dieser Branche wie überall: Qualität hat ihren Preis. Wer Geld in gut ausgebildete Trainer investiert, wird dies in der Regel nicht bereuen. So manch eine/einer hat aber schon bereut, beim Training am falschen Ende gespart zu haben, denn die Folgen eines schlechten Trainings sind oftmals katastrophal.
Wie groß sind die Gruppenkurse?	Je größer der Kurs, desto weniger Zeit hat die Trainerin/der Trainer für die individuelle Begleitung der einzelnen Teams, und desto unruhiger wird es in der Gruppe zugehen. Konzentriertes, effektives Trainieren ist in großen Gruppen schwer möglich. Eine Gruppe besteht idealerweise aus nicht mehr als 5 Mensch-Hund-Teams oder sollte von kompetenten Co-Trainern begleitet werden. Alles andere riecht nach Abzocke.
Gibt es Fotos von Trainings und Kursen?	Was seht ihr auf den Fotos? Wie viele Hunde tummeln sich dort? Welcher Art sind die Leinen: eher kurz oder sind Schleppleinen im Einsatz? Was trägt der Hund: Halsband oder Geschirr? Seht ihr Fotos mit eng nebeneinander aufgereihten Hunden, die alle mit einem Halsband und straff gezogenen Leinen gesichert sind und körpersprachlichen Stress signalisieren (s. a. FAQ 126 „Was will mein Hund sagen?“, E-Book)? Dann ist hier der Schein wichtiger als das Sein.

2. Persönlicher Kontakt

Wie ist der Umgangston der Trainerin/des Trainers euch gegenüber?	Ist der Ton respektvoll und wertschätzend oder gibt der Trainer euch das Gefühl, eine Nichtwissende/ein Nichtwissender zu sein? Kann sie/er zuhören und ausreden lassen? Immer wieder höre ich, wie ruppig bis unverschämt der Umgangston mancher Trainer gegenüber ihren Kunden ist. Wollt ihr Geld dafür ausgeben, schlecht oder von oben herab behandelt zu werden?
Empfiehlt euch die Trainerin/der Trainer ggf. andere Trainer oder Spezialisten?	Auch Trainer wissen nicht alles oder können mit bestimmten Problemverhalten an ihre Grenze geraten. Es zeugt von Qualität und Souveränität, wenn die Trainerin/der Trainer zugibt, nicht weiterzuwissen. Verfügt sie/er über ein Netzwerk, das beratend zur Seite steht? Empfiehlt sie/er kompetente Kollegen auf den entsprechenden Gebieten? Arbeitet sie/er mit Tierärzten, Verhaltenstierärzten, Physiotherapeuten, Ernährungsberatern zusammen?
Wie flexibel ist die Trainerin/der Trainer?	Dürft ihr zuschauen, bevor ihr einem Kurs zusagt, um euch ein eigenes Bild zu machen? Oder sind die Trainingsmethoden ein „Geheimnis", das nur gegen Bezahlung gelüftet wird?
Was sagt euer Bauchgefühl?	Stimmt die Chemie? Rennt schnell, wenn nicht, und vergesst euren Hund nicht!

3. Die Gestaltung des praktischen Trainings

Wie oft wird ein Hund in der Stunde für bestimmtes Verhalten belohnt oder gestraft?	Die wichtigste aller Fragen! Macht eine Strichliste: Läuft die Zusammenarbeit mit den Hunden tatsächlich über freiwillige Kooperation ab oder werden sie zu bestimmten Verhaltensweisen gezwungen? Werden die Hunde für erwünschtes Verhalten belohnt? Berücksichtigt dabei alle Arten von Belohnungen bzw. Bedürfnisbefriedigungen wie Futter, lobende Worte, Schnüffeln, Rennen, Beobachten, gemeinsames Spiel etc. Wie oft wird der Hund geruckt, harsch angefahren oder herumkommandiert usw.? Wie oft wird er zu Verhalten gezwungen statt zur freiwilligen Kooperation gebracht? Wie oft wird er z. B. in ein Sitz gedrückt? Wie oft wird dem Hund etwas Angenehmes vorenthalten, bis er ein bestimmtes Verhalten ausführt? Kommen Wurfgeschosse, Spritzflaschen etc. zum Einsatz? Wird er auf den Rücken gedreht, hinuntergedrückt, gezwickt o. Ä.? Wie oft wird der Hund körperlich oder psychisch eingeschüchtert, gemaßregelt, gehemmt, geängstigt oder unterdrückt? Die Auswertung der Strichliste liefert euch ganz nüchtern Aufklärung über den praktischen Umgang mit den Hunden. In der Spalte der Strafen sollten sich nach Möglichkeit keine bzw. sehr wenige Striche befinden. Falls die Strafen überwiegen, sollte die Entscheidung gefallen sein: Hier seid ihr mit eurem Hund ziemlich sicher falsch. Alle anderen Pros sind irrelevant. Und warum das so ist, könnt ihr im wichtigen FAQ 131 „Welche Nebenwirkungen haben Belohnungen und Strafen?", E-Book, lesen.

Teilt euch die Trainerin/der Trainer zu Beginn der Stunde das Lernziel der Trainingsstunde mit …	… und fasst kurz zusammen, was euch in der Stunde erwartet? Das zeugt von Grundkenntnissen in Pädagogik und Erwachsenenbildung.
Ist die Trainerin/der Trainer vorbereitet?	Hat sie/er einen Trainingsplan dabei und eine Idee davon, was sie/er mit euch üben möchte?
Wie ruhig und entspannt läuft eine Stunde ab?	Je lauter und hektischer es während der Stunde zugeht, desto kontraproduktiver ist dies für das Lernverhalten der Mensch-Hund-Teams.
Wenn es Spielsequenzen unter den Hunden gibt, wie sehen die aus?	Moderiert die Trainerin/der Trainer das Spiel oder lässt sie/er es laufen, gemäß dem Motto: „Die regeln das schon unter sich“? Sucht sie/er passende Spielpartner aus? Achtet die Trainerin/der Trainer darauf, dass die Hunde „gutes“ Spiel lernen? Klärt sie/er euch über körpersprachliche Signale der Hunde auf? Dürfen ängstliche Hunde bei euch Schutz suchen und zuschauen, ohne ins „Spiel“ zu müssen? Gibt es nach dem Spiel Entspannungssequenzen?
Wird die Trainerin/der Trainer den Bedürfnissen jedes Teams gerecht?	Ist sie/er in der Lage, den Plan je nach Bedarf umzustellen und auf den Lernstand der einzelnen Teams anzupassen?
Werden Entspannungsübungen eingebaut?	Einer hohen Erregungslage der Hunde (und der Menschen) kann nur über viele Entspannungssequenzen entgegengewirkt werden. Werden euch Entspannungstechniken vorgestellt?
Wie geht die Trainerin/der Trainer mit unruhigen, aufgedrehten Hunden um?	Bleibt der Umgangston ruhig? Wird auf die Wohlfühldistanz der einzelnen Hunde geachtet? Werden genügend Entspannungssequenzen eingebaut? Wird den Teams mit den aufgeregteren Hunden das Gefühl vermittelt, wertvoller Bestandteil der Gruppe zu sein?
Kann die Trainerin/der Trainer verständlich erklären?	Ist es in Ordnung, dass ihr Verständnisfragen stellt, und werden diese geduldig beantwortet? Ist die Lernatmosphäre offen und wertschätzend?
Vermittelt euch die Trainerin/der Trainer die Körpersprachsignale der Hunde?	In die hundliche Körpersprache eingeführt zu werden, ist eine der wichtigsten Lernziele der Menschen, damit sie im Alltag entsprechend auf Stress und gefährliche Situationen adäquat einwirken können und die richtigen Rückschlüsse von Verhalten ziehen lernen. Dass die Trainer hierbei wissenschaftlich fundierte Kenntnisse haben sollten, die auf dem Prinzip Beobachten – Datensammeln – Auswerten basieren sollten und nicht auf dem Prinzip „Verhalten mit alten Mythen erklären“, versteht sich an dieser Stelle von selbst.
Werden Wetterverhältnisse berücksichtigt?	Wird den Hunden genügend Wasser zum Trinken und Abkühlen angeboten? Wird eine Stunde auch mal vorzeitig abgebrochen, wenn das Wetter zu extrem ist? Oder wird die Stunde auf Biegen oder Brechen durchgeboxt, egal wie es den Hunden dabei geht?

Wie verläuft das Ende der Stunde?	Wie sind die Hunde am Ende der Stunde drauf? Werden sie in einem möglichst entspannten Zustand zurück zum Auto geführt oder wirken sie gestresst und überdreht? Gibt es eine Reflexionsrunde und werden potenzielle Fragen der Teilnehmer beantwortet? Gibt es vielleicht sogar schriftliches Material, das die Übungen übersichtlich darstellt?

Macht eine Strichliste: Läuft die Zusammenarbeit mit den Hunden tatsächlich über freiwillige Kooperation ab oder werden sie zu bestimmten Verhaltensweisen gezwungen? Werden die Hunde für erwünschtes Verhalten belohnt? Berücksichtigt dabei alle Arten von Belohnungen bzw. Bedürfnisbefriedigungen wie Futter, lobende Worte, Schnüffeln, Rennen, Beobachten, gemeinsames Spiel etc.

Wie ihr seht, gibt es eine ganze Menge, auf das ihr bei der Auswahl der richtigen Hundeschule achten könnt. Natürlich solltet ihr euch selbst auch immer fragen, was ihr erreichen möchtet, was euch wichtig ist, was für euch ein No-Go oder ein Nice-to-have wäre.

Eines solltet ihr aber auf jeden Fall immer tun: auf euer Bauchgefühl hören! Wenn das Bauchgefühl auch nur gelbes Licht signalisiert, solltet ihr euch eine andere Hundeschule suchen. Manchmal lohnt sich durchaus, einen weiteren Anfahrtsweg in Kauf zu nehmen, da gute Hundeschulen direkt vor Ort nicht immer zu finden sind. Rationale Entscheidungshilfen für das richtige Bauchgefühl habt ihr soeben erhalten.

KAPITEL 6

AUF DEM GASSIGANG

69 WAS NEHME ICH: GESCHIRR ODER HALSBAND?

Bei dieser Frage bin ich, offen gestanden, ziemlich kompromisslos. In meinen Trainingsstunden gibt es in der Regel nur Geschirr am Hund. Es muss schon sehr gute Gründe geben, die für ein Halsband sprechen. Ich weiß, dass die Frage Halsband oder Geschirr eine umstrittene ist und die Gräben zwischen den Fraktionen tief sind. Aber das Argument, das an dieser Stelle oft genannt wird, dass der Hund „nur am Halsband an lockerer Leine gehen lernt", lasse ich nicht gelten. Ihr braucht euch nur mal umzuschauen: Wie viele Hunde seht ihr am Tag, die mit Halsband an der Leine zerren? Ihr werdet auch viele Hunde mit Geschirr sehen, die an der Leine zerren. Weder das Halsband noch das Geschirr sind irgendeine Garantie dafür, dass ein Hund nicht mehr zerrt. Es gibt nur eine einzige faire Methode, dem Hund das lockere Leinegehen (eine der schwierigsten Aufgaben, die wir unseren Hunden stellen) beizubringen: durch belohnungsorientiertes Training! Doch das ist häufig aufwendig, manchmal nervtötend und eine echte Fleißaufgabe (s. a. FAQ 79 „Wieso zerrt mein Hund an der Leine?", S. 180).

Ein Halsband hat die Eigenschaft, dem ziehenden Hund auf den Kehlkopf zu drücken sowie auf seine Stimmbänder und die Speiseröhre. Es entsteht ein höherer Augendruck, die Augen treten hervor, Hals- und Rückenmuskulatur

Das Geschirr muss weich gepolstert sein und unbedingt gut sitzen.

neigen zur Daueranspannung, was in Blockaden und Rückenschmerzen münden kann. Das Gefühl, das den Hund begleiten wird, ist ein negatives. Zerren macht keinen Spaß, aus Atemnot röcheln zu müssen auch nicht. Ein zerrender Hund übrigens wirkt auf entgegenkommende Hunde eher offensiv, ausladend, da seine Körperhaltung aufrechter und steifer ist und seine Mimik gestresst aussieht. Das birgt Konfliktpotenzial.

Im Laufe der Zeit gewöhnt sich der Hund an das unangenehme Gefühl beim Ziehen, was der Grund dafür ist, dass er weiterzieht und eben nicht damit aufhört. Der Drang, schnell irgendwohin rennen bzw. vor einem Angstreiz flüchten zu müssen oder einem spannenden Duft, einer Spur nachzugehen, ist der mangelnden Impulskontrolle geschuldet und viel stärker, als „Vernunft" walten zu lassen und einfach langsamer zu gehen, um dem unangenehmen Gefühl an Hals und anderen Organen zu entgehen. Es ist uns Säugetieren gemein, dass wir uns an unangenehme (Schmerz-)Reize gewöhnen. Und weil das so ist, haben viele Leute früher ganz selbstverständlich zum Stachelhalsband gegriffen, dessen Anwendung heute zum Glück verboten ist, weil sie per Gesetz als tierschutzrelevant eingestuft wird. Durch den Stachler wird der Schmerz erhöht, und tatsächlich nimmt der Hund kurzfristig den

Druck aus der Leine, bis er sich auch an diesen Schmerzreiz gewöhnt hat und erneut anfängt zu ziehen. Manchmal so stark, dass ihn nicht einmal offene Wunden am Hals davon abhalten würden.

Theoretisch sind Halsbänder vollkommen in Ordnung, wenn man einen Hund besitzt, der tatsächlich an lockerer Leine gehen kann. Doch selbst in diesen Fällen liegt es durchaus im Bereich des Möglichen, dass er plötzlich in die Leine prescht, weil auf der anderen Straßenseite z. B. eine Katze auftaucht. Der entstehende Ruck kann gesundheitsschädigend für ihn sein. Ganz sachlich betrachtet spricht also nicht wirklich viel für ein Halsband – aber sehr viel für gutes Training.

Ein Geschirr hat all diese negativen Eigenschaften nicht. Unbedingt wichtig ist, darauf zu achten, dass das Geschirr gut sitzt. Ein schlecht sitzendes Geschirr, das zu eng ist, irgendwo einschneidet oder auf Knochen drückt, hat natürlich auch Konsequenzen auf die Gesundheit und das Wohlbefinden des Hundes. Es sollte also weich gepolstert und optimalerweise in Y-Form genäht sein, sodass es auf keine Oberarmknochen oder Schulterblätter drückt.

Ein Geschirr anzuziehen, sollte unbedingt mit dem Hund geübt werden, da die Fummelei, Überstülperei und Stöhnerei seiner über ihn gebeugten Menschen für ihn unangenehm bis furchteinflößend sein kann. Hunde, die sich unters Sofa verziehen, weil sie ihr Geschirr angezogen bekommen sollen, sind leider keine Seltenheit. Wenn ihr nicht wisst, wie ihr euren Hund an ein Geschirr gewöhnen könnt, findet ihr im FAQ 2 „Was mache ich, wenn … mein Hund vor dem Geschirr wegläuft?“ auf S. 27 einige hilfreiche Tipps.

70 NEHME ICH EINE FÜHR-, FLEXI-, SCHLEPP- ODER MOXONLEINE?

Welche Leine ihr benutzen werdet, ist Geschmackssache. Das Angebot an Führleinen aus den unterschiedlichsten Materialien, mit oder ohne Handschlaufe und in den unterschiedlichsten Längen und Ausführungen, ist schier unendlich. Alle haben ihre Vor- oder Nachteile. Polyestergewebe und Kunststoff wie Biothane ist leicht und wasserabweisend, flutscht bei Nässe aber auch gern durch die Hände – was ziemlich ungeschickt sein kann, wenn man z.B. einen Hund hat, der auch mal durchstartet, um hinter einem Reh herzuhetzen. Leder ist robust und hat guten Gripp, wird aber sehr schwer und steif, wenn es nass wird. (Gefüttertes) Gurtband oder Polypropylen lässt sich ebenfalls gut halten, wird aber dreckig und schwer bei Nässe. Manche Leinen kann man in der Länge durch Ösen verlängern oder verkürzen, sodass man sie nach Bedarf verändern kann. Wichtig ist, ihr müsst euch mit der Leine wohlfühlen und immer das Gefühl haben, dass ihr euren Hund damit ausreichend sichern und halten könnt.

Flexileinen haben den Vorteil, dass sie euch ersparen, vom Hund herumgezerrt zu werden, weil die Leine sich automatisch einzieht oder verlängert, je nachdem, wie der Hund sich bewegt. Allerdings haben sie auch eine Reihe von Nachteilen: Flexileinen können gefährlich werden, wenn man sie versehentlich fallen lässt. Sie scheppern heftig auf den Boden und treffen im schlimmsten Fall beim Sich-Zusammenziehen Körperteile des Hundes, was diesen sehr verstören kann. Wer im Schreck aus Versehen mit der Hand in die sich einziehende Leine greift, kann sich üble Brandwunden zuziehen. Das Band einer Flexileine eignet sich auch nicht für Lockeres-Leine-Training, da sie immer auf Zug ist. Zwar kann man sie auch feststellen, sodass sie durchhängt, allerdings kann man sie nicht gut mit der Hand einholen, wie man dies z. B. bei Schleppleinen macht, sodass sie eigentlich für diese Art Training ausscheidet. Flexileinen taugen bei ruhigen Hunden und gemütlichen Gassigängen, ohne viel Aufregung und Action, wenn man so wenig wie möglich Aufwand haben möchte mit dem Einholen und Ausgeben einer Schleppleine.

Lange Leinen werden immer am Geschirr befestigt, niemals am Halsband.

Prinzipiell sollte eine Leine immer so lang sein, dass der Hund das Gefühl hat, sich frei bewegen zu können. Klar wird die Leine kürzer genommen, je gefährlicher die Umwelt wird: Im Straßenverkehr kann eine kurze Leine natürlich lebensrettend sein. Trotzdem sollte eine Leine niemals so kurz gehalten werden, dass der Hund nicht einmal mehr seinen Kopf frei bewegen kann. Wenn ein Hund bei jedem Gassigang an kurzer Leine geführt wird und ein Freilauf nicht möglich ist, dann ist dies für den Hund sehr anstrengend und wenig bedürfnisbefriedigend. Insofern gilt die Regel: So kurz wie nötig in Gefahrensituationen, so lang wie möglich zum Wohlfühlen. Hunde haben unterschiedlich weite Bewegungsradien. Manche Hunde sind voll zufrieden damit, sich im 5- bis 10-Meter-Radius um seinen Menschen herum zu bewegen. Rennfreudige Hunde oder z. B. Hunde aus dem Tierschutz, die erst kurz bei ihren neuen Menschen leben und möglicherweise noch viel Abstand brauchen, benötigen sehr viel längere Leinen, um sich einigermaßen wohlzufühlen. Solche Hunde auf Dauer an eine 2-Meter-Leine zu ketten, wäre nicht artgerecht, da das wichtige Bedürfnis nach Individualdistanz und freier Bewegung nicht erfüllt würde.

Gemessen daran, was euer Hund im Moment braucht, würde ich die Leinenlänge wählen. Eine 50-Meter-Schleppleine muss es ja nicht gleich sein, aber eine 10- bis 20-Meter-Leine kann durchaus angeraten sein. Je länger die Leine, desto eher empfehle ich euch Handschuhe anzuziehen und ein Schleppleinentraining zu machen. Denn eine Leine, die sich ständig verheddert und euch und den Hund regelmäßig zum Paket zusammenschnürt, ist äußerst stressend für beide und kann auch negativen Einfluss auf das Verhalten des Hundes haben. Zudem sind durch die Hände flitschende Schleppleinen wirklich gemeingefährlich. Ich weiß nicht, wie oft ich im Laufe der Jahre über Leinen gestolpert bin, wie viele meiner Finger gezerrt oder gedehnt wurden und wie viele Brandblasen meine Handflächen schon aushalten mussten. Vielleicht bin ich auch besonders ungeschickt. Aber ich denke, es lohnt sich, gezeigt zu bekommen, wie eine Schleppleine am einfachsten zu händeln ist.

Moxonleinen sind sogenannte „Retrieverleinen“. Es handelt sich im Wesentlichen um eine Schlaufe, die dem Hund mit einer Hand über den Kopf gelegt werden kann – ohne Schnallen, die zusammengeklickt werden müssen. Es gibt sie mit und ohne Stopp. Mit Stopp bedeutet, dass die Leine sich nur bis zu einem Stopper zusammenzieht, sobald der Hund Zug auf die Leine ausübt, sie ihn aber nicht würgt. Ohne Stopp bedeutet, dass sich die Leine eng um den Hals des Hundes zusammenzieht und würgt, sobald er kräftig genug zieht. Ich traf einmal einen Labbi-Besitzer im Wald, der seinen Hund fast erwürgt hätte, weil er die Leine ohne Stopp benutzte und sein Hund zerrte wie Bolle. Auf meine Frage, warum er das tue und er nicht einfach eine normale Leine benutze, bekam ich die Antwort: „Weil das ein Ret-riiiie-ver ist!!!"

Menschen, die Moxonleinen auf diese Weise nutzen, haben etwas Wesentliches nicht verstanden: Moxonleinen werden nur im Dummytraining und auf der Jagd eingesetzt. Sie dienen dazu, den Hund unkompliziert, mit einer Hand zu sichern und zu entsichern, wenn er das Dummy bzw. das Wild suchen soll. Moxonleinen werden Hunden umgelegt, die bei der Arbeit perfekte Leinenführigkeit zeigen und nicht zerren. Sie sind kein Erziehungsmittel, sondern eine reine Sicherung und gehören im Alltag nicht an den Hund.

71 DARF ICH EINE SCHLEPPLEINE AM HALSBAND BEFESTIGEN?

Nein, nein und nochmals: Nein! Stellt euch vor, der Hund mit der Schleppleine am Halsband startet durch und nimmt so richtig schön Anlauf, um dann mit voller Geschwindigkeit und Wucht ins Halsband zu preschen. Was der Ruck für den Hals des Hundes und für andere Organe, Muskeln und Sehnen bedeutet, möchte ich mir nicht einmal ausmalen!

MERKE

Wenn ihr eine Schleppleine benutzt, dann nur in Kombination mit einem Geschirr. Alles andere kann gesundheitsschädigend für den Hund enden.

72 BRAUCHT MEIN HUND EIN (REGEN-)MÄNTELCHEN?

Wenn ihr einen Hund habt, der offensichtlich zittert, weil er friert, da er z. B. mit kurzem oder kaum vorhandenem Haar oder ohne Unterwolle gezüchtet wurde, weil er noch sehr jung ist oder alt und krank, dann zieht ihm bitte ein Mäntelchen an! Es hat absolut nichts mit Vermenschlichung zu tun – wie man

Kurzhaarige Rassen profitieren bei nasskaltem Wetter von einem Regenschutz.

leider immer noch häufig hört –, dafür zu sorgen, dass euer Hund nicht unterkühlt. Durch den Eingriff des Menschen in die Züchtung aller Rassen hat die Fellbeschaffenheit des Hundes nicht mehr wirklich viel zu tun mit „Natur“. Insofern ist es nachvollziehbar, dass ein Chihuahua kälteempfindlich ist oder ein Windspiel nur bei sehr hohen Temperaturen nicht friert.

Regenmäntel können sehr praktisch sein, vor allem für Hunde mit langem oder dichtem Haarkleid, denn bis das getrocknet ist, können Stunden vergehen (was bei warmen Temperaturen natürlich nicht schlimm sein muss). Viele Hunde fühlen sich zudem mit einem schützenden Regenmantel wohler. Außerdem schützt ihr eure Wände daheim vor zu übermäßigen Dreckspritzern, wenn das lange Haar des Hundes erst gar nicht nass wird und er sich nicht schütteln muss, um lästiges Wasser loszuwerden.

73 WIE SOLLTE EIN IDEALER GASSIGANG AUSSEHEN?

Ich weiß nicht, wie oft ich dieses Bild auf den Hundewiesen und den Spazierwegen schon gesehen habe: Der Hund läuft frei und unbeobachtet durch die Gegend und macht so sein Ding, während der dazugehörige Mensch ihm gelangweilt hinterherschlappt oder am Rand der Wiese herumsteht, die Nase hochkonzentriert ins Handy gesteckt oder mit anderen Menschen im Gespräch vertieft. Man könnte meinen, diese beiden gehörten gar nicht zusammen, keiner nimmt ab und an mal Augenkontakt mit dem anderen auf oder versucht, anderweitig zu interagieren. Natürlich könnt ihr euren Gassigang so gestalten – keine Frage! Wenn ihr aber an eurer Bindung arbeiten möchtet (was ein häufiges Anliegen vieler Hundebesitzerinnen und Hundebesitzern ist), dann müsst ihr dafür auch etwas tun. Wie ich schon in FAQ 62 „Wie baue ich Bindung auf?", S. 145, geschrieben habe, entsteht Bindung durch viele gemeinsame schöne Unternehmungen und Abenteuer. Wenn ihr euch beim Gassigehen aber gegenseitig ausblendet, beraubt ihr euch einer ziemlich guten Gelegenheit zur Bindungsarbeit.

Im Idealfall sollten Gassigänge Qualitätszeit für den Hund und für euch bedeuten. Lasst das Handy doch einfach mal in der Tasche und bleibt auf euren Hund konzentriert.

Ein idealer Gassigang lastet den Hund körperlich und geistig im richtigen Rahmen aus (s. a. FAQ 134 „Wie laste ich meinen Hund im richtigen Maß aus?", E-Book), ohne ihn zu über- oder unterfordern. Natürlich sollte er euch auch Freude bereiten und die Möglichkeit bieten, die Natur zu genießen und durchzuatmen. Wenn der tägliche Gassigang zur reinen Pflichtkür mutiert, wird es schnell anstrengend und freudlos.

Der ideale Gassigang beinhaltet, neben der Erledigung seiner Geschäfte natürlich, dem Hund weitere Bedürfnisbefriedigungen zu ermöglichen, wie:

- › die Umwelt zu erkunden,
- › gemeinsam zu rennen und zu spielen,
- › Suchspiele mit ihm zu machen,
- › ihn schnüffeln und beobachten zu lassen,
- › ihn markieren zu lassen, wann er will (außer in Nachbars Vorgarten natürlich),
- › wohl dosierte, freundliche Hundekontakte und ein freundliches Spiel mit anderen Hunden zuzulassen,
- › ein paar Trainingsübungen (mit vielen Belohnungen) durchzuführen wie z.B. ein Aufmerksamkeitssignal zu vertiefen, den Rückruf aufzufrischen, Lockere-Leine-Training durchzuführen, Sitz, Platz, Stopp oder Warten zu üben, einen Dummy auszulegen oder andere Übungen anzugehen, auf die ihr und euer Hund Lust habt,
- › regelmäßige Pausen zum Herunterkommen während des Spaziergangs einzubauen und einen entspannten Rückweg nach Hause zu ermöglichen.

Ideale Gassigänge sind im besten Fall eure gemeinsame Zeit des Tages, ein Highlight des Tages, an dem ihr zusammen schöne Dinge erlebt, euer Hund im Freilauf oder an einer ausreichend langen Leine seine Freiheit genießen darf und ihr euren Hund für vermeintliche Fehler weder anschreit, herumruckt noch mit „Neins" überschüttet oder ihn ausblendet.

Ob ihr mehrere kurze Runden am Tag drehen möchtet oder eine längere, hängt davon ab, wie die Gassigänge am besten in euren Tagesablauf passen und wie der Hund damit klarkommt. Es gibt keine allgemeingültigen Regeln oder Empfehlungen.

Ideale Gassigänge finden übrigens nicht am Fahrrad statt, nicht während der Fahrt hinten am Auto angebunden und auch nicht sitzend auf der Kofferraumkante, während euer Hund eine halbe Stunde lang sich selbst überlassen wird und er den Wald unsicher macht – alles schon erlebt!

Ihr könnt abgeschiedene Wege wählen, auf denen ihr ungestört eure Runde dreht, oder natürlich auch zur gut besuchten Hundewiese laufen, wenn euer Hund souverän und freudig damit umgehen kann, auf viele unangeleinte Hunde und Tutnixe zu treffen. Hier solltet ihr allerdings nicht allzu

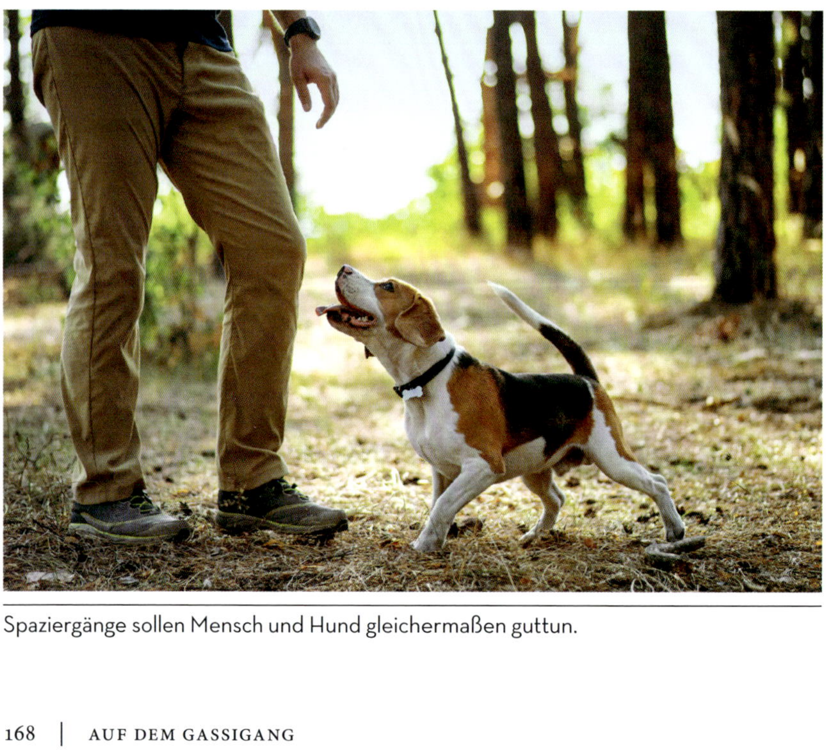

Spaziergänge sollen Mensch und Hund gleichermaßen guttun.

lange bleiben. Wenn ihr einen ängstlichen Hund habt, macht es Sinn, erst einmal immer den gleichen Weg einzuschlagen, bis er jeden Grashalm kennt, weiß, was ihn erwartet, und er mehr Selbstvertrauen gewonnen hat (s. a. FAQ 74 „Wie können Gute-Laune-Inseln meinem ängstlichen Hund helfen?“, S. 169). Habt ihr einen Hund, der gut mit Veränderungen klarkommt, könnt ihr natürlich Wege, Gegenden und Beschäftigungen abwechseln, was die Sache für ihn und euch auf Dauer spannender macht.

MERKE

Gassigehen sollte keine Pflichtveranstaltung sein, in der der Hund lustlos einmal ums Karree gezerrt wird, während ihr euren Instagramm Accout checkt. Es sollte Spaß machen! Eurem Hund und euch – als Team!

74 WIE KÖNNEN GUTE-LAUNE-INSELN MEINEM ÄNGSTLICHEN HUND HELFEN?

Wenn euer Hund zu den (Geräusch-)Ängstlichen gehört, ist natürlich das Schlimmste, was ihm passieren kann, draußen auf einen Angstauslöser zu treffen. Meist handelt es sich um Geräusche wie Schüsse, Böller oder der knallende Auspuff eines Motorrads (s. a. FAQ 13 „Was mache ich, wenn… mein Hund (keine) Angst vor Schüssen und Silvester hat?“, S. 41). Manchmal sind diese Geräusche weit weg, für unsere Ohren lediglich ein ausgeblendetes Hintergrundrauschen. Doch so manchen Hund ängstigen sie zu Tode. Aber auch Bewegungsreize wie Autos, Fahrradfahrer, Jogger oder Skateboarder können Angst auslösen. Und manchmal ist es die Angst vor der Angst: Die Erwartung, dass ihm gleich der Himmel auf den Kopf fallen wird, dass etwas Schlimmes passieren könnte, ohne jedoch zu wissen, ob und wann es passiert. Oft ist das sogar schlimmer, als wenn dann wirklich etwas passiert. Sehr häufig sind Hunde aus dem Tierschutz betroffen, die schlechte Erfahrungen gemacht haben oder nicht entsprechend sozialisiert wurden.

Wenn sich euer Hund draußen unwohl fühlt und ängstlich zeigt, könnt ihr über – ich nenne sie – „Gute-Laune-Inseln“ versuchen, seine Angst zu mindern. Auch bei konkreten Angstauslösern können sie sehr hilfreich sein. Wenn der Hund einen Auslöser wahrnimmt, aktiviert das gewöhnlich seinen

Fluchtinstinkt: Er wird versuchen, sich durch Flucht der vermeintlichen Gefahr zu entziehen. Egal, ob euer Hund dann an der Leine geht oder sich im Freilauf befindet, ist es sinnvoll, ihm eine alternative Fluchtstrategie beizubringen, die auf Dauer seine negative Emotion verändern wird. Z. B. könnte er, statt kopflos zu flüchten, zur letzten Gute-Laune-Insel zurücklaufen oder auch zum Kofferraum eures Autos – häufig ein mit dem Gefühl der Sicherheit verbundener Ort. Alle diese Orte muss der Hund ausnahmslos positiv verknüpft haben. Ihr könnt dann mit ihm gemeinsam im geordneten Rückzug an die am nächsten gelegene Gute-Laune-Insel zurückkehren, oder er läuft im besten Fall, wenn er im Freilauf ist, von sich aus dorthin, um Sicherheit zu finden.

Zum Aufbau einer Guten-Laune-Insel strukturiert ihr eure Gassistrecken und macht immer an den gleichen Stellen ein paar schöne Sachen oder Übungen mit eurem Hund, z. B.:

- Werft eine Handvoll Kekse in die Wiese, die er dort erschnüffeln kann.
- Macht mit ihm ein paar Tricks, die er gut kann und die er gern macht.
- Versteckt den Ball und lasst ihn ihn suchen.
- Rennt gemeinsam oder zergelt mit einem Lieblingsspielzeug.
- Setzt euch auf die Wiese und entspannt mit Entspannungstechniken.
- Lasst ihn auf der Mäusewiese nach Mäusen buddeln.
- Usw.

Die Liste schöner Sachen sollte sehr individuell auf euren Hund abgestimmt sein. Schreibt die Hobbys eures Hundes auf: Was tut er wirklich oft und gern? Denn genau das könnt ihr nutzen. Mit der Zeit wird euer Hund gelernt haben, dass immer an den gleichen Stellen etwas Tolles passiert, seine Stimmung wird schon vorher sichtlich heller werden. Und schon habt ihr eine Gute-Laune-Insel aufgebaut, die ihr bei Gefahr in Verzug und auch einfach so nutzen könnt.

Die Inseln helfen ängstlichen Hunden den Gassigang u. a. deshalb durchzustehen, weil sie genau wissen, was sie erwartet. Sie geben Sicherheit, bauen einen Gute-Laune-Puffer auf, kurbeln den Glückshormonhaushalt an (s. a. FAQ 12 „Was mache ich, wenn … mein Hund ängstlich ist?", S. 37) und tragen so wesentlich dazu bei, Angst zu bewältigen.

Ausgiebige Ruhepausen nach Anstrengung und Auslastung sind das A und O für einen gechillten Hund.

75 WIE LANG SOLLTE ICH GASSI GEHEN?

Gassigänge müssen keine Stunden dauern. Viele Menschen glauben, sie müssten jeden Tag drei Stunden durch die Gegend rennen, weil es das sei, was der Hund zur Auslastung bräuchte. Der Hund aber gewöhnt sich an „Ausdauersportarten", so wie wir Menschen auch nicht mehr so schnell müde werden, wenn wir regelmäßig eine Stunde am Tag joggen gehen.

Beim Gassigehen kommt es nicht auf Streckemachen und Dauer an, sondern vielmehr auf die Forderung und Förderung der Sinne. Ihr braucht also überhaupt kein schlechtes Gewissen zu haben, wenn ihr nicht stundenlang draußen herumrennt. Geht doch mal nur eine Stunde und werft stattdessen, z. B., eine ganze Handvoll Leckerlis in die Wiese und lasst sie euren Hund minutenlang suchen. Oder versteckt einen Gegenstand, den er dann suchen darf, führt eine Verlorensuche durch, lasst ihn ein paar Tricks ausführen, die er gern macht, oder bezieht die Umwelt mit ein und lasst ihn auf Baumstümpfe hüpfen oder am Baumstamm die Pfoten hochnehmen, so kommt er zusätzlich auch noch zu gesundheitsfördernden Dehnübungen. Euer Hund wird schon bald ziemlich platt sein – und zufrieden, weil das alles auch noch richtig Spaß macht. Gleichzeitig wart ihr dabei mit im Boot, denn die Aktionen kamen von euch. Und schon habt ihr wieder ein bisschen mehr in eure Bindung investiert.

Die Länge eurer Gassigänge richtet sich nach Alter des Hundes und nach seiner emotionalen und körperlichen Verfassung. Bei Welpen und Junghunden bis zu einem Jahr gilt: 5 bis maximal 10 Minuten pro Lebensmonat! Verzichtet unbedingt auf längere Spaziergänge, die tun einem jungen Hund weder körperlich noch geistig gut. Zum einen müssen sich seine Knochen, Muskeln und Sehnen in Ruhe entwickeln dürfen und sollten nicht überlastet werden. Zum anderen trägt eine Reizüberflutung zur Hibbeligkeit eines Hundes stark bei (s. a. FAQ 7 „Was mache ich, wenn … mein Hund seine wilden 5 Minuten hat?“, S. 33).

Mit per se aufgeregten Hunden, die draußen schnell hochdrehen, sollten Gassigänge eher kürzer ausfallen, dafür solltet ihr unbedingt auf intensive Ruhephasen achten. Ihr seht ja nach dem Gassigang, wie schnell euer Hund herunterfahren kann. Je länger er zu Hause noch herumtigert, desto sicherer könnt ihr sein, dass die Intensität des Gassis zu hoch ist. Helft eurem Hund, mit einem Entspannungsritual zu Hause herunterzufahren, und reduziert das Programm, oder gestaltet es weniger aufregend, bis ihr das Gefühl habt, ein gutes Gleichgewicht gefunden zu haben.

Alte und kranke Hunde können natürlich auch nicht mehr lange unterwegs sein. Je nach Gesundheitszustand und Motivation des Hundes können schon wenige Minuten vor der Tür, im Garten oder im nahe gelegenen Park voll ausreichend sein. Trotzdem würde ich versuchen, auch alte Hunde regelmäßig mit kleinen Spiel- oder Suchaufgaben zu motivieren und ihren Geist zu bereichern.

MERKE

Die Dauer des Gassiganges ist nicht entscheidend für seine Qualität. Ihr braucht kein schlechtes Gewissen zu haben, wenn ihr nicht jeden Tag drei Stunden spazieren geht. Viel wichtiger ist die geistige Förderung des Hundes. Je mehr er geistig gefordert wird, desto schneller wird er ermüden und desto weniger lang sollte der Gassigang ausfallen.

76 KANN ICH AUCH MAL AUFS GASSIGEHEN VERZICHTEN?

Ja, das könnt ihr. Auch Menschen haben mal Tage, an denen sie auf dem Sofa versacken, zu nichts Lust haben und einfach nur müde sind. Bei Hunden ist es genauso. Wenn ihr z. B. die Tage vorher auf einem anstrengenden Hundeseminar oder auch nur im Urlaub wart, wenn etwas Aufregendes passiert ist oder der Tagesablauf total auf den Kopf gestellt worden ist, dann spricht nichts dagegen, mal auf die Reset-Taste zu drücken.

Löst euch von eurem schlechten Gewissen und dem Leistungsprinzip, dem wir Menschen so gern anheimfallen, weil wir uns verpflichtet fühlen. Ich gebe zu, ich habe selbst sehr lange gebraucht, bis ich mich zum ersten Mal getraut habe, einen Gassigang ausfallen zu lassen. Dabei war mein erster Hund Willi ein reaktiver, überdrehter ADHS-Zappelphilipp, dem ich lange viel zu viel zugemutet habe, weil ich dachte, das gehört so. Erst als ich das erste Mal mit megaschlechtem Gewissen zu Hause blieb und er am nächsten Tag viel erholter und entspannter war, fiel bei mir der Groschen. Seitdem sind regelmäßige Ruhetage nach aufregenden oder anstrengenden Aktivitäten die Regel, und allen geht es hervorragend damit!

77 WIE VIEL SPIELEN UND BALLWERFEN IST IN ORDNUNG?

Jeder Hund ist genetisch mit der Fähigkeit zum Spielen ausgestattet. Dennoch muss Spielen (insbesondere das Spiel mit dem Menschen) erlernt werden. Oft sind es Hunde aus dem Tierschutz, die nicht spielen – u. a. weil sie Spielzeug nie kennengelernt haben und kein Mensch je mit ihnen gespielt hat. Hunde mit Ängsten spielen nicht. Wer spielen will, muss gesund sein und sich sicher fühlen.

Dann aber macht Spielen natürlich Spaß. Es ist aufregend und anstrengend. Die Erregungskurve eines Hundes schießt beim wilden Spiel gewöhnlich mächtig in die Höhe. Deshalb sollte bei jeder Art Spiel mit dem Hund immer die Regel gelten: Helft eurem Hund nach jedem Hochfahren auch wieder herunterzukommen. Denn leider haben viele Hunde genau damit Probleme.

Spielen und Entspannen im richtigen Wechsel sorgen für einen ausgeglichenen, zufriedenen Hund.

Wir spielen wild miteinander, zergeln, „raufen“, rennen und pushen die Erregung des Hundes richtig nach oben, dann beenden wir plötzlich die Interaktion und wenden uns wieder anderen Dingen zu, während der Hund mit seiner Aufregung stehen gelassen wird. Viele – vor allem junge Hunde – wissen dann nicht, wohin mit ihrer Energie, sie sind frustriert, flippen aus, springen hoch, beißen in Arme, Beine und in die Leine. Zu schimpfen und sie zurechtzuweisen ist häufig die menschliche Reaktion darauf, ist aber wenig hilfreich – das Verhalten wird daraufhin meist noch unkontrollierter. Es liegt also an uns, sie nicht mit ihrer überbordenden Erregung im Regen stehen zu lassen.

Nach jedem Spiel solltet ihr also darauf achten, mit etwas Ruhigem zu enden:

- ihm ein paar Leckerlis in die Wiese zu streuen (Schnüffeln beruhigt),
- ihm etwas zu kauen zu geben, z. B. einen Gummiball (Kauen beruhigt),
- auf schnelle und hektische Bewegungen zu verzichten,
- Entspannungsübungen anzuschließen,
- ruhig mit ihm zu sprechen,
- ein Päuschen auf einer Bank oder einer Decke einzulegen,
- ihn sanft zu halten oder zu berühren (wenn er das mag).

Übrigens: Apportieren ist kein Spiel, sondern zunächst Arbeit für den Hund, also erwartet nicht, dass er Gegenstände einfach so in eurer Hand abliefert und auch noch Spaß dabei hat. Den Spaß daran müsst ihr ihm erst beibringen. Das, was ihm eigentlich Spaß bereitet, ist das, was meist davor passiert: dass der Gegenstand geworfen wird und er ihn „hetzen“ darf. Das Werfen ist dann die ziemlich hochwertige Belohnung für seine Apportierleistung. Bis euer Hund Apportieren gelernt hat, solltet ihr also zum Spielzeug hingehen und es für ihn holen, damit es für ihn auch Spiel bleibt. Aber, sehr wichtig zu wissen:

Das Thema „Gegenstände werfen und den Hund hinterherspringen lassen“ ist ein ganz spezielles. Bestimmt habt ihr schon mal Hunde gesehen, denen ein Ball geworfen wird, den sie holen, abliefern, und sie dann ganz ungeduldig warten, dass er erneut fliegt. Diese Hunde werden dabei immer hektischer, aufgeregter, sie fangen oft aufgeregt an zu bellen, und sie werden frustriert, wenn es nicht schnell genug geht. Sie werden häufig „Balljunkies“ genannt, tatsächlich steckt auch eine Sucht dahinter. Hetzen – und um nichts anderes handelt es sich beim Hinterherrennen des Balls – ist eine Sequenz aus dem Jagdverhalten (s. a. FAQ 99 „Kann ich meinem Hund das Jagen abgewöhnen?“, S. 231). Hierbei schüttet das Gehirn das Glückshormon Dopamin aus. Wiederholt ihr die Ballwurfübung regelmäßig, gerät der Hund regelrecht auf den „Trip“. Er wird süchtig. Wird nun der Ball irgendwann einfach so wieder weggesteckt, zeigen diese Hunde oft höchste Erregung und eine Art „Entzugserscheinung“: Sie rennen höchst frustriert hin und her, kläffen und/oder springen ihre Menschen an, schnappen sich als Übersprungverhalten Blätter oder Stöcke vom Boden und zerkauen sie in ihrer Erregung. Sie sind schwer ansprechbar, können sich auf nichts konzentrieren und geben stattdessen alles, um den Ball wiederzubekommen. Manchmal suchen sich diese Hunde dann eine neue Sucht und jagen nun nicht mehr Bällen hinterher, sondern Joggern, Fahrradfahrern oder sogar fahrenden Autos, sprich, allem, was sich bewegt. Ich kenne Fälle, da haben die Hunde sich ihr Geschäft verkniffen, hatten kein Auge für ihre Umwelt, Geräusche, andere Hunde oder Menschen und haben auf dem gesamten Gassigang nicht einmal die Nase zum Schnüffeln hinuntergenommen. Sie waren ausnahmslos auf den Ball fixiert, der sich noch oder wieder in der Tasche befand oder in der Hand des Menschen, bereit zum Wurf.

Was am schlimmsten ist, ist, dass die Menschen das „Spiel“ völlig missdeuten. Sie interpretieren, dass ihr Hund großen Spaß hat. Die Wahrheit ist aber, dass der Hund „an der Nadel hängt" und später unter dem Ballentzug leidet. Denn sobald der Ball verschwindet, wird er mit seinem dopamingeschwängerten Hirn hängen gelassen.

Mein dringender Tipp:

› Verzichtet auf (häufiges) Ballwerfen.
› Wenn ihr mit dem Ball spielt, macht doch lieber eine nette Übung daraus, bei der der Hund Spaß hat und sogar noch sein Gehirn anstrengen muss.

Beispielübung für Fortgeschrittene: Ihr geht mit ihm bei Fuß eine gewisse Distanz auf einem Weg oder einer Wiese. Dann lasst ihr ihn absitzen, geht noch ein paar Meter weiter, legt den Ball ruhig auf den Boden. Danach geht ihr zurück zum Hund, lobt ihn ruhig und gebt ihm dann das Zeichen, sich um 180 Grad zu drehen und wieder hinzusetzen. Ihr marschiert den Weg allein zurück. Angekommen, ruft ihr euren Hund freudig zu euch. Wenn er bei euch angekommen ist, dreht ihr ihn wieder um 180 Grad um und schickt ihn dann zur Belohnung für diese supertolle Leistung zum Ball, den er apportieren und euch in die Hand legen darf.

Für Anfängerinnen/Anfänger: Ihr könnt die Übung natürlich in beliebig viele kleine Zwischenschritte unterteilen und den Hund so kleinschrittig an die komplexe Übung heranführen. Es spielt keine Rolle, ob er bei Fuß gehen kann. Wichtig ist nur, dass ihr den Ball nicht werft, sondern ruhig ablegt. Gestaltet Such- und Apportierübungen, statt den Hund hinter dem Ball herhetzen zu lassen.

Wer auf keinen Fall aufs Ballwerfen verzichten möchte, dem rate ich, den Ball (z. B. als Belohnung für ein tolles Verhalten) höchstens ein- bis dreimal zu werfen – und das auch nicht bei jedem Spaziergang und nicht immer an denselben Orten. Danach solltet ihr die Übung unbedingt mit ein paar Keksen, die ihr zum Suchen und Fressen in die Wiese streut, beenden. Das ist sehr wichtig! Denn zum Suchen muss sich der Hund konzentrieren, was seine Hibbeligkeit senkt. Die Bedürfnisbefriedigung „Fressen" hat zudem die spannende biologische Konsequenz, dass das „Sucht"-Hormon Dopamin abgebaut und andere Glückshormone – nämlich Endorphine – ausgeschüttet werden. Endorphine machen satt und zufrieden. In der Zeit, in der der Hund mit Suchen und Fressen beschäftigt ist, steckt ihr den Ball unaufgeregt außer Sichtweite tief in die Tasche. Wenn er fertig ist mit fressen, führt ihr euren Gassigang ruhig fort und konzentriert euch auf andere schöne Dinge, die ihr gemeinsam machen könnt.

Wenn euer Hund bereits süchtig nach fliegenden Bällen sein sollte und ihr ihn auf Entzug setzen möchtet, könnt ihr folgende Möglichkeiten ausprobieren:

› Sucht euch einen neuen Spazierweg, auf dem ihr noch nie einen Ball geworfen habt, und lasst den Ball zu Hause. Beobachtet, wie sich euer Hund dort verhält. Nicht selten verknüpfen die Hunde die Orte mit dem Ballwerfen und benehmen sich anderenorts entspannter. Das wäre die einfachste Variante. Meidet ab sofort für die nächste Zeit den alten Weg.
› Wenn ihr den alten Weg gehen möchtet oder müsst, rate ich nicht zum „kalten Entzug", also den Ball nicht mehr mitzunehmen. Das würde im höchsten Maß Frustration auslösen, die in Verhaltensauffälligkeiten wie Hibbeligkeit, Übersprungverhalten, nervösem Bellen, anormal repetetivem Verhalten wie Kreiseln, fahrigem Hin-und-her-Rennen oder Blätter knibbeln münden und sogar in Aggression umschlagen kann.
› Versucht die Erregung des Hundes zu senken, indem ihr dort kurze und ruhige Gassigänge an langer Leine unternehmt, bei denen ihr immer mal wieder Pausen einlegt und Entspannungstechniken anwendet. Lasst den Hund den Ball tragen, wenn er das möchte. Kickt ihn aber auf keinen Fall mit dem Fuß, wenn er ihn fallen lässt. Testet immer mal wieder die Ansprechbarkeit eures Hundes: Zeigt ihm den Ball, lasst ihn absitzen, versteckt den Ball und schickt ihn zum Suchen. Belohnt ihn dafür mit Superleckerlis. Streut Leckerlis in die Wiese und animiert ihn, sie zu suchen – das hat (wie oben schon erklärt) eine dopaminsenkende und dafür endorphinausschüttende Wirkung – was gut ist. Sprecht euren Hund immer wieder an und versucht, ihn zu kleinen Tricks zu animieren, die ihr großzügig gebührend mit superleckerem Futter belohnt: lasst ihn einen Hand- oder Nasentouch machen, Pfötchen geben, kurz (!) Sitzen oder Warten – was der Hund schon gut kann und gern macht. Versucht auf diese Art den alten Weg im Laufe mehrerer Wiederholungen mit einer anderen Emotion zu belegen: Anstelle höchster Erregung, die nach dem „nächsten Schuss" lechzt, wäre entspannte Freude und Interesse an der Umwelt eine gute

„Entzugs"-Alternative. Sollte euer Hund tatsächlich schnüffeln gehen und andere Reize wahrnehmen, lobt ihn und lasst ihn wissen, dass er das supertoll macht. Vielleicht schafft ihr es so, dem Ball seinen ungesunden Reiz zu nehmen.
› Fangt nie wieder das Ballwerfen dort und am besten auch sonst nirgendwo an. Einmal abhängig, immer abhängig.

Wendet euch an eine Trainerin/an einen Trainer, die/der belohnungsbasiert arbeitet, falls ihr hier nicht weiterkommen solltet.

78 IST FAHRRADGASSI ODER JOGGEN GUT FÜR MEINEN HUND?

Mit der Beantwortung dieser Frage tue ich mich schwer, weil ich auch nicht gleich mit „Nein" antworten will. Vermutlich kommt es wie bei vielen Sachen einfach auf die richtige Dosierung und Umsetzung an.

Prinzipiell ist Fahrradgassi und Joggen gewiss nichts, was dem Hund unbedingt große Freude bereiten wird, da Umwelterkundungen, Schnüffeln und freies Bewegen dabei nicht oder nur wenig möglich sind. Es werden kaum Bedürfnisse befriedigt, außer vielleicht bei den Hunden, die wirklich gern und ausdauernd rennen. Allerdings ist gleichmäßiges Traben oder Laufen etwas anderes als in unterschiedlichen Tempi nach Lust und Laune stöbern, hin und her rennen, sprinten oder auch hetzen zu können, wie es Hunde, wenn sie sich frei bewegen dürfen, gewöhnlich tun.

Beim Joggen im Freilauf hat der Hund noch die meisten Freiheiten und kann, wenn man ihn lässt, zwischendrin auch mal schnell einen spannenden Geruch aufnehmen und seine Umwelt erkunden.

Wenn ihr dafür sorgt, dass euer Hund ansonsten regelmäßig auf seine Kosten kommt, spricht sicherlich nichts gegen ein gelegentliches moderates Ausdauertraining, vielleicht um Kondition und Muskeln auf- und Fett abzubauen. Aber so wirklich überzeugt bin ich nicht, denn Muskeln bauen sich natürlich auch durch artgerechtes Laufen auf.

Wichtig ist: Am Fahrrad sollte euer Hund an einer entsprechenden Sicherung befestigt und das Nebenherlaufen langsam geübt werden. Auch macht

Joggen mit Hund ist dann eine gute Idee, wenn beide fit sind und Spaß daran haben.

es Sinn, den Hund mit dem Fahrrad und seinen Geräuschen (wie quietschenden Bremsen) und Eigenarten vertraut zu machen, damit er keine Angst entwickeln oder Panik schieben muss. Fangt also kleinschrittig an, indem ihr erstmal das Fahrrad schiebt, Kurven im Gehen übt, bremst etc. Setzt euch auf den Sattel und fahrt sehr langsam los. Erst wenn das gut klappt (und ihr auch sicher seid), solltet ihr moderat schneller werden. Vergesst nicht, dabei euren Hund kräftig zu loben und ihm das Fahrrad mit Leckerlis schönzureden.

Die Temperaturen müssen sich unbedingt im kühlen Bereich bewegen! Ich weiß nicht, wie viele Menschen ich schon im Hochsommer mit ihrem Hund am Rad beobachtet habe, der sich abmüht, im flotten Trab mitzukommen – die Zunge bald auf dem Boden schleifend. Es ist eine irrige Annahme zu glauben, dass das für den Hund erfrischend sein müsste, nur weil uns der Fahrtwind angenehm kühlt. Den Hund im Hochsommer auf dem heißen Asphalt am Fahrrad rennen zu lassen ist nicht nur unempathisch, sondern tierschutzrelevant.

Auch sollte er nicht mit vollem Darm laufen müssen: Ich erinnere mich an einen Mann, dessen Hund am Fahrrad im Galopp sogar sein großes Geschäft verrichten musste, weil Herrchen keine Zeit hatte anzuhalten bzw. er nicht auf die Bedürfnisse seines Hundes achtete. Gruselig!

Wer also Fahrradgassi ausprobieren möchte, sollte immer ein gemäßigtes Tempo und kurze Distanzen wählen sowie den Hund und sein Befinden im Blick behalten. Gebt ihm Zeit, sich zu verrichten, legt Pausen ein und bietet ihm Wasser an. So kommt ihr beide gut ins Ziel.

79 WIESO ZERRT MEIN HUND AN DER LEINE?

Genau genommen – und das hört ihr jetzt wahrscheinlich nicht gern – zerrt euer Hund an der Leine, weil ihr es ihm so beigebracht habt. Doch keine Sorge, das tun wir alle. Wir Menschen reagieren nämlich in der Regel alle gleich: Der angeleinte Hund möchte eine bestimmte Schnüffelstelle erreichen oder zu einem spannenden Objekt laufen. Es entsteht Zug auf der Leine, der Mensch lässt sich (oft unbewusst) mitziehen (da reicht schon der Ausfallschritt), er möchte vielleicht sowieso in die gleiche Richtung laufen und denkt sich gar nichts dabei. Der Hund lernt: „Ah! Wenn ich nur kräftig genug ziehe, komme ich dahin, wohin ich möchte." Es greift ein wichtiges Lerngesetz: Was gut funktioniert, wird häufiger angewendet werden. Der Hund wird also immer öfter ziehen – denn es bringt ihm Erfolg.

Wie ihr hier vielleicht schon merkt: Es hat wirklich absolut nichts mit dominantem Verhalten zu tun oder damit, dass der Hund euch zeigen will, dass er der Chef ist, wenn er zieht. An lockerer Leine zu gehen ist vollkommen unhundliches Verhalten. Alle gesunden, neugierigen Hunde mit Erkundungsdrang (würden) ziehen. Sie ziehen, weil es sieben Millionen spannende Dinge zu erforschen gibt und weil alles, wirklich alles, besser ist, als langweilig neben euch herzudackeln – auch, wenn eure Bindung noch so toll ist. Es liegt an euch, eurem Hund das Nebeneuchhergehen zu versüßen.

Im Umkehrschluss zum oben genannten Lerngesetz könntet ihr jetzt denken: „Alles klar, damit der Hund nicht mehr zieht, bleibe ich ab sofort immer so lange stehen, bis er nachgibt, und gehe erst dann weiter, wenn die Leine durchhängt." Wenn ihr hierbei wirklich konsequent wärt und ihr euch in vollkommen reizarmer Umgebung aufhalten würdet, könnte das vermutlich sogar klappen, obwohl es auch bei dieser Methode einige Fußfallen gibt. Stehen zu bleiben und abzuwarten, bis der Hund auch stehen bleibt, bedeutet, über Frust zu arbeiten: Er kommt nicht weiter. Frust bringt leider nicht alle

Hunde auf die Idee, das richtige Verhalten zu zeigen, zumal sie auch gar nicht wissen können, was sie überhaupt tun sollen, da es ihnen bis dahin gar nicht gezeigt wurde. Es könnte ja schließlich auch sein, ihr wolltet, dass der Hund sich hinsetzt (was viele Hunde an dieser Stelle dann sogar ausprobieren, wenn ihnen Sitzen in anderen Situationen bereits weitergeholfen hat). Sprich: Diese Trainingsform ist auf der kommunikativen Ebene ein ziemliches Genuschel und für den Hund ein fröhliches Rätselraten.

Zudem erlernt er auf diese Weise auch noch eine recht typische Verhaltenskette, die wir oft beobachten können:

Der Hund zieht (läuft also in den Fehler), der Mensch bleibt stehen, der Hund läuft zurück auf Fußhöhe des Menschen, Mensch und Hund gehen an lockerer Leine ein paar Schritte weiter, der Hund wird schneller (der Mensch wird auch schneller, damit der Hund nicht zieht), der Hund zieht erneut (läuft also wieder in den Fehler) und das Spiel wiederholt sich.

Der Hund lernt das falsche Verhalten, weil das falsche Verhalten verstärkt wird: Fürs Zurückkommen zum Bein wird er mit Weitergehen belohnt. Der Fokus liegt nicht auf dem Verhalten, das eigentlich erwünscht ist, nämlich das dauerhaft lockere Leinegehen. Die richtige Lösung wäre, nur dann zu belohnen, wenn der Hund neben euch bei gleich bleibendem Tempo an lockerer Leine hergeht.

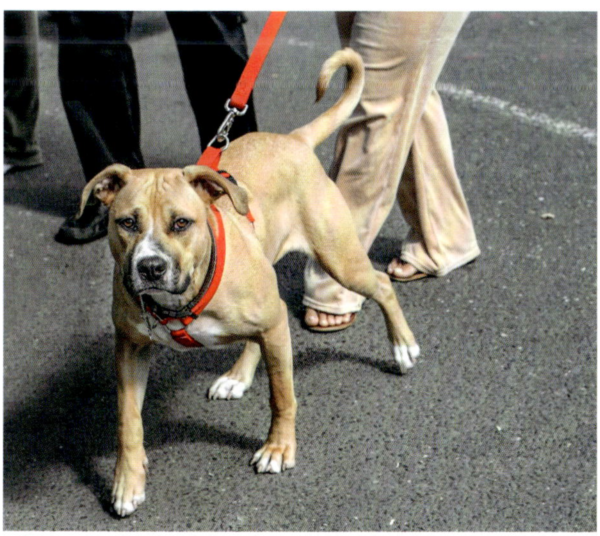

An der Leine ziehen Hunde, wenn sie aufgeregt sind, Stress haben, die Impulskontrolle fehlt – und, wenn sie es gelernt haben.

In der Praxis sieht das z. B. so aus: Ihr geht langsam nebeneinander, schiebt im Gehen dem Hund auf der Höhe eures Beins immer wieder regelmäßig ein Leckerli ins Maul (und achtet darauf, dass euch keines hinunterfällt, das stört den Trainingsfluss). Wenn die Belohnungsrate am Anfang dabei sehr hoch ist, sinkt die Wahrscheinlichkeit, dass der Hund schneller werden und sich von anderen Reizen ablenken lassen wird. Nach einigen Trainingseinheiten könnt ihr dann die Dauer bis zum nächsten Leckerli immer weiter ausdehnen, so lernt der Hund, länger ohne Belohnung am Ball zu bleiben. Da aber auch diese Übung – auch wenn sie Spaß macht – anstrengend ist, sollte jede Trainingsseinheit erst einmal kurz bleiben.

Ein Hund wird es nicht schaffen, dauerhaft nie zu ziehen, da im Alltag einfach zu viele Verlockungen lauern, die ihn zum Ziehen animieren, ihn seinen Auftrag vergessen lassen und wir Menschen zudem generell eine viel langsamere Geschwindigkeit draufhaben als ein Hund. Und deshalb ist lockeres Leinegehen eine der schwierigsten Aufgaben, die wir unseren Hunden stellen, da wir von ihnen verlangen, sich permanent zurückzuhalten. Das Training sollte also immer individuell und sensibel angepasst sein, an die Tagesform, das Alter, den Lernstand, an Temperament und Charakter des einzelnen Hundes.

Nicht jeder Hund ist gleich: Mit meinem ersten Hund Willi konnte ich solche Übungen sehr gut durchführen: Er war äußerst geduldig und mit Begeisterung bei der Sache. Meinem zweiten Hund Kurt das lockere Leinegehen beizubringen war hingegen eine herausfordernde Aufgabe. Da Geduld nicht unbedingt seine ausgeprägteste Charaktereigenschaft ist und ihn zudem Außenreize wie Wildgeruch sehr ablenken, brauchte es viele Trainingseinheiten, bis wir das mit dem lockeren Leinegehen zuverlässig hinbekommen haben. Es war eine echte Fleißaufgabe und Geduldsprobe für ihn und für mich!

Training wird nur gelingen, wenn euer Hund mental fit ist, sich sicher fühlt, keine Angst hat, ausgeschlafen ist, über genügend Impulskontrolle (s. a. FAQ 136 „Was muss ich unbedingt über Impulskontrolle wissen?“, E-Book) verfügt und sich daher konzentrieren kann. Einer meiner Klassiker in der Beratung ist der frisch eingezogene Hund aus dem Tierschutz, der wie verrückt an der Ein-Meter-Leine zieht. Die Kunden melden sich bei mir mit dem einen einzigen Wunsch: Der Hund soll lernen, nicht mehr zu ziehen. Dass ein Tierschutzhund, der gerade erst eingezogen ist und womöglich einiges zu verarbeiten hat, ganz andere Sorgen haben könnte als eine gespannte Leine, dafür bedarf es zunächst einiger Aufklärung. Erst wenn der Hund seine Ängste abgelegt hat, wenn er bereit ist mitzuarbeiten, wenn er sich an Geschirr und Leine gewöhnt hat, wenn er sich einigermaßen eingelebt hat und entspannt sein kann, dann können wir erfolgreich mit dem Training beginnen.

Und ja, ich weiß, ziehende Hunde, vor allem, wenn sie groß und schwer sind, können einem die Laune und die Lust auf den Gassigang brutal verderben. Eine sehr viel längere Leine – hier arbeiten wir wieder über Management – würde da natürlich viel Druck aus der Situation nehmen. Es ist eine physikalische Gesetzmäßigkeit, dass je länger die Leine ist, die Chancen umso größer werden, dass sie locker bleiben kann. Also: Benutzt lange Leinen, dort wo es möglich ist. Und wenn ihr nun auch noch jedes Mal, wenn die Leine locker bleibt, ganz nebenbei z. B. ein paar Leckerlis in eurer Nähe fallen lassen würdet, hättet ihr eine tolle Möglichkeit gefunden, den Hund dafür zu belohnen. Und wenn der Hund das checkt, wird er womöglich in der Erwartung weiterer Leckerlis regelmäßiger näher bei euch bleiben, sodass die Leine immer öfter hinunterhängen wird. Und schon seid ihr eurem Ziel einen großen Schritt nähergekommen und habt den Fuß in der Tür für das erste richtige Training.

Beim Lockere-Leine-Training gibt es einiges zu beachten, damit der Hund effektiv lernen und schnelle Erfolge verzeichnen kann:

- Über regelmäßiges kohlehydratreiches Futter sollten die Glukosespeicher im Gehirn immer ausreichend gefüllt sein, damit der Hund genügend Impulskontrolle aufbringen und sich ausreichend konzentrieren kann. Am Abend mit dem Training zu beginnen, wenn die Impulskontrollspeicher leer sind, ist suboptimal.
- Sorgt dafür, dass euer Hund entspannt ist, und reduziert Hintergrundstressoren (s. a. FAQ 135 „Wie erkenne ich Stress und wie gehe ich damit um?“, E-Book). So schafft ihr gute Voraussetzungen.
- Verkürzt erst im Laufe der Trainingseinheiten die Leinenlänge peu à peu, damit der Hund auch lernt, an kurzer Leine entspannt zu bleiben.
- Trainingseinheiten sollten immer nur sehr kurz und immer an den individuellen Lernstand angepasst sein. Es reichen wenige Minuten mehrmals am Tag.

Wichtig ist, den Grund zu finden, warum mein Hund so heftig reagiert.

› Ihr startet mit dem Training immer in einer ruhigen, bereits vertrauten Umgebung ohne ablenkende Reize, z. B. im Wohnzimmer, im Garten oder vor der Haustür.
› Ihr übt erst einmal immer an der gleichen Stelle, bis der Hund anfängt, sich an diesem Ort automatisch im Tempo zurückzunehmen, und die Leine durchhängt. Jetzt hat er's verstanden!
› Dehnt das Training langsam auch auf andere Orte oder längere Strecken aus und setzt das lockere Leinegehen unter (Dauer-)Signal, damit ihr es, wenn nötig, abfragen könnt. Ihr könnt z. B. die Leine für die Zeit, die nicht gezogen werden darf, in den Ring am Geschirr vorn einhängen, oder ihr benutzt einfach einen ausgestreckten Zeigefinger am herunterhängenden Arm, den er gut sehen kann. Dauersignale helfen dem Hund, sich immer wieder daran zu erinnern, was er tun soll.
› Die einzelnen Trainingswerkzeuge, die ihr anwenden könnt, um das richtige Verhalten zu verstärken, wird euch eure Hundetrainerin/euer Hundetrainer, die/der belohnungsbasiert arbeitet, zeigen. Es gibt viele verschiedene Möglichkeiten, euren Hund zum lockerem Leinegehen zu animieren. Es macht wirklich Sinn, dass ihr euch einige – straffreie, versteht sich – Varianten zeigen lasst.

- Gebt eurem Hund Zeit: Es dauert, bis er gelernt hat, auf Signal länger und sogar unter Ablenkung an lockerer Leine zu gehen.
- Je nach Tagesform, Entwicklungsstand, Hormonhaushalt, Stresslevel und Gesundheitszustand ist lockeres Leinegehen nicht immer möglich. Vergesst nie: Es ist sehr anstrengend für Hunde, sich dauerhaft zurücknehmen und sich dem langsamen Schritttempo des Menschen anpassen zu müssen. Deshalb: Fordert lockeres Leinegehen an kurzer Leine nur dort ein, wo es wirklich nötig und wichtig ist.
- Bleibt entspannt, geduldig und verständnisvoll – auch wenn's schwerfällt. Eurem Hund geht's genauso.

80 WARUM PÖBELT MEIN HUND AN DER LEINE?

Die sogenannte „Leinenaggression" ist eine der häufigsten und lästigsten unerwünschten Verhaltensweisen, die Hunde zeigen können. Ein pöbelnder Hund an der Leine kann – je nach Intensität und Gewichtsklasse – Gassigänge zur reinen Hölle werden lassen. Und auch hier ist der Grund des Verhaltens nicht etwa darin zu suchen, dass er dominant wäre und Chef sein möchte. Es ist leider viel komplexer.

Hunde haben immer gute Gründe für ihr Verhalten. Und hinter jedem Verhalten steckt immer eine Emotion. Damit wir Verhalten verstehen können, macht es Sinn, die dahinterliegende Emotion zu kennen. Es gibt hauptsächlich zwei verschiedene Emotionen, die hinter einer Leinenaggression stecken können: Angst und Frust.

Angst	Frust
Der Hund pöbelt, weil ein angstauslösender Reiz, wie z. B. ein anderer Hund oder ein Mensch, zu nah kommt und seine Wohlfühldistanz unterschreitet. Er möchte eine *Distanzvergrößerung* erreichen. Da die Leine ihn daran hindert, selbst die passende Distanz auszuwählen, versucht der Hund, die ängstigenden Reize mit aggressivem Verhalten auf Abstand zu halten und/oder zu vertreiben – was in der Regel auch gelingt, denn der Hund oder der Mensch werden sich – so oder so – irgendwann entfernen.	Der Hund möchte eine *Distanzverringerung* erreichen. Er würde gern zu einem Reiz, wie einem anderen Hund oder einem Menschen, hinlaufen, wird durch die Leine aber daran gehindert. Und wie schon öfter erwähnt, kann Frust, wenn er nicht zur Lösung eines Problems führt oder entsprechend umgelenkt wird, in Aggression umschlagen: Der Hund beginnt, frustriert an der Leine zu pöbeln. Die negative Energie sucht sich ein Ventil.

Angst und Frust zu unterscheiden ist manchmal nicht so einfach. Ihr könnt aber an der Körpersprache eures Hundes seine Emotion ableiten. Lest hierzu auch FAQ 126 „Was will mein Hund sagen?“, E-Book. In vielen Fällen gibt es auch Mischformen, in denen sich das Bedürfnis nach Nähe in ein Bedürfnis nach mehr Distanz verwandelt, wenn den Hund der Mut oder die Neugier verlässt und die Angst und das Unwohlsein mit zunehmender Distanzverringerung ansteigt.

Der erste Schritt in Richtung Lösung des Problems ist, sich bewusst zu werden, dass Leinenaggression menschengemacht ist. Würden die Menschen das eigentliche Bedürfnis ihres Hundes erkennen und entsprechend agieren, gäbe es sie nicht. Viele meiner Kunden sagen: „Ohne Leine ist mein Hund vollkommen ruhig und nett.“ Ganz genau! Denn ohne Leine kann der Hund in beiden Fällen selbst entscheiden, welche Distanz die richtige für ihn ist, um sich weiter wohlzufühlen. Ohne Leine kann der Hund entscheiden, wohin und wie viel er ausweichen möchte, er kann mit Abstand vorbeigehen oder sich freundlich im Bogen, oder sogar auch unfreundlich frontal, annähern. Klar benehmen sich viele Hunde auch ohne Leine paradox: Sie möchten eigentlich ihre Ruhe vor anderen Hunden haben (also Distanzvergrößerung), haben aber gelernt, dass sie den meisten Erfolg über einen Umweg erzielen, nämlich bellend auf den Reiz zuzustürmen (Distanzverringerung), weil er sich so am besten vertreiben, also auf Distanz bringen lässt. Es sind immer individuelle Lernerfahrungen, die das Verhalten eines Hundes bestimmen. Und Angriff ist eben oft die beste Verteidigung.

Es ist die Leine, die den Hund einengt und ihm die Entscheidungsfreiheit nimmt (was nicht bedeutet, dass ihr ab sofort euren Hund immer unangeleint herumlaufen lassen solltet!), und es ist der Mensch, der die Körpersprache seines Hundes ignoriert oder nicht korrekt liest und ihn somit in die Leinenaggression treibt. Pöbeln ist erlerntes Verhalten! Bevor ein Hund pöbelt, zeigt er viele Signale, die uns aufmerksam werden lassen sollten, denn sie sagen: „Ui, ich fühle mich unwohl. Können wir weiter weggehen?“ Oder auch: „Ui, da ist was Spannendes! Können wir näher hingehen?“

Typische Anzeichen für beginnendes Unwohlsein und wachsende Habtachtstellung beim Hund angesichts eines bestimmten Reizes sind u. a.:

- Er wird langsamer.

› Er versucht, zur Seite auszuweichen oder zu flüchten.
› Er springt an seinem Menschen hoch.
› Er macht einen langen Hals nach vorn.
› Er lauert in geduckter Haltung oder hebt eine Pfote an.
› Er stellt die Ohren auf.
› Er bleibt stehen.
› Er wird steif.
› Er setzt sich hin.
› Er lässt sich nicht mehr wegbewegen.
› Er legt sich frontal zum Reiz auf den Boden.
› Er fixiert den näher kommenden Reiz mit hartem Blick.

All diese noch sehr ruhigen und recht harmlosen Warnsignale sollten für jede Hundehalterin/für jeden Hundehalter das Zeichen sein, spätestens jetzt dringend etwas zu tun, bevor das Verhalten des Hundes in ein unerwünschtes kippt. Hat der Hund sich erst einmal frontal hingelegt und sich festgestarrt, ist es eine Frage von Sekunden, bevor er hochspringt und nach vorn geht. Es wird bereits jetzt sehr schwierig werden, ihn freiwillig von dort wegzubekommen, ohne ihn mitzuzerren.

Die Praxis jedoch sieht meistens genau so aus: Der Mensch achtet nicht auf die Signale des Hundes und läuft schnurstracks frontal auf die potenzielle Konfrontation zu – den Hund an der Leine hinterherschleifend.

Wenn der Hund dann, als letzte Maßnahme, anfängt zu pöbeln, wenn er nach vorn prescht, losbellt, hysterisch tobt, in die Luft schnappt oder versucht zuzubeißen, wird der Mensch aktiv werden, weil die Situation unangenehm ist oder er Angst hat vor ernsten Auseinandersetzungen: Er zieht den Hund zur Seite. Er geht auf Distanz! Und was lernt der Hund? „Alles klar. Ich soll also kräftig pöbeln, und dann bekomme ich, was ich brauche." Mit der Zeit wird er immer schneller alle freundlichen Signale überspringen und sofort mit dem Pöbeln beginnen, denn auch er versteht eine Menge von Effizienz. Zwar stresst ihn seine Strategie jedes Mal massiv, Stresshormone schießen in die Höhe, aber wenigstens geht sie so am besten auf. Warum also sich noch mit überflüssigem Blabla aufhalten?

Um Leinenaggression erfolgreich anzugehen, solltet ihr ein paar hilfreiche Trainingswerkzeuge kennenlernen.

In Kürze zusammengefasst: Leinenaggression lässt sich am besten bearbeiten, indem ihr zwei Methoden miteinander kombiniert: Über klassische Gegenkonditionierung kippt ihr die negative Emotion (Angst/Frust) des Hundes angesichts auslösender Reize ins Positive (Freude/Entspanntheit). Das erreicht ihr mit hochwertigsten Belohnungen. Ihr füttert den auslösenden Reiz sozusagen „schön". Gleichzeitig nutzt ihr unbedingt die sogenannte „systematische Desensibilisierung", d. h., ihr achtet akribisch darauf, dass ihr immer genau in der Distanz arbeitet, in der sich euer Hund noch ruhig verhalten kann, aber auf jeden Fall den auslösenden Reiz zur Kenntnis nimmt. Wenn ihr in einem Meter Entfernung vor dem Auslöser mit einem Keks herumwedelt, wird euer Hund definitiv kein Interesse daran zeigen und weiterhin ausflippen. Ihr wisst: Ihr seid viel zu nah am Auslöser. Erst im Laufe eurer Trainingseinheiten reduziert ihr die Distanz immer weiter, bis euer Hund entspannt und positiv gestimmt im besten Fall in sehr kurzer Distanz an einem anderen Hund an der Leine vorbeilaufen kann.

Um euch ein Gefühl zu vermitteln, welches die richtige Startdistanz ist: Es gibt Hunde, die kommen mit 2 oder auch 5 Metern super klar, manchen reicht einfach ein kleiner Bogen. Andere Hunde lösen bereits in 50 Metern oder noch mehr Entfernung aus. Wohlfühldistanzen und die Intensität der Emotionen sind äußerst individuell.

Noch ein paar nützliche Tipps für die Praxis:

› Spätestens sofort (!), sobald euer Hund Signale des Unwohlseins, wie oben aufgezählt, zeigt – besser einen Tick eher –, sprecht ihr ihn freundlich an und geht mit ihm (ohne ihn mitzuzerren) zügig und entschlossen auf die Seite. Es spricht nichts dagegen, vom zu schmalen Weg hinunter ins Feld oder auf die Wiese zu stapfen oder den Weg so weit zurückzulaufen, bis ihr irgendwo ausweichen könnt. Ihr geht auf Biegen oder Brechen auf Distanz! Lobt ihn dabei kräftig und freut euch mit ihm, dass er toll mitläuft (s. a. FAQ 138 „Wie lobe ich richtig?", E-Book).

› Ihr entfernt euch genau so weit, dass ihr sicher sein könnt, dass euer Hund in dieser Entfernung aufmerksam ist, aber nicht auslöst. Im Laufe der Trainingseinheiten solltet ihr die Entfernungen dann immer weiter reduzieren – ohne dass euer Hund jemals auslösen muss.

› Wichtig zu wissen: In dem Moment, in dem der Hund die Gelegenheit bekommt, das alte Verhalten wieder zu zeigen, wird es erneut verstärkt werden. Das ist leider eine Gesetzmäßigkeit, die wir nicht ändern können. Das ist auch der Grund, warum unerwünschtes Verhalten nach Möglichkeit über Management oder Abbruchsignale (s. a. FAQ 25 „Was mache ich, wenn … mein Hund trotz „NEIN!“ nicht hört?“, S. 58) verhindert werden sollte. Mit jedem Auftreten des alten Verhaltens grätscht ihr in euer Training hinein, der Trainingserfolg wird sich langsamer einstellen.

› Der Hund muss unbedingt wissen, was er tun soll. „Nicht aggressiv sein“ ist kein Verhalten. Deshalb etabliert ihr ein oder mehrere echte, bombenfest sitzende Alternativverhalten, wie z. B.: zur Seite gehen, Abwenden vom anderen Reiz und immer wieder Blickkontakt mit euch suchen, Handtouch, Sitzen etc. Mit all diesen super erwünschten Verhaltensvarianten, die ihr vorher im Einzelnen üben und unter Signal stellen solltet, könnt ihr dem Hund sehr smart zeigen, was er tun kann, anstatt sich wie Godzilla zu benehmen. Alles, ohne grob zu werden!
› Alternativverhalten werden von euch natürlich bombig belohnt! Wie z. B. mit: Tortellini, halben Hamburgern, Frikadellen, dicken Käse- oder Wurststücken … Fette Brocken, angesichts derer eurem Hund so dermaßen die Augen aus dem Kopf fallen sollten, dass er von sich aus sagen wird: „Yeah, lass es Hunde oder Menschen regnen, damit ich genau das nochmal bekommen kann!“ Vergesst eure ollen trockenen Kekse, die der Hund sowieso schon den ganzen Tag bekommt!
› Wenn euer Hund nicht fressen möchte, könnt ihr daraus rückschließen, dass er seine Wohlfühldistanz immer noch nicht erreicht hat und ihr noch zu nah am Auslöser seid. (Wenn euch eine dicke Spinne über den Arm läuft, werden euch eure Pommes mit Mayo garantiert auch im Hals stecken bleiben!) Ihr solltet also zunächst auf noch mehr Abstand setzen.
› Sobald der auslösende Reiz die kürzeste Distanz überschritten hat (sprich, ab jetzt entfernt sich der andere Hund oder der Mensch wieder), hört ihr sofort mit dem Füttern auf und packt das Futter weg. Denn dass sich der Reiz entfernt, ist für den Hund die beste Belohnung von allen! Man nennt das den funktionalen Verstärker. Das ist sein eigentliches Bedürfnis, das, was er braucht, um sich besser zu fühlen. Er will nämlich in erster Linie nicht fressen, sondern keine Angst mehr haben und sich unwohl fühlen müssen: Er will mehr Distanz! Mit dem Futter füttert ihr, wie bereits ein-

gangs erwähnt, lediglich den näher kommenden Reiz „schön", ihr verändert seine negative Emotion über das Hinzufügen von etwas Schönem.

› Bei dieser Kombimethode wird nicht unterschieden zwischen den Emotionen Angst und Frust. In beiden Fällen wird als Lösung auf die Distanz gesetzt, auch wenn sich der Hund bei Frust ja eher eine Distanzverringerung erhofft. Es hat sich aber gezeigt, dass Frust über ausreichend große Entfernungen verhindert werden kann und über kleinschrittiges Training dann am Ende auch bei näheren Distanzen nicht mehr ausgelöst wird. Er kann lernen, dass es gut aushaltbar ist, nicht zu jedem und überall hinlaufen zu müssen.

Ich könnte allein über dieses Thema ein ganzes Buch schreiben. Deshalb rate ich euch dringend: Wendet euch an eure Trainerin/euren Trainer, die/der belohnungsbasiert arbeitet, und die/der euch im Detail hervorragende Techniken zeigen kann, wie ihr zum einen überhaupt verhindern könnt, dass euer Hund zum Leinenpöbler wird, und zum anderen, wie ihr das Kind wieder aus dem Brunnen holt. Meine Erläuterungen können hier nur die Oberfläche ankratzen. Es gibt noch viele kleinere und größere Schrauben, an denen ihr drehen könnt, um möglichst schnell zum Ziel zu kommen. Und es gibt Fallen, auf die ihr achten müsst, um nicht hineinzutappen. Denn tatsächlich ist es so: Wenn ihr diese Methode richtig anwendet, werdet ihr sehr schnell zum Erfolg kommen.

Außerdem empfehle ich auch allen, die kleine Hunde besitzen, die sich leinenaggressiv zeigen, ins Training zu gehen. Klar, kleine Hunde kann man sehr viel einfacher händeln (oder ignorieren), und deshalb wird ihre Leinenaggression oftmals auch nur belächelt.

Fakt aber ist: Egal ob der Hund klein oder groß ist – Pöbeln an der Leine bedeutet viele negative Emotionen und Stress für den Hund. Er fühlt sich regelmäßig, manchmal mehrmals am Tag, über Jahre (!) schlecht.

Natürlich ergeben sich noch viele Fragen zum Thema, wie z. B.:

› Was mache ich, wenn ich in der Stadt lebe und umzingelt bin von Auslösern und gar nicht auf genügend Distanz gehen kann?
› Wie soll ich vermeiden, dass mein Hund im Alltag das alte Verhalten nicht mehr zeigt?

- Woher soll ich wissen, ob ein Hund genau zum falschen Moment um die Ecke biegt?
- Was mache ich, wenn andere Hunde unangeleint sind und sich uns nähern?
- Was mache ich, wenn mein Hund eben doch mal auslöst?

Ich weiß, dass die Trainingsbedingungen immer einzuhalten, superschwer, manchmal unmöglich ist. Aber wenn ihr akzeptiert, dass es eigentlich gar keinen Alltag gibt und ihr euch faktisch immer im Training befindet, weil nämlich euer kluger Hund nie aufhört zu lernen, eröffnet euch diese Einsicht vielleicht auch neue Möglichkeiten und kreative Ideen:

- Konzentriert euch immer auf euren Hund und lasst euch nicht ablenken. Ihr seid im Training und parat, sobald ihr die Haustür oder die Autotür öffnet. Kein Gefummel mehr an Reißverschlüssen, Handys oder Schlüsseln, die erst verstaut werden müssen …
- Wählt eure Gassigänge so, dass ihr weit vorausschauen und rechtzeitig agieren könnt.
- Geht zunächst in Gegenden spazieren, in denen möglichst wenig los ist.
- Packt den Hund ins Auto und fahrt ins Grüne.
- Sucht euch immer Rückzugsmöglichkeiten, die dem Hund ermöglichen, erwünschtes Verhalten zu zeigen. Ihr dürft den Weg verlassen und in die Brennnesseln treten.
- Mutet eurem Hund nicht zu viel Training an Auslösern zu: Denkt an die Impulskontrolle (s. a. FAQ 136 „Was muss ich unbedingt über Impulskontrolle wissen?“, E-Book), die irgendwann erschöpft ist.
- Geht zu Uhrzeiten nach draußen, in denen weniger los ist.
- Sprecht andere Hundebesitzer an, dass sie auf Abstand bleiben mögen, weil ihr euch im Training befindet.
- Zieht aufs Land.
- Seid kreativ! Es gibt viele Möglichkeiten, die Trainingsbedingungen auf allen Ebenen zu verbessern.
- Holt eure Trainerin/euren Trainer, die/der belohnungsorientiert arbeitet, mit ins Boot.

Bevor ihr jetzt „Ja, aber …“ sagt, zitiere ich schnell Albert Einstein: „Die Definition von Wahnsinn ist es, immer wieder das Gleiche zu tun und ein anderes

Ergebnis zu erwarten.“ Also ändert die Voraussetzungen, so gut es geht. Nur so werdet ihr Erfolg haben!

Und wenn euer Hund doch nochmal ins alte Verhalten zurückfällt:

Ja, shit happens. Unterbrecht das Verhalten durch ein solide aufgebautes Abbruchsignal, wie z. B. den Geschirrgriff, und versucht aus dieser Erfahrung zu lernen und es beim nächsten Mal besser zu machen. In FAQ 25 „Was mache ich, wenn … mein Hund trotz ‚NEIN!‘ nicht hört?“, S. 58, erfahrt ihr mehr über positiv aufgebaute Abbruchsignale.

MERKE

Spritzpistolen und andere Schreckreize, Leinenruck, Leistentritte und andere ängstigende Maßnahmen und Gewalteinwirkungen sind vollkommen ungeeignete Methoden, um Leinenaggression zu verhindern. Im Gegenteil: Mit solchen Methoden bekämpft ihr lediglich die Symptome, nicht aber die Ursachen. Es kann durchaus sein, dass ihr so das Verhalten des Hundes hemmt. Doch sobald ihr einmal nicht aufpasst oder der Hund mit jemand anderen unterwegs ist, wird er seiner Emotion wieder freien Lauf lassen. Und meistens dann noch heftiger als zuvor. Zu den teils gefährlichen Nebenwirkungen von Strafen lest das FAQ 131 „Welche Nebenwirkungen haben Belohnungen und Strafen?“, E-Book.

81 BRAUCHT MEIN HUND FREILAUF?

Natürlich ist Freilauf für die meisten Hunde in der Regel viel schöner, als wenn sie ihr Leben an der Leine verbringen müssen und in ihrem Bewegungsdrang eingeschränkt werden. Im Alltag ist Freilauf aber nicht immer möglich. Die Leine sichert den Hund vor Gefahren und Unfällen, sie hindert ihn daran, wegzulaufen, und sie gibt anderen Menschen, die vielleicht Angst vor Hunden haben, ein Gefühl der Sicherheit. Eine Leine ist also in bestimmten Situationen unverzichtbar.

Im optimalen Fall ist ein Hund gut trainiert und kann sich ohne Leine so frei bewegen, dass er zum einen auf seine Kosten kommt, zum anderen aber auch jederzeit abrufbar ist, um in der Nähe seines Menschen zu bleiben, wenn nötig. Bei einem Welpen hat man das Problem des Weglaufens meistens nicht, da er seinem Menschen – vor lauter Angst, er könnte ihn verlassen – zunächst

Hunde genießen es, auch mal ohne Leine ihren „Geschäften“ nachgehen zu dürfen.

auf Schritt und Tritt folgt. In der Jugendentwicklung ändert sich das dann aber, sobald der Jungspunt unabhängiger und mutiger wird und anfängt, seine Umwelt mit all ihren spannenden Reizen zu erkunden.

Für jeden Hund, der nicht kontrollierbar und abrufbar ist, sollte gelten: Leinenpflicht! Vor allem Hunde aus dem Tierschutz, die gerade im neuen Heim ankommen und sich erst eingewöhnen müssen, sind besonders zu sichern, denn gerade die sind äußerst ausbüxgefährdet. Da sie weder rückruftrainiert sind noch gelernt haben, sich in Gefahrensituationen an ihrem Menschen zu orientieren und Schutz zu suchen (z. B. wenn ein Schuss knallt, der sie in Panik versetzt), kommt es häufig vor, dass sie entweder ihrem Jagdbedürfnis folgen und für Minuten, Stunden und manchmal Tage verschwinden oder vor Schreck weglaufen und sich und andere Gefahren aussetzen. Silvester ist ein typisches Beispiel hierfür. In dieser Zeit des Jahres steigt die Zahl der entlaufenen Hunde erschreckend an.

Dennoch brauchen auch die leinenpflichtigen Hunde zur körperlichen und geistigen Gesundheit das Gefühl, sich regelmäßig frei bewegen zu können. Gassigänge ausschließlich an kurzer Leine sind massive Stressoren und nicht artgerecht. Das gilt vor allem auch für Hunde mit großem Bewegungsdrang. Viele Hunde müssen rennen, um ihrer Lebensfreude Ausdruck zu verleihen, oder sie müssen rennen, um Stress abzubauen.

Ihr solltet also eine ausreichend lange Schleppleine im Einsatz haben, die eurem Hund zumindest ein gewisses Maß an Freiheitsgefühl vorgaukeln kann, bis er einen ordentlichen Rückruf gelernt hat. Oder ihr findet ein eingezäuntes Gelände, auf dem er sich bewegungstechnisch regelmäßig verausgaben kann.

82 BRAUCHT MEIN HUND SOZIALKONTAKTE?

Ui, ich weiß nicht, wie oft ich die folgende Situation schon erlebt habe: Es nähert sich uns ein Mensch-Hund-Gespann. Herrchen oder Frauchen rufen schon von Weitem: „Können die miteinander spielen?“ Und wenn ich dann antworte: „Nein, mein Hund spielt nicht“, ernte ich ein entrüstetes „Aber der braucht doch Sozialkontakte!“

Hunde sind in der Tat soziale Wesen. Hunde brauchen Sozialkontakte – keine Frage. Aber: Hunde brauchen nicht immer Hundekontakte. Viele Hunde haben überhaupt gar keinen Bock auf andere Hunde. Sie haben im Laufe ihres Lebens möglicherweise einige unerfreuliche oder stressende Erfahrungen gemacht – die sehr viele verschiedene Gründe haben können –, sodass ihnen die Lust auf andere Hunde vergangen ist. Oder ihre Interessen und Hobbys liegen auf anderen Gebieten. Diese Hunde sind einfach nur zufrieden, wenn sie in Ruhe gelassen werden. Wenn ihr einen solchen Hund habt, dann rate ich euch dringend: Akzeptiert sein Bedürfnis und verzichtet auf Zwangsvergesellschaftung.

Da sich Hunde in der Regel sehr eng an ihren Menschen binden, ist der Mensch der Sozialkontakt, der wirklich wichtig ist. Wenn ihr also einen Hund habt, der die Gegenwart anderer Hunde für überbewertet hält, dann seid ihr da, um seine Bedürfnisse nach Spiel, Körperkontakt und emotionaler Verbundenheit zu erfüllen. Und euer Hund wird glücklich und zufrieden sein.

Selbstverständlich gibt es auch die Hunde, die die Nähe anderer Hunde aus reiner Sympathie suchen. Es spricht nichts dagegen, ihnen diese Sozialkontakte zu ermöglichen (in gegenseitiger Absprache mit anderen Hundehaltern). Es gilt aber folgender Grundsatz: Qualität ist nicht gleich Quantität. Je mehr Hunde aufeinandertreffen, desto höher steigt der Stresspegel, desto schneller kippen Stimmungen, desto anstrengender wird es für die Hunde, miteinander gut auszukommen. Ich empfehle: Lieber wenige gute Kontakte als auch nur einen, der blöd läuft. Weniger ist mehr. Wie ihr erkennen könnt, ob ein Hundekontakt wirklich freundlich ist oder nicht, lest ihr in FAQ 84 „Wie erkenne ich echtes Spiel bzw. Mobbing unter Hunden?“, S. 195.

83 GRUPPENGASSI: IST QUANTITÄT GLEICH QUALITÄT?

Ähnlich wie in FAQ 82 „Braucht mein Hund Sozialkontakte?“, S. 194, gilt auch beim Gruppengassi unbedingt der Grundsatz: Weniger ist mehr! Je größer die (unmoderierte) Gruppe, desto höher die Erregung, desto mehr Konfliktpotential, desto mehr Mobbingsituationen und desto weniger gute Interaktionen finden statt.

Lernt euren Hund einzuschätzen, ob er wirklich Spaß in der Gruppe hat oder nicht. Ich kenne viele Hunde, die in die Gruppe gezwungen werden, weil ihre Menschen ihnen etwas Gutes tun möchten (aber auch um die eigenen sozialen Kontakte zu fördern), die sich dort aber höchst unwohl fühlen, ohne dass ihren Menschen das je auffallen würde. Meine Erfahrung ist, dass nicht viele Hunde tatsächlich Lust auf große oder überhaupt Gruppen haben. Wenn ihr zu dem Schluss kommen solltet, dass euer Hund kein Gruppengassikonformist ist, dann gibt es auch keinen Grund, warum ihr darauf bestehen solltet. Euer Hund ist vielleicht viel glücklicher, wenn er nur mit euch durch Wald und Wiese streifen darf. Wie ihr feststellen könnt, welcher Typ euer Hund ist, lest ihr in FAQ 84 „Wie erkenne ich echtes Spiel bzw. Mobbing unter Hunden?“, S. 195.

84 WIE ERKENNE ICH ECHTES SPIEL BZW. MOBBING UNTER HUNDEN?

Echtes Spiel erkennen zu können, ist sehr wichtig und nicht immer ganz einfach, da ein Schwanzwedeln, Bellen, Züngeln, Blinzeln, Hinlegen, die Vorderkörpertiefstellung und andere Körpersprachsignale ganz unterschiedliche Emotionen ausdrücken können. Es ist ein bisschen wie Chinesisch: Ein klitzekleines Schriftzeichen kann verwirrend viele Bedeutungen haben. Dennoch könnt ihr echtes Spiel gut erkennen, wenn ihr euch ein wenig mit

Wildes Spiel oder bereits Mobbing?

der Körpersprache der Hunde vertraut macht. Lest hierzu auch FAQ 126 „Was will mein Hund sagen?“, S. E-Book. Mobbing zu erkennen ist hingegen deutlich einfacher.

Zunächst einmal ist es wichtig zu wissen, dass zwar jeder Hund die Veranlagung zum Spielen hat, dass Spielverhalten selbst aber erst erlernt werden muss. Spiel unter Hunden entwickelt sich in der freundlichen Interaktion miteinander. Spiel ist freiwillig und kann nicht erzwungen werden. Der Sinn des Spielens ist die Vorbereitung aufs Leben, denn im Spiel wird die gesamte Palette hundlicher Verhaltensweisen (eben nur spielerisch) eingeübt, die ein Hund im „echten Leben“ später brauchen kann: mutige Annäherung und vorsichtige Distanz, Lautäußerungen wie Knurren und Bellen, Jagdverhalten bzw. Beutefangverhalten, Beschwichtigung und Drohung, Entspannung und Pause, Unterwerfung und Scheinkämpfe – da steckt alles drin.

Junge Hunde spielen mit anderen Hunden, um sich und die anderen zu testen, um sich zu messen und Grenzen kennenzulernen. Sie lernen im Spiel das Ausdrucksverhalten ihrer Artgenossen kennen und einzuschätzen. Sie lernen ihre Sprache zu beherrschen. So wissen sie später, wie sie sich verhalten müssen, um gut durchzukommen. Die meisten erwachsenen Hunde spielen seltener bis gar nicht mehr. Denen reichen meist kurze Interaktionen, ein kurzes Beschnüffeln und Umkreisen, das manchmal in einem Spiel münden kann.

Echtes Spiel:

- Dauert in der Regel nur kurz. Manchmal handelt es sich um Sekunden, manchmal geht es länger – ein paar Minuten. Aber sicher keine Stunde am Stück!
- Zeigt sich durch weiche, tiefe und runde Bewegungen. Die Rute schlägt lang und weit zur Seite aus und wird eher mittelhoch bis niedrig getragen. Die Hunde hüpfen oder stellen bei der Vorderkörpertiefstellung ihre Vorderpfoten weit auseinander. Sie bewegen sich im Kreis und nähern sich im Bogen oder seitlich an. Ihr Maul ist leicht geöffnet, die Zunge kann locker heraushängen, ihre Augen sind offen oder blinzeln, der Blick ist weich, die Nase ist glatt, ihr Gesicht zeigt keine Stressfalten – sie sehen aus, als würden sie lachen.
- Ist ausgeglichen: Mal jagt ein Hund den anderen Hund, dann umgekehrt. Wenn sie sich auf dem Boden wälzen, dann ist mal der eine oben, mal der andere. Wenn sie maulfechten und sich beknabbern, dann gegenseitig.
- Wird häufig unterbrochen. Die Hunde frieren ein, schütteln sich, schnüffeln abgewandt auf dem Boden, bevor sie sich wieder einander zuwenden und möglicherweise weiterspielen.
- Kann laut sein. Manche Hunde hören sich in den Ohren der Menschen sehr bedrohlich an.
- Kann körperbetont sein. Vor allem die bulligen, kräftigen Hunde wie Bulldoggen, Möpse, Boxer und Co. lieben Bodycheck-Spiele. Vielen anderen Hunden jedoch ist dieses Spiel viel zu grob, sie bevorzugen kontaktlose Rennspiele.

Echtes Spiel kann sehr schnell kippen. Z. B., wenn …

- die Erregung und das Tempo ansteigen. (Achtung: Bei nassen Hunden steigt ebenfalls die Erregung an!)
- die Körperhaltung steiler wird, wie z. B. beim frontalen Miteinander-Ringen auf den Hinterläufen.
- ein Hund sich wehtut, stolpert, erschrickt, zu sehr bedrängt wird, dem anderen versehentlich zu nah kommt oder Missverständnisse entstehen o. Ä. Er wird sofort das Spiel unterbrechen.
- ein Hund über dem anderen steht, ihn mit den Augen fixiert und ihn nicht mehr weglässt.

› sich die Hunde nicht mehr abwechselnd jagen, sondern nur noch der eine den anderen oder mehrere immer den gleichen.
› ein Hund, der gern körperbetont spielt und andere Hunde, die das nicht mögen, zu sehr anrempelt.

Was wir auf den Hundewiesen ganz häufig zu sehen bekommen, ist kein Spiel, sondern Beutefangverhalten oder Mobbing: Mehrere Hunde suchen sich einen schwächeren oder unsicheren Hund als Opfer, den sie körpersprachlich bedrängen, anrempeln, zwicken, sich über ihn stellen, anstubsen, fixieren usw. Der gemobbte Hund zeigt viele Stresssignale wie Züngeln, Gähnen, die Augen weit aufreißen, er klemmt die Rute zwischen die Beine, schaut sich gehetzt um beim Rennen, krümmt den Rücken während des Laufens, macht sich klein, dreht sich auf den Rücken, ohne dass sein deeskalierendes, ängstliches Verhalten positive Auswirkungen auf die mobbenden Hunde hätte.

Was wir häufig auch sehen, sind Hunde, die vollkommen überdreht sind und nicht wissen, wie sie aus der Situation herauskommen sollen. Die nicht gelernt haben, rechtzeitig aus dem Spiel herauszugehen oder gar Hilfe bei ihren Menschen zu bekommen. Die Chancen, dass Spiel in Aggression kippt, sind hier besonders groß.

Es gibt Hunde, die nehmen zu ihrem Menschen Kontakt auf in der Hoffnung, von ihm Unterstützung zu erhalten. Es gibt auch Hunde, die den Kontakt zu anderen Hundehaltern suchen, um den anderen Hund bei ihnen „abzugeben". Toll ist, wenn diese Hilferufe gewürdigt werden, denn das Verhalten des Hundes ist vorbildlich! Noch toller wäre es allerdings, wenn es gar nicht erst so weit kommen müsste.

Hunde, die spielerfahren und souverän sind, können durchaus eigenständig angespannte Situationen meistern. Sie entziehen sich dem „Spiel", das keines mehr ist, und regeln sich ohne fremde Hilfe herunter: Sie gehen schnüffeln, wenden sich ab, schauen weg, bedecken ihre Analregion mit der Rute, um zu signalisieren, dass sie keine Interaktion wünschen. Super!

In den Fällen, in denen das nicht klappt, solltet ihr aber eurem Hund unbedingt immer zu Hilfe eilen – eher früher als später, damit keiner der Hunde unter die Räder kommt oder sich aggressiv zur Wehr setzen muss. Das könnte nämlich zur Folge haben, dass Hundekontakte nicht mehr unbelastet und freudig stattfinden werden, sondern sich Angst und Unbehagen einschleichen, sodass euer Hund die Lust auf andere Hunde verliert. Spiel soll Spaß machen. Sobald ihr also mitbekommt (und das bedingt, dass ihr hinseht und nicht abgelenkt werdet), dass ein Spiel hektischer wird, die Erregung steigt, das Tempo anzieht oder ihr das Gefühlt habt, dass euer Hund eine Pause bräuchte oder von einem anderen Hund zu einseitig in die Mangel genommen wird bzw. er einen anderen Hund bedrängt, solltet ihr unbedingt die Interaktion unterbrechen.

Versucht ihn abzurufen, geht hin oder lockt mit Futter. Bleibt dabei ruhig und gelassen. Macht zusammen Pause, hockt euch auf den Boden, wendet Entspannungstechniken an und redet beruhigend auf den Hund ein. Achtet auf genügend Abstand zu den anderen, sprecht euch mit den anderen Hundebesitzern ab. Erst wenn die allgemeine Erregung wieder deutlich spürbar abgeebbt ist, könnt ihr den Hund erneut ins Spiel entlassen oder aber einfach etwas Nettes mit ihm machen – eine kleine Übung, schnüffeln lassen, Leckerlis suchen –, bevor ihr ihn anleint und ihr euren Gassigang ruhig und gutgelaunt fortsetzt.

Wichtig ist, dem Hund nicht beizubringen, dass Anleinen gleichbedeutend ist mit „Der Spaß ist vorbei“. Zum einen würdet ihr damit Frust fördern, und zum anderen würde sich der Rückruf aus dem Spiel schwieriger gestalten, da euer Hund gar keine Motivation hätte, zu euch zu kommen.

Je öfter ihr eurem Hund zeigt, dass ihr die Dinge für ihn und zu seiner Zufriedenheit regelt, desto häufiger wird er bei euch Unterstützung suchen, desto eher wird er lernen, dass er sich auf euch verlassen kann, desto positiver bleiben seine Erfahrungen mit Artgenossen und desto enger wird eure Bindung werden. Bingo!

85 WIE HALTE ICH UNS EINEN TUTNIX VOM HALS?

Tutnixe sind diejenigen Hunde, die uns und unseren Hunden unangeleint, oft über viele Meter von ihren Besitzern/Besitzerinnen entfernt, enthusiastisch entgegensprinten und die uns begrüßen wollen, meist begleitet mit den über die Wiese schallenden Worten: „Der tut nix!“ Und: „Der will nur spielen!“ Antwortet man dann: „Meiner aber nicht!“, erntet man durch die Bank verständnislose Blicke. Erblickt der andere aber dann den Maulkorb am

Hund, wird es ziemlich schnell ziemlich hektisch …

Tutnixe sind internationale Phänomene. Als ich in der Bretagne mit meinen Hunden am Strand spazierte, hieß es dort halt einfach nur: „Il ne fait rien!"

Tutnixe sind Ärgernisse. Denn sie sind in der Regel nicht abrufbar, und auch, wenn sie selbst äußerst freundlich und uns wohlgesinnt sein mögen, muss das ja nicht gleich auch bedeuten, dass alle Menschen oder Hunde ebenso begeistert sein werden und den aufdringlichen Kontakt wünschen.

Es gibt viele Gründe, warum Hundebesitzer oder auch hundelose Menschen keine Lust auf Tutnixe haben: Sie könnten Angst vor Hunden haben oder mögen nicht angesprungen, schmutzig gemacht oder beschnüffelt werden. Oder euer Hund mag keinen Kontakt mit fremden Hunden haben, möchte nicht, dass der andere aufreitet oder ihm am Popo schnüffelt, er ist ängstlich, krank, läufig, frisch operiert, er ist ein Leinenpöbler im Training oder, oder, oder.

So mancher Tutnix hat mir bereits den Stressschweiß auf die Stirn getrieben, da mein Hund Willi keiner war, der lange fackelte, wenn ihm ein anderer Hund zu nah kam. Viele meiner Kunden, die mit ihren Hunden in der Ver-

Nicht immer sind Tutnixe Tutnixe.

haltensberatung sind, gehen nicht einmal mehr gern spazieren, vor lauter Angst, es könnte ein Tutnix um die Ecke kommen. Das zusätzlich völlig Unverständliche an der Sache ist der völlige Gleichmut der dazugehörigen Menschen: Ich habe noch nie Tutnix-Besitzer getroffen, die vermutlich je länger darüber nachgedacht hätten, dass zwar ihr Hund nix tut, der andere vielleicht aber ein Tutwas sein könnte. Ich hatte schon die tollsten Dialoge, die nicht selten mit einem gut gemeinten Rat, an mich adressiert, endeten: „Sie müssen mal eine Hundeschule besuchen."

Wenn ihr auf einen Tutnix trefft (und das lässt sich nicht vermeiden) und ihr möchtet – aus welchen Gründen auch immer – keinen Kontakt mit ihm, gibt es ein paar Möglichkeiten, die ihr ausprobieren könnt, um der Begegnung zu entgehen oder sie so freundlich wie möglich zu gestalten:

› Bleibt auf jeden Fall ruhig und gelassen. Euer Hund soll lernen: Alles easy!
› Konzentriert euch auf euren Hund, nicht auf den anderen. Beachtet den anderen Hund nicht, schenkt ihm keine Aufmerksamkeit, sprecht ihn nicht an, schaut ihm nicht in die Augen.
› Beruhigt euren Hund, redet ihm gut zu.
› Dreht um und geht mit eurem Hund langsam, aber stetig den Weg zurück und außer Sichtweite. Nutzt Seitenwege oder geht vom Weg herunter, um schnell mehr Abstand zu bekommen.
› Bittet die anderen Hundebesitzer, ihren Hund zurückzurufen. Die Chancen, dass sie das tun und es auch noch klappt, sind allerdings nicht sehr hoch.
› Bringt eurem Hund bei (in separaten Trainingsübungen), hinter euch zu bleiben. Ihr regelt das! Ihr bleibt zwischen den Hunden, bis der fremde Hund eingesammelt wird.
› Bewerft den herannahenden Tutnix mit einer Handvoll Leckerlis, in der Hoffnung, dass ihn das ablenken könnte. Falls das funktioniert, wendet euch zügig ab und geht auf Abstand. Viele Hundebesitzer werden alsdann hektisch werden, da sie gar nicht mögen, wenn ihre Hunde von Fremden gefüttert werden. Aber ich sag es mal so: Vielleicht lernen sie es ja dann so …

Falls euer Hund angeleint ist, leint ihn ab, damit er mehr Bewegungs- und Entscheidungsfreiheit bekommt. Das kann durchaus Stress aus der Situation nehmen. Natürlich habt ihr Gründe, warum euer Hund angeleint ist. Es macht

also nur Sinn, ihn abzuleinen, wenn damit keine Gefahr entsteht oder die Situation völlig außer Kontrolle gerät.
Damit ihr selbst keinen Tutnix heranzieht, gibt es natürlich ebenfalls einiges, was ihr tun könnt:

- Baut einen super sitzenden Rückruf auf. Euer Hund sollte in jeder Situation abrufbar sein, wenn er ohne Leine läuft.
- Wenn er nicht gut abrufbar ist, leint ihn früh genug an, wenn ihr ein anderes Mensch-Hund-Gespann seht.
- Sprecht euch mit den anderen Hundebesitzern ab. Fragt sie, ob euer Hund Kontakt aufnehmen darf.
- Nehmt Rücksicht. Ist der andere Hund an der Leine, hat das Gründe, die auch gar nicht diskutiert werden müssen. Es ist nur fair, wenn ihr dann euren Hund einfach anleint.

86 WAS MACHE ICH, WENN MEIN HUND ANGEGRIFFEN WIRD?

Nicht jeder Tutnix (s. a. FAQ 85 „Wie halte ich uns einen Tutnix vom Hals?“, S. 199) ist auch tatsächlich ein Tutnix. Ein Hund, der auf euch zustürmt, ist nicht immer gut drauf und sucht nicht immer das Spiel mit eurem Hund. Je frontaler und schneller sich ein Hund nähert, wenn sein Maul geschlossen und die Maulspalte kurz ist oder er die Lefzen hochzieht und Zähne zeigt, wenn die Stirn gekräuselt ist, die Augen schmal sind, der Blick hart und fixierend, seine Bewegungen steif und höchst angespannt wirken, die Rute steil hochsteht und extrem schnell und kurz oder gar nicht mehr ausschlägt und die Ohren nach vorn gerichtet sind, desto eher ist Vorsicht geboten. Dieser Hund nähert sich offensiv, seine Erregung ist sehr hoch, und ein Angriff möglich. Es gibt auch Annäherungen, die zunächst freundlicher und neugieriger Gesinnung sind, die dann aber aus irgendeinem Grund in Aggressionsverhalten kippen und in einer Keilerei enden können.

Wenn ihr noch die Zeit habt, versucht das Gleiche zu tun, wie ich bereits im Tutnix-FAQ vorgeschlagen habe. Sollte die Keilerei aber schon in vollem Gang sein, gibt es leider nicht so wahnsinnig viel, was ihr tun könnt; es hängt natürlich auch von der Größe, dem Gewicht und der Entschlossenheit der

Nicht jeder Hund möchte Kontakt zu einem anderen Hund aufnehmen.

involvierten Hunde ab, wie stark ihr eingreifen könnt, ohne euch selbst in Gefahr zu bringen.

Wägt ab, ob ihr eingreifen könnt, ohne verletzt zu werden, oder ob ihr es besser lasst. Schreit laut und macht Ausfallschritte in Richtung des Angreifers. Vielleicht hält euer Hund kurz inne, was euch Zeit verschafft.

Wenn ihr euch zum handgreiflichen Einschreiten entscheidet, dann müsst ihr wirklich entschlossen sein und dies körpersprachlich ausdrücken: Macht euch groß, werdet laut und bedrohlich, seid zielstrebig und schnell, macht Ausfallschritte auf den Hund zu, stampft auf dem Boden auf, starrt ihm in die Augen, breitet die Arme aus, beugt euch vor. Möglicherweise könnt ihr ihn einschüchtern, sodass er es sich anders überlegt und ablässt.

Wenn er dennoch angreift, werft eure Jacke über den Hund, falls vorhanden und falls ihr so geistesgewärtig reagieren könnt. Das kann Verwirrung stiften, sodass der Hund kurz ablässt. Ihr gewinnt kostbare Zeit für weitere Maßnahmen. Versucht eure Hände mit einer Jacke oder einem Schal zu schützen, wenn ihr dem anderen Hund ins Halsband oder ins Geschirr greifen wollt. Packt ihn nicht am Fell! Er könnte sich im Affekt und aus Schmerz zu euch umdrehen und zupacken. Auch ins Halsband greifen kann in rückgerichteter Aggression enden.

Sobald der andere Hund von euch oder seiner Besitzerin/seinem Besitzer gesichert ist, bittet diese/diesen um Namen, Adresse und Telefonnummer. Macht Fotos. Untersucht euren Hund auf Verletzungen. Das Adrenalin in eurem Blut wird es schwierig machen, aber trotzdem: Im Sinne eures Hundes, bleibt ruhig und sprecht beruhigend auf ihn ein. Sollte euer Hund verletzt sein, sucht eure Tierärztin/euren Tierarzt auf. Die Tierarztkosten sollte die Halterin/der Halter des Angreifers tragen. Allerdings braucht ihr Zeugen, solltet ihr auf Zahlungsunwilligkeit der Gegenseite stoßen – was leider häufig vorkommt.

Ein Hund, der andere auf diese Art angreift und verletzend zubeißt, sollte dem Ordnungsamt gemeldet werden. Er ist eine Gefahr für andere!

Solltet ihr verletzt sein, geht zu eurer Hausärztin/zu eurem Hausarzt und lasst euch gründlich untersuchen, die Wunden professionell versorgen und eure Tetanusimpfung auffrischen, falls nötig. Bissverletzungen sollten nicht unterschätzt werden: Eine Entzündung oder sogar Blutvergiftung entsteht schnell, und die Wunden heilen oft nur langsam.

Haltet in der nächsten Zeit Abstand zu anderen Hunden und beobachtet, wie euer Hund auf andere Hunde reagiert. Sollte er Angst haben und lieber auf Abstand bleiben, dann gewährt ihm Abstand. Ihr könnt andere Hunde über ausreichende Distanz und tolle Futterbelohnungen mit der Zeit wieder „schönfärben". Hundekontakte zu befreundeten Hunden, die stets freundlich verlaufen sind, können das Trauma mindern. Allerdings: Erzwingt nichts und gebt eurem Hund die Zeit, die er braucht, sowohl körperlich als auch seelisch zu heilen. Je nachdem, wie tief der Schock sitzt, braucht das eine Weile.

87 SOLL ICH MEINEN HUND VOR DEM SUPERMARKT WARTEN LASSEN?

Ganz ehrlich? Wenn ihr es vermeiden könnt, vermeidet es. Es gibt eine ganze Reihe von guten Gründen, die dagegensprechen. **Euer Hund könnte …**

› unter Trennungsstress leiden (s. a. FAQ 6 „Was mache ich, wenn … mein Hund nicht allein bleiben kann?", S. 31). Man sieht vielen wartenden Hunden an, dass sie leiden und gestresst sind, weil sie nie gelernt haben, damit gut umzugehen. Sie fühlen sich unwohl und haben Angst. „Der muss da durch" ist keine faire Haltung. Muss er nämlich nicht.

- von anderen Menschen bedrängt, getreten, mit (falschem oder giftigem) Essen gefüttert oder geärgert werden.
- distanzlose Kinder oder Erwachsene beißen oder nach ihnen schnappen, denn er kann sich nicht durch Weglaufen schützen.
- unter der starken Wärmeeinwirkung leiden, sollte sich die Befestigungsstelle in der prallen Sonne befinden.
- gestohlen werden. Es gibt Banden, die sich auf Rassehunde spezialisiert haben, die sie dann übers Internet oder die Zeitung verkaufen.
- von anderen Hunden bedrängt und angegriffen werden.

Ich weiß, es gibt auch Gründe, warum ein Hund zum Einkaufen mitgenommen werden muss. Und in diesen Fällen ist es dann eben so. Allerdings solltet ihr ihm das ruhige Warten kleinschrittig beibringen und darauf achten, dass er keiner Gefahr ausgesetzt wird. Und natürlich gibt es auch schnelle Einkäufe und kleine Geschäfte, in denen ihr sogar Blickkontakt mit dem Hund haben und sicher sein könnt, dass alles im grünen Bereich ist.

Mein Tipp: Wenn es irgend möglich ist, lasst euren Hund zu Hause oder im Auto warten, wo er sich entspannen kann und keine Angst haben muss.

88 KANN ICH MEINEN HUND IM AUTO WARTEN LASSEN?

Das Auto ist für viele Hunde ein Rückzugsort, den sie gut kennen, an dem sie sich wohl und sicher fühlen und hervorragend entspannen können. Wenn das so ist, spricht nichts dagegen, den Hund im Auto warten zu lassen, wenn ihr einkaufen geht oder irgendwohin müsst, wohin ihr den Hund nicht mitnehmen könnt. Ob er nun zu Hause schläft oder im Auto, spielt dabei keine Rolle.

Es gibt allerdings ein paar wenige Dinge, die ihr unbedingt beachtet müsst.

Das Wichtigste ist die Wärmeentwicklung im Auto, wenn die Sonne scheint bzw. es wärmer wird. Regelmäßig jedes Jahr, wenn die Temperaturen steigen, sterben Hunde langsam und qualvoll im Auto, während ihre Menschen nichtsahnend shoppen gehen. Sie unterschätzen, wie schnell es extrem heiß im Auto werden kann, wenn die Fenster geschlossen sind und die Sonne aufs Auto prallt. Nur als Beispiel: Bei einer moderaten Außentemperatur von 20 Grad

Ist das Auto ein akzeptierter Ruheort und stimmen die Temperaturen, kann man den Hund dort warten lassen.

steigt die Innentemperatur nach einer Stunde auf über 40 Grad an, wenn das Auto in der Sonne geparkt wurde. Auch „nur mal schnell“ für fünf oder zehn Minuten im Supermarkt zu verschwinden, kann sich bei einer Außentemperatur von 28 oder 30 Grad nach wenigen Minuten dramatisch entwickeln. Die Seitenfenster einen Schlitz weit aufzulassen, ist nicht ausreichend! Wenn der Hund also unbedingt im Auto warten soll, achtet darauf, im tiefen Schatten zu parken, berechnet die wandernde Sonne und sorgt dafür, dass die Belüftung ausreichend ist, dass euer Hund mit Wasser versorgt wird und z. B. auf einer Kühldecke liegen kann.

Achtet darauf, eure Alarmanlage auszuschalten, damit der Hund nicht durch seine Bewegungen versehentlich den Alarm auslöst.

Tiefgaragen oder Parkhäuser sind ungeeignet durch die stickige und abgasgeschwängerte Luft.

Solltet ihr länger wegbleiben, schaut ab und zu nach, ob noch alles in Ordnung ist und es eurem Hund gut geht!

89 GIBT ES EINEN HUNDEKNIGGE?

Zwar obliegt es jeder Hundebesitzerin/jedem Hundebesitzer, selbst zu entscheiden, was ihr/sein Hund darf oder nicht und welche Regeln für Hund und Mensch im Zusammenleben gelten sollen. Allerdings gibt es durchaus einen gewissen Verhaltenskodex, höfliche Gepflogenheiten, die sich von selbst verstehen sollten und die viel Ärger und Zwischenfälle vermeiden könnten, würden sie von allen berücksichtigt werden. Die Wut vieler Menschen auf „uns Hundemenschen" ist angesichts der zahlreichen Rücksichtslosigkeiten, auf die wir jeden Tag treffen, durchaus nachvollziehbar. Und auch, wenn nichts auf der Welt das Verteilen von Giftködern rechtfertigt: Aber ich persönlich bin fest überzeugt, dass der Hass mancher kranker Geister auf Hunde, ihre Ursache im nachlässigen Verhalten einiger Hundebesitzer und Hundebesitzerinnen zu suchen ist.

Natürlich macht es einen Unterschied, ob wir irgendwo in der Pampa leben und machen können, was wir wollen, ohne dass die Nachbarn skeptisch die Augenbraue heben, oder ob wir in einem dicht besiedelten Stadtviertel leben, in dem sich Menschen und Hunde gegenseitig auf die Füße treten. Je enger das Zusammenleben, desto höher der Dichtestress und desto mehr Rücksicht wäre geboten, damit sich alle weiterhin wohlfühlen können. Da sich aber einige Menschen mit Hunden nicht an schlichte Höflichkeitsregeln halten können oder wollen, sorgt das zum einen auf Dauer für tiefer werdende Gräben zwischen Hundehaltern und Menschen ohne Hund, zum anderen aber auch für mehr Zoff unter den „Hündelern" selbst.

Dabei wären schon die meisten Probleme erledigt, wenn sich einfach alle an die folgenden **Verhaltensregeln** des ungeschriebenen Hundeknigges halten würden:

› Leint euren Hund an, sobald ihr auf angeleinte Hunde trefft.
› Leint euren Hund im Straßenverkehr und in der Stadt immer an auch wenn er ohne Leine bei euch bleibt. Das können andere Menschen nicht wissen.
› Haltet genügend Abstand zu anderen Mensch-Hund-Gespannen und sprecht Hundekontakte vorher ab.
› Ruft euren Hund zu euch, wenn ihr andere Menschen, Kinder, Fahrradfahrer, Reiter o. Ä. kreuzt – um ihnen ein gutes Gefühl zu geben.
› Lasst euren Hund niemals seine Geschäfte im Vorgarten oder auf Privatgrundstücken erledigen.
› Sammelt die Hinterlassenschaften eures Hundes auf und entsorgt sie ordnungsgemäß. Und ja, dazu gehört auch, in die hohe Wiese zu stapfen und dort suchen zu gehen.

KAPITEL 7

DER WELPE – BABY AN BORD!

90 WIE VIEL SCHLAF BRAUCHT MEIN WELPE?

Sehr viel! Dieses Thema ist leider immer noch ein Dauerbrenner potenzieller Fußfallen unter Welpen- und Hundebesitzern. Wenn ich meine Kunden standardmäßig frage, wie viel ihr Welpe in der Regel schläft, bekomme ich fast immer die gleiche Antwort: „Viel! Mindestens 12 Stunden."

Doch leider sind 12 Stunden viel zu wenig. Menschen haben ein anderes Schlafbedürfnis als Hunde (wobei Menschenbabys ja nun auch die meiste Zeit des Tages verschlafen); wir dürfen in diesem Fall nicht von uns auf Hunde schließen.

Welpen sollten 20 bis 22 Stunden schlafen, ruhen, lümmeln. Erwachsene Hunde brauchen immer noch 16 bis 18 Stunden Ruhe und Schlaf am Tag. Tiefschlafphasen sind hierbei besonders wichtig. In den sogenannten „REM-Phasen" werden die Eindrücke des Tages verarbeitet. REM-Phasen erkennt ihr z. B. daran, dass der Hund zuckt und fiept und die seltsamsten Geräusche macht. Weckt ihn nicht auf! Sein Schlafverhalten ist gesund: Eine Unterbrechung wäre eher kontraproduktiv. Es kommt also nicht nur auf die Schlafdauer an, sondern definitiv auch auf die Schlafqualität.

Wenn ich meinen Kunden vom Schlafbedürfnis eines Welpen erzähle, dann fällt den meisten erst einmal die Kinnlade nach unten. Sie sagen: „Ja, aber wie soll das gehen? Der rennt die meiste Zeit hinter mir her.“ Ganz genau. Diese Problematik und wie ihr sie angehen könnt, habe ich bereits in FAQ 60 „Was ist eine Ruhezone und wie baue ich sie auf?“, S. 138, beschrieben.

Es ist wichtig zu wissen, wie essenziell genügend Schlaf ist. Ein Hund, der dauerhaft zu wenig schläft, wird krank. Er neigt zu gesteigerter Unruhe und Hibbeligkeit, er kommt selbst im Schlaf nicht mehr richtig zur Ruhe, sein Cortisolspiegel (der Stresshormonpegel) bleibt dauerhaft erhöht, er wird dünnhäutig, bellt schneller, kann sich nicht mehr konzentrieren, er regt sich über jede Kleinigkeit auf, wird schneller aggressiv und kann chronische Erkrankungen, Depressionen, Ängste, Allergien usw. entwickeln.

MERKE

Ein ausgeschlafener Hund ist die halbe Miete zum gechillten Hund. Er ist bestens mental gewappnet für die vielen Aufgaben, die er jeden Tag gestellt bekommt, und bereit für die Abenteuer, die ihr mit ihm bestehen möchtet.

Im Welpenalter brauchen Hunde noch viel mehr Schlaf als im Erwachsenenalter.

91 WIESO HAT MEIN WELPE PLÖTZLICH ANGST?

Da lauft ihr jeden Tag problemlos an einem Wasserhydranten vorbei, der da so mitten auf der Wiese steht und den euer Hund schon hundert Mal gesehen hat. Und dann kommt der Tag, da fängt er angesichts genau desselben Wasserhydranten plötzlich wie verrückt zu bellen an. Er möchte partout nicht weitergehen, er hat ganz offensichtlich Angst. „Was ist jetzt los?", denkt ihr. Ich kann euch beruhigen, das ist normal. Angstphasen finden in dieser Entwicklungsstufe immer wieder mal statt, in der Regel zwischen der 8. und 12. Woche. In dieser Zeit kann der Welpe Angst und Unbehagen vor Reizen entwickeln, an die er vorher sogar schon gewöhnt war.

Ihr könnt hier nicht viel tun, außer die Angstphase gemeinsam durchzustehen. Natürlich zwingt ihr in dieser Zeit euren Hund nicht, zum angstauslösenden Reiz hinzugehen, ihr bleibt geduldig und gut gelaunt, ihr versucht, ihm die Angst zu nehmen, indem ihr diese Reize mit hochwertigem Futter in ausreichendem Abstand „schönfüttert" (also gegenkonditioniert) oder ihr euch mit viel Lob und Motivation in der Stimme so weit annähert, wie der Hund freiwillig dazu imstande ist. Ihr versucht es immer mal wieder erneut. Und siehe da, eines Tages arbeitet das Gehirn wieder rund und der Spuk ist vorbei. Wenn ihr eurem Hund dabei helft, Ängste mutig durchzustehen, fördert ihr gleichzeitig seine Fähigkeit, in Zukunft ängstigende Situationen leichter zu händeln.

92 WIE SOZIALISIERE ICH MEINEN WELPEN?

Sozialisierung ist wichtig. Der Hund muss, vor allem in der frühen Entwicklung, angemessen mit bestimmten Alltagsreizen konfrontiert werden, damit sich das Nervensystem entsprechend entwickeln kann und potenzielle Verhaltensproblematiken verhindert werden. Hunde, die in reizarmen Umgebungen heranwachsen, sind als erwachsene Hunde nicht oder nur schwer in der Lage, neuen Reizen emotional ausgewogen zu begegnen.

Und weil viele Welpenbesitzer gelesen haben, dass sie sich furchtbar mit der Sozialisierung ihres Hundes beeilen müssen, weil sich das Zeitfenster irgendwann schließt, überschütten sie ihn ab Tag 1 mit so vielen neuen Reizen,

Schrittweise wird der junge Hund an unterschiedliche Situationen herangeführt.

dass der junge Hund schnell überfordert wird. Das ist natürlich ebenfalls kontraproduktiv. Der Fokus liegt unbedingt auf „angemessen“!

Mein Tipp: Es macht keinen Sinn, den Hund in einem Maße zu „sozialisieren“, dass ihn die Flut an neuen Erfahrungen erdrückt. Mutet ihm nur so viel zu, wie er auch gut verkraften kann, und lasst ihm die Zeit, die er braucht, diese Reize gut zu verarbeiten. Er soll schließlich zu einem souveränen, mutigen Hund heranwachsen. Das bedeutet: Legt kleine, kurze Einheiten ein, egal was ihr tut. Wenige Minuten reichen meist aus. Wiederholt diese dann lieber ein- bis zweimal am Tag. Zwingt ihn niemals in eine Situation hinein. Erkundet mit ihm gemeinsam die Welt. Bleibt im Tonfall dabei immer freundlich und motivierend.

Ihr müsst nicht mit ihm an einem Tag Bus fahren, in die volle Stadt laufen und ihn auf den Untersuchungstisch bei der Tierärztin/beim Tierarzt setzen. Lieber alles Schrittchen für Schrittchen, weniger ist mehr! Der Hund hat viel Zeit zu lernen und ist in den ersten Monaten – neben Wachsen, Fressen und Schlafen – sowieso mit nichts anderem beschäftigt. Das ist sehr anstrengend!

Beispiele:

› Manchmal sind 50 Meter die Welt. Wenn der Welpe dann bereits genug hat vom Erkunden und sich hinsetzt oder zurückzieht, geht wieder nach Hause.
› Wenn ihr Hundeschultag habt, sorgt vorher und danach für ausreichende Ruhe. Es reicht völlig, den Hund an diesem Tag nur zum Verrichten nach

draußen zu lassen, verzichtet auf aufregendes, kräftezehrendes Spielen und vermeidet andere Hundekontakte. Die Hundeschule ist in der Regel anstrengend genug. Je ausgeruhter der Hund vorher ist, desto besser wird er sich konzentrieren und mitmachen können. Und danach ist er auch schon wieder platt und für den Tag bedient.

› Wenn ihr in den Urlaub fahrt, startet ihr erst einmal mit sehr kurzen Gassigängen in der Nähe eures Feriendomizils und lasst den Hund in Ruhe schnüffeln und „ankommen“.
› Wenn ihr wieder nach Hause kommt, macht ihr am nächsten Tag Urlaub vom Urlaub.
› Wenn ihr Busfahren üben möchtet, reicht es vollkommen aus, erst einmal nur kurz in den spärlich besetzten Bus zu steigen und den Hund ein wenig schnüffeln zu lassen. Fragt die Busfahrerin/den Busfahrer, ob sie/er kurz warten würde. Manche zeigen sich da sehr kooperativ.
› Wenn ihr eurem Hund die Stadt zeigen möchtet, beginnt ihr am besten frisch und fröhlich frühmorgens, wenn die Geschäfte noch geschlossen, nur wenige Menschen unterwegs sind und die Impulskontrolle (s. a. FAQ 136 „Was muss ich unbedingt über Impulskontrolle wissen?“, E-Book) noch ausreichend vorhanden ist. Setzt euch hin und wieder auf eine Bank oder geht in eine ruhige Seitenstraße und entspannt euch. Sollte der Hund hochdrehen, brecht rechtzeitig ab und geht nach Hause.
› Vergesst nicht, dass vor allem Städte brutal anstrengend sind: Tausende Reize und Gerüche, Straßenlärm, rumpelnde LKWs, Straßenbahnen, Busse, Menschenlärm, Tauben, Enten, Kinder, Kinderwägen, andere Hunde, Hektik etc. Wenn euer Hund lernen soll, das alles souverän zu verkraften, gebt ihm die Zeit, die er braucht.
› Wenn ihr Geschäfte besucht, denkt daran, dass z. B. automatische Schiebetüren gruselig sein können. Rolltreppen können für die Pfoten und Krallen gefährlich werden, nehmt euren Hund hoch oder übt Aufzugfahren. Wenn ihr im Auftrag der Sozialisierung unterwegs seid, schließt das echte Shopping aus. Ihr seid nur dort, um euch auf euren Hund zu konzentrieren.
› Kleine und/oder ängstliche Welpen können zwischendurch auch in einer bequemen Tasche oder auf dem Arm getragen werden, damit sie sich ausruhen können. Das Beobachten aus sicherer Entfernung kann allerdings

auch schon ziemlich anstrengend sein.

- Wenn ihr einen Wildpark o. Ä. besucht, dosiert auch dort das Pensum und legt viele Pausen ein. Mit artfremden Tieren konfrontiert zu werden, ist ganz schön aufregend.
- Zur Tierärztin/zum Tierarzt geht ihr am besten ein paarmal nur, um den Hund an die Gerüche und das Untersuchungszimmer zu gewöhnen. Stellt ihn auf den Untersuchungstisch, füttert ihn dort mit Leckerlis, lasst die Ärztin bzw. den Arzt den Hund sanft anfassen und simuliert ein paar harmlose Untersuchungen, die mit viel Futter und guter Stimmung positiv belegt werden.
- Und immer so weiter …

Die Pausen zwischen diesen Unternehmungen sind das absolute A und O: Das Gehirn verarbeitet neue Erfahrungen und Reize, wenn es ruht. Deshalb: Nach einer Aufregung, nach Erkundungen und dem Kennenlernen neuer Reize legt ihr am besten immer ein paar Stunden bzw. ein und sogar mehrere Tage Pause ohne weitere Sozialisierungsmaßnahmen ein.

Hieran erkennt ihr, dass die „Sozialisierung" eures Hundes rundläuft: Je ausgeglichener, souveräner und neugieriger er mit neuen Erfahrungen und Reizen umgeht, je gechillter er seinen Alltag meistert und je schneller er in den Pausen zur Ruhe kommen kann, desto mehr seid ihr auf dem richtigen Weg. Wenn er aber regelmäßig ausrastet, seine dollen 5 Minuten bekommt, nicht zur Ruhe kommt, sich ängstlich zeigt, zwickt, beißt, bellt und/oder daueraufgeregt ist, dann wisst ihr: Ihr solltet euer Programm überdenken und unbedingt nochmals anpassen. Da sich euer Hund im Laufe seines Lebens verändern wird, werdet ihr immer wieder neu justieren müssen.

93 WAS MUSS MEIN WELPE ALLES KÖNNEN?

Ein häufig fehlinterpretiertes Thema, denn leider vergessen viele Welpenbesitzer, dass ein Baby bei ihnen eingezogen ist, das auch wie ein Baby behandelt werden sollte. Ich höre nicht selten den Satz: „Also ‚Sitz' kann er schon. Aber Bei-Fuß-gehen noch nicht." Das ist in etwa so, als würde ich über mein zweijähriges Kind sagen, dass es schon das Alphabet aufsagen, aber leider noch nicht rechnen könne, ich dies aber für selbstverständlich hielte und daher unbedingt auch erwartete.

Und so kommt es ziemlich schnell dazu, dass Welpen hoffnungslos überfordert werden mit all den vielen Ansprüchen und Anforderungen, die wir an sie stellen. Sie sollen alles können, und zwar einfach so, ohne dass wir viel dazu beitragen müssten. Sie sollen unsere Sprache verstehen, sie sollen unsere „Befehle" ausführen, und das sofort und immer. Dass ein Hund ebenso wie ein Mensch einen Lernprozess durchlebt, dass er nur in kleinen Schritten lernen kann, viele Wiederholungen braucht, sein Gehirn sich erst entwickeln muss und er viel Zeit braucht, für all das „Ausländisch", das wir ihm an den Kopf knallen – dafür fehlt vielen Menschen das Bewusstsein und das Fingerspitzengefühl.

Eine Alltagsbeobachtung: Ich habe immer noch das Bild von dem Mann im Kopf, der seinem kleinen Welpen unbedingt Sitz, in diesem Fall, auf Kommando beibringen wollte. Der Welpe stand vor ihm und schaute ihn vertrauensvoll an. Der Mann sagte „Sitz", starrte seinem Hund in die Augen und beugte sich mit erhobenem Zeigefinger über ihn, dieser aber blieb stehen und schaute zu seinem Herrchen hoch. Herrchen sagte erneut „Sitz", schon etwas lauter und ungeduldiger als vorher, und als der Welpe weiterhin stehen blieb, wiederholte er das Wort immer lauter, bis er das Hündchen anschrie. Die Erwartung des Mannes war offensichtlich, dass der Hund ihn doch verstehen müsste, da er es doch laut und deutlich gesagt hatte. Sein Hund allerdings hatte offensichtlich keinen Plan von dem, was sein Mensch wollte, und war am Ende so eingeschüchtert, dass er seine Rute einklemmte und ängstlich zurückwich. Der Mann dachte möglicherweise, dass sein Hund „stur" wäre und „Chef" spielen wollte. Und schon gestaltet sich die Beziehung zu diesem frühen Zeitpunkt schwierig.

Dies ist nur ein Beispiel von unzähligen, das zeigt, wie wenig wir eigentlich über unsere Hunde, insbesondere Welpen und ihr Lernverhalten, wissen. Auf das Thema Lernverhalten gehe ich in FAQ 125 „Wie lernt mein Hund?", E-Book, genauer ein.

Wichtig zu erkennen ist, dass euer Welpe, der gerade bei euch eingezogen ist, so brutal viel auf einmal zu lernen hat und können muss, dass ihr euch mit Sitz, Platz und Fuß ruhig ein bisschen Zeit lassen könnt. Es sind ganz andere Dinge, auf die es in den ersten Wochen ankommt:

Euer Welpe soll …

- sich an sein neues Zuhause gewöhnen.
- seine unmittelbare Umgebung erkunden.
- sich an eure Tagesabläufe gewöhnen.
- sich mit euren Gerüchen und Geräuschen vertraut machen.
- alle Familienmitglieder kennenlernen.
- sich daran gewöhnen, von euch angefasst und hochgenommen zu werden.
- Vertrauen zu euch fassen.
- sich bei euch sicher fühlen.
- fressen, schlafen, sein Geschäft erledigen und wachsen.

Und damit ist er gut beschäftigt! Wenn das nach ein paar Tagen gut klappt, kommen neue Aufgaben dazu.

Er soll auf nette, kleinschrittige und einfühlsame Art lernen …

- seinen erweiterten Bewegungsradius über verschiedene kurze Gassigänge positiv gestimmt zu überstehen.
- mit anderen Hunden und Menschen souverän klarzukommen.
- zu spielen, zu schnüffeln, zu erkunden.
- sich zurückzunehmen, nicht in alles zu beißen und nicht alles zu zerkauen, bestimmte Dinge in Ruhe zu lassen.
- mit seiner Welt, ihren Reizen, Gerüchen und Aufregern möglichst angstfrei zurechtzukommen.
- Ruhepausen einzuhalten.

Auch das ist anspruchsvoll und ausgesprochen anstrengend. Der Welpe braucht viel Energie, um all das zu lernen. Weshalb er in der verbleibenden Zeit tief und fest schlafen sollte.

Erst dann und zunächst auch einmal mehr nebenbei, auf jeden Fall aber spielerisch, solltet ihr anfangen, kleinere kurze Konzentrationsübungen in den Alltag einzubauen. Ihr besucht dann wahrscheinlich bereits die Hundeschule, und ihr lernt dort dann, wie ihr eurem Hund Sicht- und Wortzeichen beibringt, wie ihr Übungen über Freiwilligkeit und Kooperation aufbauen könnt und auf was ihr alles achten solltet.

Euer Welpe lernt jetzt das, was sich viele schon ab Tag 1 erhofft hatten:

- Sich auf Signal zu euch umzuwenden und auf euch zu achten.
- Zu euch zurückzukommen, wenn ihr ruft.
- Sitz, Sitz/Bleib oder Platz unter wachsender Ablenkung.
- An lockerer Leine bei euch zu gehen.
- Und vieles mehr, was der Alltag an Können abverlangt.

Wichtig: Jeder einzelne Hund hat sein eigenes Lerntempo. Je nachdem könnt ihr euer Programm steigern und dem Welpen mehr zumuten oder ihr solltet wieder ein paar Schritte zurückgehen. Es ist eure anspruchsvolle Aufgabe, für das richtige Maß und Lerntempo sowie für eine angenehme, konstruktive Lernatmosphäre zu sorgen.

Übrigens, für diejenigen, die ein Problem damit haben, dass ihr Hund vielleicht ab und zu mal auf der Leitung zu stehen scheint: Die mangelnde Kreativität meines Hundes, selbst angelehnte Türen immer noch nicht selbst aufzustupsen und sich nicht an Schubladen und Schranktüren zu schaffen zu machen, hat durchaus Vorteile. Ich mag dumme Hunde sehr! Möglicherweise ist er aber gar nicht dumm, sondern einfach nur gut erzogen, denn er stößt die Tür nur dann auf, wenn ich ihn dazu einlade. Alles eine Frage der Auslegung.

94 WIE VIEL TRAINING BRAUCHT MEIN WELPE?

Das kommt auf euren Hund an. Wie viel Training verträgt er? Jeder Hund lernt unterschiedlich und unterschiedlich schnell. Deshalb:

- Fangt moderat an. Wenige Minuten am Tag mit klassischem „Verhaltenstraining“ reichen vollkommen aus. Macht viele Pausen, ihr könnt – wenn der Hund gut drauf ist – eine kleine Session später am Tag wiederholen. Sollte er regelmäßig (am Abend) ausflippen und seine dollen 5 Minuten bekommen, wisst ihr, ihr habt zu viel gemacht (s. a. FAQ 7 „Was mache ich, wenn … mein Hund seine wilden 5 Minuten hat?“, S. 33).
- Hört auf, wenn es am besten klappt!
- Am Tag der Hundeschule macht ihr am besten nichts. Die Stunde auf dem Platz reicht vollkommen aus!

- Einmal in der Woche Hundeschule ist ausreichend! Ihr müsst euren Welpen nicht alle zwei Tage mit allen möglichen Beschäftigungen und Sportarten „wegen der Auslastung“ überfrachten. Erwachsene Hunde vertragen meist mehr. Es kommt jedoch immer auf den einzelnen Hund an, und auch mit dem erwachsenen Hund solltet ihr später nicht jeden Tag trainieren (s. a. FAQ 134 „Wie laste ich meinen Hund im richtigen Maß aus?“, E-Book).
- Es wird Tage geben, da geht gar nichts. Dann lasst es. Versucht es am nächsten Tag einfach neu.

Wenn ihr die Zeiten, in denen euer Hund die Augen auf hat, als Lernzeit und Training versteht, beantwortet sich die Frage eigentlich von selbst. Klassisches Training ist nur ein Bruchteil dessen, was euer Welpe am Tag lernt. Allein mal euch zu beobachten, eure Mimik und Gestik zu interpretieren, herauszufinden, wann er gemeint ist und wann nicht, wann ihr lustig seid und wann nicht, ist für euren Welpen ein anstrengender Fulltime-Job. Deshalb dürfen eure Sitz-Platz-Fuß-Trainingseinheiten kurz ausfallen.

Euer Welpe lernt schnell, er darf aber nicht überfordert werden.

95 SOLL MEIN HUND EINE WELPENSPIELGRUPPE BESUCHEN?

Ich weiß, Welpenspielgruppen sind beliebt. Viele Welpenbesitzer sind überzeugt, dass ihr Welpe dort alles lernt, was er im Umgang mit anderen Hunden wissen muss. Außerdem haben sie gehört, dass Sozialkontakte enorm wichtig sind, zumal Welpenspielstunden zum Zuschauen auch noch äußerst herzerwärmend sind: Da rennen oft mehr als zehn unterschiedlich große Fellknäuel durch die Gegend, kugeln übereinander, toben, flitzen, knurren, bellen und lernen von der Pike auf, wie Sozialkontakt geht. Oder nicht? Ihr ahnt es schon: eher „oder nicht".

In den FAQs 82 „Braucht mein Hund Sozialkontakte?", S. 194, sowie 84 „Wie erkenne ich echtes Spiel bzw. Mobbing unter Hunden?", S. 195, habt ihr wichtige Informationen zum Thema Sozialkontakte und Spielen erhalten. Fakt ist: Viele Welpen werden in klassisch organisierten Welpenspielstunden so traumatisiert, dass sie für den Rest ihrer Tage die Schnauze voll haben von anderen Hunden. Spätere Verhaltensauffälligkeiten wie Aggressionsverhalten gegenüber Artgenossen werden ihnen hier in die Wiege gelegt. Warum ist das so?

Im Folgenden lest ihr die wichtigsten **No-Gos**, die in oder nach einer Welpenspielstunde nicht vorkommen sollten:

› Die Stunde ist unmoderiert: „Die regeln das schon unter sich."
› Die Welpen dürfen die ganze Zeit machen, was sie wollen.
› Alle Welpen werden ungefiltert zusammengelassen, ungeachtet ihrer Größe, ihres Gewichts und ihrer Art zu spielen.
› Ihr werdet dazu angehalten, eurem Welpen nicht zu helfen, wenn er bei euch Schutz sucht, „damit ihr nicht seine Angst verstärkt".
› Das Verhalten der Hunde wird mit Geschichten aus dem Reich der Mythen kommentiert, indem Worte wie „Dominanz", „Rangordnung", „Rudel" usw. vorkommen.
› Die Welpen sind am Ende fix und fertig und kommen zu Hause schlecht herunter.
› Sie zeigen Stresssymptome und Angst, wenn sie wieder dort antreten sollen.

Besser als eine Welpenspielgruppe ist Training in Kleingruppen.

Natürlich gibt es auch gut geführte Welpenspielgruppen, in denen die Trainer viel Wert darauf legen, den Hunden einen „netten“ Umgang miteinander beizubringen.

Gut geführte Welpenspielgruppen erfüllen u. a. folgende Kriterien:

- Die Gruppengröße besteht aus zwei bis maximal vier Hunden. Die Hunde werden zunächst jeweils nur zu zweit ins Spiel gelassen: Qualität vor Quantität!
- Es wird auf harmonisierende Gewichtsklassen und Homogenität des Spielverhaltens geachtet.
- Altersgemischte Gruppen sind von Vorteil, denn was soll ein Welpe, der noch nichts kann, von einem anderen Welpen, der auch nichts kann, lernen? Ältere Hunde zeichnen sich oft durch größere Sozialverträglichkeit aus.
- Die Trainerin/der Trainer beschreibt das Verhalten der Hunde und schult die Teilnehmer in hundlicher Körpersprache unter Berücksichtigung aktueller Erkenntnisse aus der Verhaltensbeobachtung.
- Die Trainerin/der Trainer erkennt echtes Spiel und unterbindet Mobbing, um zu verhindern, dass schlechte Lernerfahrungen das zukünftige Verhalten der Hunde prägen werden.
- Wenige gute Minuten Spiel wechseln sich mit Pausen ab, in denen die

Hunde sichtbar entspannen. Die Trainerin/der Trainer legt Wert darauf, dass die Welpen lernen, auch in Gegenwart anderer Hunde ruhig zu bleiben.

- Es werden Entspannungstechniken geübt.
- Es wird darauf geachtet, dass die Welpen ausschließlich gute Erfahrungen machen. Eine einzige schlechte Erfahrung zu diesem frühen Zeitpunkt kann ausreichen, um sie für ihr weiteres Leben nachhaltig negativ zu beeinflussen. Schlechte Erfahrungen werden die Hunde noch früh genug machen. Ist der Puffer an positiven Erfahrungen aber groß genug, werden sie schlechte Erfahrungen besser verkraften können.
- Die Welpen dürfen Schutz bei ihren Menschen suchen und hochgenommen werden.
- Der Welpe darf auch am Gruppenrand zuschauen, wenn ihm dabei wohler ist. Wer zuschaut, lernt eine Menge: ruhig zu bleiben und zuzuschauen. Eine tolle Eigenschaft, die ihm und euch später sehr entgegenkommen wird.

Welpenspielgruppen sollten wirklich nur ein Lernziel haben: den freundlichen Umgang miteinander, echtes Spiel sowie Entspannung und Pausen zu fördern und das Vertrauen in die Zuverlässigkeit der Bezugspersonen zu stärken. Sprüche wie „Die regeln das schon unter sich“ sprechen nicht für die Qualität der Stunde. Natürlich regeln die Hunde das unter sich. Allerdings immer auf Kosten der Schwächeren, und alle lernen dabei – nur nichts Konstruktives. Ich bin sicher, das wollt ihr nicht.

Sollte euer Bauchgefühl rebellieren: Verlasst den Kurs, auch wenn ihr ihn bereits bezahlt habt. Geschenkt! Sollte in eurer Nähe kein adäquater Kurs zu finden sein, erweitert ggf. euren Suchradius und nehmt eine längere Anfahrtszeit in Kauf, oder organisiert privat ein Treffen mit einem weiteren passenden Hund.

MEIN TIPP

Überlegt, ob ihr nicht lieber ein Welpentraining in einer kleinen Gruppe besucht, in der euer Welpe lernt, in Anwesenheit anderer Hunde, konzentriert mit euch an seiner Alltagstauglichkeit (Begegnungstraining, Lockere-Leine-Training, Rückruf, Grundgehorsam etc.) zu arbeiten und in der Spielsequenzen nur einen kleinen Teil der Stunde ausmachen.

KAPITEL 8

DAS PUBERTIER – GROSSBAUSTELLE GEHIRN

96 WAS PASSIERT IN DER PUBERTÄT?

Das Wort „Pubertät" ist häufig zu lesen und zu hören, gemeint ist genau genommen damit allerdings die Jugendentwicklung, die sowohl die Pubertät als auch die Adoleszenz – die Phase, die unmittelbar nach der Pubertät folgt – umfasst. Pubertät bedeutet die Erlangung der Geschlechtsreife. Gemäß biologischer Definition ist die Pubertät abgeschlossen, sobald der Junghund in der Lage ist, sich fortzupflanzen. Bei Hündinnen ist dies der Zeitpunkt der ersten Läufigkeit; beim Rüden, so sagt man, signalisiert das Beinheben beim Urinieren und typisches Markierverhalten den Moment der Geschlechtsreife. Manche Rüden heben allerdings nie das Bein, was natürlich nicht bedeutet, dass sie die Pubertät nicht abgeschlossen hätten. Jeder Jeck ist anders. Dass die Hunde nun körperlich in der Lage sind, sich fortzupflanzen, bedeutet nicht, dass auch das sexuelle Interesse am anderen Geschlecht tatsächlich bereits erwacht ist. Dies kann noch eine ganze Weile dauern.

Die Jugendentwicklung selbst dauert sehr viel länger an. Wir kennen das auch aus der Menschenwelt: Nur weil wir plötzlich in der Lage sind, Kinder zu bekommen bzw. zu zeugen, sind wir deshalb noch lange nicht emotional

In der Jugendentwicklung wird das eigenständige Erkundungsverhalten stärker.

und geistig reif, sprich erwachsen.

Die Pubertät beginnt mit ca. 4 bis 5 Monaten und geht fließend in die Adoleszenz über. Die Jugendentwicklung endet, je nach Rasse und Gewicht des Hundes, nach ungefähr 2 bis 3 Jahren. Je größer die Rasse, desto eher verzögert sich der Reifeprozess. Kleine Hunde entwickeln sich in der Regel sehr viel schneller, trotzdem ist die Entwicklung eine sehr individuelle. Nach Abschluss der Jugendentwicklung gilt der Hund als ausgereift und erwachsen.

Was wichtig zu wissen ist, ist, dass die Jugendentwicklung mit einigen wichtigen physiologischen Veränderungen einhergeht. So steigt z. B. der Cortisolspiegel – also der Stresshormonspiegel – während dieser Zeit stark an. Hunde in der Jugendentwicklung sind per se stressanfälliger. Was für euch bedeutet, dass ihr noch mehr als sonst darauf achten solltet, dass Stressoren möglichst geringgehalten werden sollten (s. a. FAQ 135 „Wie erkenne ich Stress und wie gehe ich damit um?", E-Book).

In der Jugendentwicklung treffen Hunde häufig im Bruchteil einer Sekunde Entscheidungen, die ihnen nicht immer zu ihrem Vorteil gereichen: Sie bellen schneller, sie gehen schneller nach vorn auf Angriff oder sie flüchten schneller. Es dauert einen Moment, bis sie feststellen, dass von einem Reiz keine Gefahr ausgeht. Erst dann sind sie in der Lage, sich selbst zu korrigieren, gemäß dem Motto: „Ach, DU bist das. Na dann …" Warum das so ist, liegt an der Großbaustelle im Gehirn. Wenn ihr etwas tiefer eintauchen wollt, lest den folgenden …

Mini-Exkurs Gehirn

Vor allem bis zum ersten Lebensjahr befindet sich das Gehirn in einer Phase des physikalischen Umbaus. Bereits verbundene Synapsen in der Großhirnrinde, die zuständig ist für kognitive Prozesse und „vernunft"gesteuertes Verhalten, werden wieder aufgelöst.

Tatsächlich wird das „Hinterhirn" – auch Mandelkern oder Amygdala genannt: Emotionszentrum des Gehirns und zuständig für reflexhafte und instinktive Reaktionen – größer. Hingegen reagiert das „Vorderhirn" – der präfrontale Kortex und die Großhirnrinde – träger.

Das bedeutet, dass ein Reiz, den das Hundegehirn wahrnimmt, zunächst einmal im Mandelkern ankommt und dort „quick and dirty" emotional bewertet wird, bevor es parallel dazu etwas langsamer die Großhirnrinde erreicht und im präfrontalen Kortex genauer verarbeitet wird.

Während dieses „langsamen" Reizverarbeitungsprozesses reagiert der Hund aber bereits emotional und entscheidet instinktiv zwischen „Freund oder Feind". Diese emotionalen Reaktionen fallen nicht bewusst und häufig auch nicht besonders planvoll aus. Erst wenn der Reiz vom Vorderhirn intensiv verarbeitet und in die richtige Schublade eingeordnet wurde, kann der Hund bewusst reagieren und gegensteuern.

Sobald die Jugendentwicklung abgeschlossen ist, wird der Mandelkern wieder kleiner und das Vorderhirn leistungsfähiger, neue Synapsen werden gebildet.

Am Ende dieser scheinbar unvorteilhaften Art der Reizverarbeitung ergibt sich dann aber doch eine nachvollziehbare Logik: In der Jugendentwicklung befindet sich der Hund in einer Phase der Ablösung. Er wird selbständiger und dackelt nicht mehr nur wie ein Schatten vertrauensvoll hinter uns her: Er trifft eigene Entscheidungen für sein Leben. Und dabei muss er schnell sein, da manchmal das Leben davon abhängt. Also machen emotionale, dafür aber blitzschnelle Entscheidungen mehr Sinn als gut durchdachte, dafür aber langsamere Reaktionen. Denn das gäbe dem angsteinflößenden Wasserhydranten auf der Wiese genügend Zeit, zum Monster zu mutieren und anzugreifen …

In der Jugendentwicklung …

› wird Neugierde und Erkundungsverhalten intensiver.
› entwickelt sich das Jagdbedürfnis.

- lässt die Konzentrationsfähigkeit nach.
- entdeckt der Hund die volle Palette der Geruchswelt.
- bekommt selbstbelohnendes Verhalten (wie z. B. Schnüffeln und Erkunden) einen viel höheren Stellenwert.
- werden Ressourcen wichtiger.
- kann sich eine Berührungsempfindlichkeit entwickeln.
- treten vermehrt Konkurrenzverhalten und Aggressionsverhalten auf.

Für die Mensch-Hund-Beziehung bedeutet das, dass möglicherweise …

- euer Hund am einen Tag nicht mehr auf euch hört, am nächsten Tag aber plötzlich wieder alles rundläuft.
- er Ängste entwickelt, die er vorher nicht hatte.
- gut eingeübte Signale oder Tricks plötzlich nicht mehr oder nur noch halbherzig klappen.
- der Hund sich vielleicht nicht mehr so gern anfassen oder das Geschirr anziehen lässt.
- sich der Hund im Training schneller abgelenkt zeigt, er unkonzentriert und fahrig wirkt.
- der Hund sich plötzlich gegenüber anderen Konkurrenten weniger freundlich bzw. aggressiv zeigt.
- der Hund viel reaktiver als sonst reagiert und schneller an die Decke geht.

Es ist schon so: Je nach Hund kann die Jugendentwicklung anstrengend und frustrierend sein. Aber, good news: Es geht vorbei! Meistens ist das erste Jahr das schlimmste. Danach regeneriert sich das Gehirn langsam wieder und läuft zu vollen Touren auf.

Und wenn jetzt einer von euch sagt: „Moment mal, kenn ich. Meine Tochter/mein Sohn war genau so." Ja. Da ist was dran. Wir sind alle nur Säugetiere.

97 MUSS ICH IN DER PUBERTÄT STRENGER WERDEN?

Es ist häufig zu lesen und zu hören, dass ein Hund in der Pubertät, genauer gesagt in der Jugendentwicklung, strenger und härter angefasst werden müsste, weil er uns ansonsten dominant auf der Nase herumtanzen würde. Dass das Verhalten des Hundes allerdings nichts mit Dominanz zu tun hat, sondern mit dem Umbau des Gehirns in einer sensiblen Phase seines Lebens, haben wir in FAQ 96 „Was passiert in der Pubertät?“, S. 221., gelernt. Da ihr nun wisst, dass euer Hund nichts dafür kann, dass er gerade ein wenig „out oft order“ ist, hilft euch das vielleicht dabei, selbst geduldiger und verständnisvoller zu bleiben.

Wenn ihr merkt, dass die Jugendentwicklung euren Hund negativ beeinflusst und sich euer Zusammenleben schwieriger gestaltet, könnt ihr im Folgenden ein paar Tipps beachten, die euch helfen können, diese anstrengende Zeit besser durchzustehen. Die gute Nachricht: Nein, ihr müsst nicht strenger werden und könnt euch unnötige Härte ersparen.

Zunächst einmal: Es geht vorbei! Das erste Jahr ist das schwierigste, danach kommt langsam wieder Land in Sicht. In der Zeit bis zum Beginn der Jugendentwicklung hat euer Hund wahrscheinlich schon eine Menge gelernt. Ihr habt eine gute Wissensbasis und Lernverhalten sowie Vertrauen und Bindung aufgebaut. All dies ist weiterhin vorhanden, es mag temporär vielleicht nur ein wenig verschüttgegangen sein. Bleibt ruhig und geduldig bei eurem Training.

Haltet eure Rituale und Regeln konsequent ein. Ihr müsst dazu nicht strenger oder lauter werden. Bleibt einfach am Ball.

Kommt der Hund erst in seiner Jugendentwicklung zu euch ins Haus, solltet ihr besonders geduldig sein: Zum einen muss er euch kennen- und vertrauen lernen, er muss seinen neuen Alltag bestreiten plus zusätzlich noch mit den Symptomen der Jugendentwicklung klarkommen. Macht euch aber keine Sorgen: Das ist gut zu schaffen, wenn ihr geduldig und einfühlsam ans Werk geht. Auch hier ist das Gegenteil von Strenge das Mittel der Wahl: Zeit lassen, Ängste nehmen, Vertrauen und Gute-Laune-Puffer (s. a. FAQ 12 „Was mache ich, wenn … mein Hund ängstlich ist?“, S. 37) aufbauen, kurze spaßbetonte Trainingseinheiten mit vielen tollen Belohnungen einbauen.

Wenn es im Training hakt, ihr nicht weiterkommt, euer Hund nicht mitmacht, er seine Ohren auf Durchzug stellt: Dann verzichtet auf Training, das würde nicht fruchten. Lauft einfach gemeinsam durch den Wald, macht ein paar schöne Sachen zusammen, lasst euren Hund ein paar Leckerlis suchen, lasst ihn schnüffeln, rennen und erkunden, genießt die gemeinsame Zeit und versucht es mit dem Training am nächsten Tag einfach neu: Neuer Tag, neues Glück!

Vermeidet unnötigen Stress! Durch den ohnehin erhöhten Cortisolspiegel in dieser Zeit ist zusätzlicher Stress kontraproduktiv (s. a. FAQ 135 „Wie erkenne ich Stress und wie gehe ich damit um?", S. E-Book).

Achtet darauf, dass euer Hund möglichst erst gar nicht die Gelegenheit bekommt, aggressives Verhalten gegenüber Artgenossen auszuleben. Würde er dadurch lernen, dass ihm das Vorteile verschafft, würde das Verhalten auch nach der Jugendentwicklung weiter auftreten. Was sich lohnt, wird häufiger angewendet.

Erhöht eure Relaxzeiten. Ein ausgeruhter Hund ist auch entspannter.

Proteine können die Reaktivität und Hibbeligkeit eures Hundes steigern. Reduziert den Proteingehalt des Futters und gebt eurem Hund mehr Nervennahrung in Form von Kohlehydraten: Mischt etwas weich gekochten Reis oder weich gekochte Nudeln unter sein Futter oder nutzt andere Kohlehydratquellen, die euer Hund gut verträgt. Achtung: Kauartikel aus Knochen oder Büffelleder sind ebenfalls reine Proteinquellen, die meist noch zusätzlich zum Futter gefüttert werden. Haltet durch! Ihr schafft das!

In der Jugendentwicklung heißt es nicht „strenger werden", sondern geduldig am Ball bleiben.

98 SOLL ICH MEINEN HUND KASTRIEREN LASSEN?

Ein schwieriges Thema, heiß umstritten. Die einen halten Kastration für einen Einschnitt in die Persönlichkeitsrechte des Tieres, die anderen für das Allheilmittel gegen anstrengende Symptome der Jugendentwicklung und zur Vermeidung von Verhaltensauffälligkeiten.

Ich kann euch an dieser Stelle nur die Vor- und Nachteile einer Kastration nennen sowie meine persönlichen Erfahrungen mit euch teilen. Ob für euch eine Kastration in Frage kommt, ist eine Entscheidung, die von vielen Faktoren abhängt und damit sehr individuell ist.

Meiner Meinung nach sollte eine Kastration immer im Sinne des Tieres sein und seinem körperlichen wie auch mentalen Wohl dienen, nicht aber durchgeführt werden, weil der Mensch sich dadurch Vorteile erhofft. Eine Hündin zu kastrieren, weil sie dann „das Sofa nicht mehr verunreinigen" würde, ist kein gerechtfertigtes Argument. Einen Rüden kastrieren zu lassen, weil er dann vermeintlich „nett" bleibt, ebenso wenig.

Die für mich wichtigsten Gründe für eine Kastration sind:

Verhinderung der Fortpflanzung, um z. B. Erbkrankheiten auszuschließen oder eine ungeplante Vermehrung zu vermeiden: Bei wild lebenden Hunden und Katzen in südeuropäischen Ländern ist dies mittlerweile gängige und sicher auch sinnvolle Methode diverser Tierschutzorganisationen, um eine Überbevölkerung und sich daraus ergebendes Leid und Krankheiten unter den Tieren zu verhindern.

Stressreduktion: Wir leben dicht besiedelt in Städten, die Zahl der Hundehaushalte wächst kontinuierlich. Zwischen 2013 und 2019 wuchs die Anzahl der Hunde in Deutschland von 6,8 auf 9,4 Millionen.[8] Im Jahr 2020 wurden durch die Corona-Pandemie laut des Verbandes für das Deutsche Hundewesen (VDH) und Tasso e. V. 20 Prozent mehr Hunde gekauft als im Vorjahr.[9] Der Dichtestress wächst – ganz unabhängig von Kastrationen. Ob es nun fairer ist, einen Rüden, der nie „zum Schuss" kommen darf, dadurch aber unter deutlich erhöhtem Stress leidet, intakt zu lassen und sein Recht auf

8 – „Heimtierstudie 2019 – Ökonomische und soziale Bedeutung der Heimtierhaltung in Deutschland": Professor Dr. Renate Ohr, Universität Göttingen, September 2019

9 – Verband für das Deutsche Hundewesen (VDH): https://www.vdh.de/news/artikel/corona-krise-laesst-nachfrage-nach-hunden-steigen-tasso-und-vdh-warnen-vor-wuehltischwelpen/

Unversehrtheit zu wahren, als ihm durch eine Kastration zumindest sexuell begründeten Stress zu nehmen, ist überdenkenswert. Ich kenne viele Rüden, die jahrelang im Dauerstress leben, die unkonzentriert und fahrig sind, die einer läufigen Hündin kilometerweit hinterherlaufen, die mäkelig oder tagelang gar nichts mehr fressen, jammern und heulen, weil eines ihrer gewichtigsten Bedürfnisse nicht befriedigt wird. Gleichzeitig lehnen die Besitzer/Besitzerinnen – meistens ihre Herrchen – eine Kastration strikt ab. In diesen Fällen frage ich mich, ob es hier wirklich um Tierwohl geht oder ob nicht persönliche Emotionen dahinterstecken. Vor allem viele Männer können sich nicht vorstellen, ihren Rüden kastrieren zu lassen, auch wenn die Not des Hundes offensichtlich ist: Sie befürchten, dass ihr Rüde dadurch „verweichlichen" könnte, was nicht ihrem Männlichkeitsbild entspräche. Auch befürchten einige Männer, selbst dadurch vielleicht unmännlicher, weniger tough und cool zu wirken. Natürlich gibt es auch Frauen, die Wert darauf legen, dass ihr Rüde aussieht wie einer. Die Erfindung von Hodenimplantaten für Rüden kommt nicht von ungefähr …

Gesundheit: Bei manchen Rüden bleiben die Hoden in der Leiste stecken, statt sich in den Hodensack abzusenken (Kryptorchismus). Durch die Wärmeentwicklung an dieser anatomischen Stelle ist die Gefahr von Tumorbildungen größer.

Warum ich meine beiden Hunde kastrieren ließ:

Die Aufgeregtheit meines ersten Hundes Willi nahm ab dem Zeitpunkt der einsetzenden Pubertät ungeahnte Formen an, sein Stresspegel wuchs enorm. Es äußerte sich u. a. darin, dass er alles aufritt, was nicht bei drei auf dem Baum war. Der arme Kerl wusste streckenweise gar nicht wohin mit sich. Dass der Cortisolspiegel in der Jugendentwicklung ansteigt, habt ihr bereits in FAQ 96 „Was passiert in der Pubertät?", S. 221, gelesen. Bei Willi schien es aber gar keine Schwankungen der Stresskurve mehr zu geben, sondern sie schien auf einem permanent erhöhten Level zu bleiben, was sich auch auf sein Verhalten stark auswirkte. In dieser Zeit entwickelte er eine ausgeprägte Leinenaggression gegenüber Hunden und Ängste gegenüber fremden Menschen. Seine Reaktivität steigerte sich deutlich bei gleichzeitig sinkender Reizschwelle, sprich: Er tickte beim kleinsten auftretenden Reiz (wie sich nähernde Hunde oder Menschen) immer öfter wütend aus, bis er nicht mehr nur bellte und nach vorn ging, sondern auch schnappte und zubiss. Aus starkem Frust, weil er nicht zum anderen Hund oder Menschen herankommen konnte, gipfelte das dann ab und zu in sogenanntem „rückgerichteten Aggressionsverhalten“: Er versuchte, mich – teils erfolgreich – in die Wade zu beißen.

Er war 12 Monate alt, als ich ihn kastrieren ließ – zu spät, wie ich feststellen musste. Zwar hörte das sexuell motivierte Verhalten auf, was ihm einen gewissen Grad an Erleichterung brachte. Aber bestimmtes Verhalten trat, je nach Stärke der Erregung, trotzdem weiter auf: Das Aufreiten behielt er als Übersprungverhalten in Situationen bei, in denen er nicht wusste, was er tun sollte, oder wenn er besonders aufgeregt war. Er ritt andere Hunde auf, Menschen, Kissen etc. Er blieb weiterhin leinenaggressiv, seine Angst gegenüber Fremden draußen wuchs, ebenso wie er seiner Strategie lange Zeit treu blieb, sich mit den Zähnen alles auf Abstand zu halten, was ihm zu nah kam. Erst durch langjähriges Training und langfristige Stressreduktion mit teils medikamentöser Unterstützung konnte ich gegensteuern und seine Emotionen und sein Verhalten verändern.

Meinen zweiten Hund Kurt hätte ich ohne Willi vermutlich nie kastrieren lassen, da Kurt nie pubertäre Entwicklungsschübe, ein gesteigertes Stressniveau oder Verhaltensauffälligkeiten zeigte. In dem Moment aber, in dem Kurt in die Pubertät kam, war es aus mit der häuslichen Harmonie unter den Hunden. Willi fühlte sich durch den pubertierenden Junghund massiv gestört, sodass er ihn regelmäßig aus dem Nichts angriff. Natürlich war das ganz und gar nicht in meinem Sinne, ich hatte große Sorge, dass sich Kurts generelle Gelassenheit und Friedfertigkeit negativ verändern konnte. Und so ließ ich ihm recht früh nach eingehender Beratung durch eine Verhaltensmedizinerin, mit ca. 9 Monaten, testweise einen Kastrationschip setzen, der tatsächlich dazu führte, dass der Frieden im Haus mit Eintritt der Wirkung wiederhergestellt war. Nach einem weiteren Jahr war es für mich keine Frage, ihn operieren zu lassen. Vermutlich durch die frühe chemische Kastration entwickelte Kurt nie Interesse am anderen Geschlecht, zeigte nie testosterongesteuertes Aggressionsverhalten gegenüber anderen Hunden oder Markierverhalten, er ritt niemals auf und entwickelte auch sonst keine typischen Symptome eines gestressten Hundes in der Jugendentwicklung.

Sehr wichtig zu wissen ist: Der Zeitpunkt einer Kastration und die Art der Hormonunterdrückung ist von entscheidender Bedeutung für die weitere

Entwicklung des Hundes. Eine Kastration vor Beginn der Pubertät (s. a. FAQ 96 „Was passiert in der Pubertät?", S. 221), also vor Erreichung der Geschlechtsreife, würde eine Ausreifung der Organe des Hundes verhindern. Er bliebe welpig und unreif – ein nicht wünschenswerter Entwicklungszustand. Eine Kastration nach Abschluss der Pubertät mit beginnender Adoleszenz durchzuführen – also immer noch zu einem sehr frühen Zeitpunkt –, hat hingegen den Vorteil, dass die Organe zwar langsamer heranreifen, der Hund sich aber auf alle Fälle zum erwachsenen Hund entwickeln kann und gleichzeitig keine typischen geschlechtsmotivierten Verhaltensweisen wie Konkurrenz- bzw. Aggressionsverhalten auftreten.

Wichtig: Das bedeutet nicht, dass ein Hund kein Aggressionsverhalten entwickeln wird. Wenn er lernt, dass sich aggressives Verhalten zum Erreichen seiner Ziele lohnt, wird er dieses auch regelmäßig zeigen. Es ist nur nicht sexuell motiviert. Aus diesem Grunde machen späte Kastrationen keinen Sinn: Erlerntes Verhalten verliert sich nicht mit einer Kastration.

Ein Kastrationschip hat gegenüber einer OP Vorteile: Zum einen könnt ihr über den nicht invasiven Eingriff „unverbindlich" beobachten, ob der Chip die gewünschte Wirkung zeigt: neben der Unterdrückung des Fortpflanzungstriebes vor allem eine Senkung des Stresslevels mit all ihren positiven Folgen. Sollte sich der Hund in dieser Zeit nicht verändern, spräche auch nichts für eine spätere Operation. Der Chip liefe einfach aus und der Hund würde keine weiteren Folgen spüren.

Zum anderen verhindert ihr mit dem Chip eine zusätzliche Erhöhung des Cortisolspiegels, die mit einer OP einherginge. Operationen wirken stressend auf den Organismus. Da der Cortisolspiegel in der Jugendentwicklung aber sowieso erhöht ist, ist das eine Nebenwirkung, die besser vermieden werden sollte. Kastrationschips wirken bis zu einem Jahr. Damit kann die sensibelste Phase der Jugendentwicklung sehr geschickt und stressfreier überbrückt werden. Danach eine OP durchführen zu lassen oder einen neuen Chip setzen zu lassen, kann Sinn machen.

Die Kastration einer Hündin geht natürlich ebenfalls mit gewissen Konsequenzen einher: Trächtigkeit und Scheinträchtigkeit mit allen Begleiterscheinungen werden verhindert und die Hündinnen sind nicht mehr attraktiv für Rüden. Der Zeitpunkt der Kastration ist auch hier entscheidend. Eine Kastration vor der zweiten Läufigkeit senkt zwar das Risiko von Gesäugetumoren, dafür steigt das Risiko von Herztumoren[10] und, vor allem bei großen Rassen, das Risiko für bösartige Knochentumore[11] an. Es gibt weitere Nebenwirkungen, die durch das Fehlen weiblicher Sexualhormone auftreten können, wie z. B. die Schilddrüsenunterfunktion, Harninkontinenz, Kreuzbandrisse, abnormale Knochenentwicklungen und Fellveränderungen.

MEIN TIPP

Ich empfehle, euch unbedingt einer intensiven tierärztlichen Beratung zu unterziehen, damit ihr unter Berücksichtigung aller Vor- und Nachteile die für euer Tier beste Entscheidung treffen könnt.

99 KANN ICH MEINEM HUND DAS JAGEN ABGEWÖHNEN?

Leider: Nein! Jagen ist Teil des Erbguts, es liegt in der Natur des Hundes. Was natürlich nicht bedeutet, dass ihr nichts tun könnt, um euren Hund vom Jagen abzuhalten. Ihr könnt es ihm nur nicht abtrainieren und ihr könnt es auch nicht wegstrafen.

Jagdverhalten erwacht in der Jugendentwicklung (s. a. FAQ 96 „Was passiert in der Pubertät?", S. 221) und ist, entgegen vieler Aussagen auf Hundeplätzen und im Netz, kein Trieb. Ein Trieb wächst zu einem nicht unterdrückbaren inneren Bedürfnis heran und wird eines Tages so stark, dass er ausgelebt werden muss. Z. B. Hunger. Hätten wir keinen Nahrungstrieb, würden wir sterben. Hunger meldet sich, unabhängig davon, wo wir sind und was wir gerade machen. Hunde aber müssen in der Regel nicht mehr jagen, um zu überleben. Nicht einmal freilebende Hunde müssen das, denn sie ernähren sich hauptsächlich von dem, was Menschen ihnen zur Verfügung stellen oder wegwerfen. Ein entlaufener oder ausgesetzter und freilebender Havaneser, Pudel oder Labrador würde nicht plötzlich Fertigkeiten entwickeln, die ihn wie einen Wolf zum Töten befähigten, um sich zu ernähren, weil die geneti-

10 – W A Ware, D L Hopper: „Cardias tumors in dogs: 1982–1995", Department of Veterinary Clinical Sciences, College of Veterinary Medicine, Iowa State University, Ames 50011-1250, USA. J Vet Intern Med Mar-Apr 1999;13(2):95-103. DOI: 10.1892/0891-6640(1999)013<0095:ctid>2.3.co;2
11 – G Ru, B Terracini, L T Glickman: „Host related risk factors for canine osteosarcoma", Department of Animal Pathology, University of Turin, Italy. Vet J 1998 Jul, PMID: 9691849 DOI: 10.1016/s1090-0233(98)80059-2

schen Voraussetzungen hierfür gar nicht gegeben wären. Die Unterart „Haushund" ist ohne die direkte oder indirekte Hilfe des Menschen nicht überlebensfähig. Domestikation bedeutet eben auch Abhängigkeit vom Menschen, denn beim Züchten wird niemals aufs „Fressen der Beute" selektiert, da Hunde in der Jagd zwar als Helfer eingesetzt werden, dabei aber nicht in Konkurrenz zum Menschen treten sollen.

Ein Hund liegt also nicht auf dem Sofa und wird von dem immer stärker werdenden Trieb beseelt, jetzt jagen gehen zu müssen. Um Jagdverhalten auszulösen, bedarf es immer eines entsprechenden Reizes: eine Umgebung, ein Geruch, ein Geräusch, eine Fährte, eine Bewegung. Das ist wichtig zu wissen, denn es ist etwas völlig anderes, mit einem Trieb umgehen zu müssen als mit einem Bedürfnis.

Jagdverhalten bzw. auch Beutefangverhalten ist eine Verhaltenskette, die sich in verschiedene Sequenzen unterteilt, auf die die einzelnen Hunderassen selektiert wurden.

Die Jagdsequenzen in Reihenfolge:

Orientieren, Beobachten/Lauern/Fixieren, Heranpirschen/Anschleichen, Hetzen, Fangen/Packen + Schütteln/Töten, Fressen

So sollen Hütehunde z. B. bei ihrer Arbeit beobachten, sich anschleichen und zusammentreiben. Vorstehhunde sollen vor dem Schuss orientieren, lauern und anschleichen, während Terrier eher aufs Hetzen und Packen selektiert wurden. Apportierhunde wiederum sollen mit weichem Maul die unbeschädigte Beute bringen. Wasserhunde sollen beim Fischen behilflich sein, ohne den Fang gleich aufzufressen. Schutzhunde wurden zum Fixieren sowie Fangen/Packen bzw. Festhalten gezüchtet. Je nach Rasse und individueller Ausprägung der Selektion sind manche Sequenzen sehr stark, andere wiederum überhaupt nicht vorhanden. Sehr häufig unterscheidet sich das auch von Hund zu Hund, obwohl beide der gleichen Rasse angehören mögen.

Beispiel: Mein erster Hund Willi hätte nicht mal dann eine lebende Maus verspeist, wenn ich sie für ihn festgehalten hätte. Mein zweiter Hund Kurt ist zwar nicht sehr bewandert darin – denn seine Bestimmung ist es letztlich nicht –, aber er hatte durchaus schon mehrere Male Erfolg beim Maus-Belauern, Anschleichen, Hetzen und eben sogar beim etwas unentschlossenen Packen, Zerbeißen und Hinunterschlucken. Wobei die letzten drei Sequenzen garantiert nur seiner sehr hohen Erregung und dem instinktiven Impuls

Mit dem Jagdbedürfnis arbeiten, nicht dagegen!

zuzuschreiben sind, weshalb sie auch sehr selten ausgelebt werden. Beide Hunde sind Portugiesische Wasserhunde, die laut Rassebeschreibung gar nicht jagen, sondern nur Fische im Wasser zusammentreiben oder anzeigen sollen (was natürlich trotzdem Jagdverhalten ist, s. o.). Dennoch sind Kurts am stärksten ausgeprägte Sequenzen alle, bis einschließlich der Hetzsequenz: Rehe und Kaninchen würde er gern durch den Wald hetzen, wenn ich ihn ließe, und er wäre dabei sehr, sehr glücklich und zufrieden.

Hetzen macht Spaß. Deshalb hetzen die meisten Hunde gern. Hetzen sorgt für die Ausschüttung von Dopamin, also Glückshormonen, und macht süchtig. Und wenn gerade nichts Lebendes zum Hetzen bereitsteht, kann es durchaus lohnend sein, hinter Bällen, Fahrradfahrern, Autos oder Blättern im Wind herzurennen (s. a. FAQ 77 „Wie viel Spielen und Ballwerfen ist in Ordnung?“, S. 173).

Doch wie sollt ihr jetzt am besten mit Jagdverhalten umgehen? Das, was bei Hunden, die auf der Jagd, bei der Arbeit und im Sport eingesetzt werden, ausgesprochen wünschenswert ist, gilt für den Familienhund nicht. Wir kaufen uns einen trendigen Vizsla, einen kinderfreundlichen Terrier oder einen sportlichen Australian Shepherd, wollen aber nicht, dass sie ihrer eigentlichen Profession nachgehen. Das meistgehörte Problem (neben der Leinenaggression), das meine Kundinnen und Kunden beklagen, ist das Jagdverhalten. Gemeint ist damit in der Regel, dass der Hund den Menschen ausblendet, dass er wie irre an der Leine zieht, ohne Unterlass schnüffelt, nicht ansprechbar ist und er nicht unangeleint im Wald laufen kann, ohne (manchmal stunden- oder tagelang) Fährten nachzuspüren und/oder Wild zu hetzen.

Wie schon eingangs erwähnt, könnt ihr Jagdverhalten nicht abstellen. Aber ihr könnt mit seinem Jagdbedürfnis arbeiten, statt dagegen anzukämpfen, denn den Kampf würdet ihr verlieren. Deshalb heißt das entsprechende Training dazu auch nicht Antijagdtraining (AJT), sondern Jagdkontrolltraining (JKT). Es gibt eine ganze Reihe von Jagdersatzübungen, die ihr eurem Hund anbieten könnt und die seine individuellen Bedürfnisse befriedigen werden. Tatsächlich ist es sehr wichtig, auf seine Bedürfnisse einzugehen und sie in geregelte Bahnen zu lenken, denn entweder er sucht sich sonst seine eigene Art der Bedürfnisbefriedigung, wenn sich die Gelegenheit ergibt, oder er wird unter starkem Frust leiden, wenn er nicht zum Erfolg kommen darf. Frust auf Dauer macht krank, depressiv, schlecht gelaunt und/oder aggressiv.

Beispiele geeigneter Instrumente sind u. a.:

- Lauerspiele, Beobachtung der Umwelt für Hunde, die gern gucken.
- Schnüffelspiele, Verlorensuche, Mantrailing für Hunde, die gern schnüffeln und stöbern.
- Dummytraining für Hunde, die gern suchen, rennen und apportieren.
- Grundgehorsam für alle Hunde: Ohne Rückruf, Umorientierungs- und Aufmerksamkeitssignale, alternative Verhalten wie zuverlässiges Sitzen oder Impulskontrollübungen geht's nicht.

Es ist wichtig, dass ihr euren Hund – unabhängig davon, welcher Rasse er angehört – gut beobachtet und lernt, was er wirklich gern tut. Hat er immer die Nase am Boden? Guckt er gern? Rennt er gern? Schreibt euch auf, was er tut und wie oft er es tut. So findet ihr nicht nur heraus, was seine Hobbys sind, sondern auch, welche Priorität sie haben. Und nun überlegt euch, wie ihr seine Hobbys am besten für euch nutzen könnt. Denn ihr möchtet in der Regel etwas von ihm, das er zunächst einmal nicht möchte:

› Ihr wollt, dass er an lockerer Leine oder ohne Leine neben euch oder in eurer Nähe entspannt im Wald spaziert.
› Ihr wollt, dass er nicht der Katze hinterherrennt.
› Ihr wollt, dass euer Hund sich an euch orientiert und immer mal wieder mit euch Kontakt aufnimmt, statt in seine Welt abzutauchen und euch für die Dauer eines Spaziergangs komplett auszublenden.
› Und ihr wollt, dass er zurückkommt, wenn ihr ihn von etwas wirklich Spannendem abruft.

Um ihm das beizubringen, könnt ihr seine Hobbys als sogenannte „bedürfnisorientierte Belohnungen" für das von euch erwünschte Verhalten nutzen – und ihr werdet damit maximalen Erfolg haben: Interaktion – einen ansprechbaren Hund, der zusammen mit euch Spaß hat, weil seine Bedürfnisse befriedigt werden, was wiederum eurer vertrauensvollen Mensch-Hund-Bindung zugutekommt.

Am praktischen Beispiel meines Hundes Kurt möchte ich euch zeigen, wie eine individuelle Lösung aussehen kann:

Mein rasseuntypisches Jägerlein kann im Wald gut ohne Leine laufen – das war nicht immer so! Als er mit ca. 8 Monaten sein erstes Reh witterte und sah und er ihm nicht impulsiv hinterherrennen konnte, weil ich ihn völlig perplex („Das hat er ja noch nie gemacht!") und geistesgegenwärtig an seinem Geschirr festhielt, schrie und bellte er wie am Spieß vor lauter Aufregung und Frust …

Viele Trainingsstunden später darf er auf dem Weg vorrennen, viel schnüffeln, stöbern und schauen – solange er auf dem Weg bleibt, regelmäßig in einem überschaubaren Radius stehen bleibt, sich zu mir umdreht und mit mir „connected", sprich, ansprechbar bleibt und Signale von mir ausführen kann (z. B. ein Stopp auf Distanz). Als Belohnung dafür darf er weiter erkunden und bekommt auch Futter geworfen oder gerollt, das er dann sucht und gern frisst. Die Futteraufnahme senkt den Dopamingehalt und schüttet stattdessen andere Glückshormone, Endorphine, aus. Ein niedrigerer Dopaminhaushalt sorgt dafür, dass Kurt nicht abdriftet und ansprechbar bleibt. Insofern ist die Futtergabe ausgesprochen sinnvoll und ein wichtiger Kniff im Kampf gegen zu hohe Dopaminausschüttungen.

Sobald ich merke, dass, z. B. in wildreichen Gebieten, die Nervosität steigt, dass sein Erkundungsverhalten eine „manischere“ Form annimmt, die Nase dauerhaft in die Luft gehoben ist und die Ansprechbarkeit nachlässt, leine ich ihn an und gönne ihm eine Auszeit an meiner Seite. Als Belohnung dafür, dass er freiwillig stehen bleibt und sich anleinen lässt, darf er seinen Ball tragen. Als maulorientierter Apportierhund trägt er gern Gegenstände und ist zufrieden mit meinem Entspannungsangebot. Der Ball wirkt wie ein Schnuller auf ein Baby: Es beruhigt ihn sofort, das Kauen und Knatschen des Gummiballs fährt seine Erregung herunter. Wir können dann an der lockeren Leine entspannt weiter durch den Wald gehen. Sobald die Gegend wieder etwas weniger aufregend ist und seine Aufregung sichtbar nachgelassen hat, leine ich ihn wieder ab, und er läuft in meiner Sichtweite frei weiter.

Es hat einige Zeit gedauert, bis ich herausgefunden habe, wie ich meinen Hund, ohne ihn zu frustrieren, am besten zur Kooperation motivieren kann. Aber mittlerweile haben wir die für alle Beteiligten bedürfnisbefriedigendste und entspannteste Lösungsvariante gefunden. Am Anfang waren Waldspaziergänge eine nervtötende, anstrengende Angelegenheit mit einem wie Bolle zerrenden, hechelnden Hund an der Leine. Heute macht uns der Wald ebenso viel Spaß wie andere Umgebungen.

Da jeder Hund andere Bedürfnisse in sehr unterschiedlichen Ausprägungen hat, macht es Sinn, sich im Bedarfsfall zu diesem Thema separat ausbilden zu lassen. Es gibt tolle Sachbücher oder auch Videos und Seminare zum Thema, die von ausgewiesenen Jagdkontrolltrainingsexperten angeboten werden.

Wichtig für euch zu erkennen ist auf jeden Fall: Wenn euer Hund erst einmal Lunte gerochen hat – und das hat er mit dem ersten Jagderfolg, der sich so oder so einstellen wird –, wird er sein Verhalten ausprägen und verfeinern, da es im höchsten Maße selbstbelohnend ist. Keine Strafe auf der Welt wird ihn vom Jagen abhalten: Er wird höchstens schlauer und schneller werden und bei jeder sich bietenden Gelegenheit versuchen, sein Bedürfnis zu stillen. Oder er wird Verhaltensauffälligkeiten entwickeln, wenn es ihm nicht gelingen sollte, seiner Leidenschaft nachzukommen.

Tipp: Sucht euch die passende Unterstützung auf dem Gebiet und arbeitet unbedingt mit den Bedürfnissen eures Hundes statt gegen sie. Gegen Windmühlen zu kämpfen hat sich noch nie gelohnt.

100 AB WANN IST MEIN HUND ALT?

Ab wann ein Hund alt ist, hängt sehr von seiner Rasse ab. Je größer und schwerer die Rasse, desto schneller altert der Hund. Kleine Hunde werden im Durchschnitt 15 bis 17 Jahre alt, mittelgroße Hunde 11 bis 13 und große Hunde 9 bis 10 Jahre alt. Ausnahmen bestätigen die Regel: Der älteste Hund war angeblich ein mittelgroßer australischer Kelpie, der 2016 mit 30 Jahren starb.

Natürlich könnt ihr einiges dazu beitragen, dass euer Hund möglichst alt wird:

› Sorgt für das richtige Gewicht. Übergewichtige Hunde werden schneller krank und leben kürzer.
› Eine ausgewogene Ernährung mit möglichst natürlichen, gesunden Inhaltsstoffen ist der Gesundheit zuträglich.
› Regelmäßige Bewegung ist wichtig. Dabei sollten Knochen, Muskeln und Bänder nicht überbeansprucht werden. So sind z. B. Sportarten empfehlenswert, die auf weichem Boden stattfinden, die ohne heftige Sprünge und Stops auskommen und die sich durch sanfte, gleichmäßige Belastungen auszeichnen.
› Kopftraining ist mindestens so wichtig wie die körperliche Auslastung. Das Gehirn braucht Reize, damit es lange fit und funktionsfähig bleibt.
› Ausreichend Ruhe und Entspannung und möglichst wenige Stressoren, die Körper und Geist belasten, sind wichtig für ein langes gesundes Leben.
› Ausreichende Bedürfnisbefriedigung ist ganz sicher von immenser Wichtigkeit für die geistige Gesundheit: dass der Hund Erkundungsverhalten zeigen, Schnüffeln, Spuren nachgehen, spielen, rennen und ausgelassen sein darf. Die Ausschüttung vieler Glückshormone ist einem langen Leben zuträglich.
› Körperpflege und medizinische Versorgung wie Fell- und Krallenpflege, Routineuntersuchungen, regelmäßige Blut-, Urin- und Kotuntersuchungen, Zahnpflege etc. gehören natürlich ebenso in die Liste lebensverlängernder Maßnahmen.
› Tja. Und Liebe natürlich. Körperkontakt und ein freundliches, angstfreies, vertrauensvolles Verhältnis zur Bezugsperson sind wichtige Voraussetzungen für die mentale Gesundheit und ein langes Leben!

LINKS UND LITERATUR

NÜTZLICHE LINKS ZUM STÖBERN:

www.hey-fiffi.com
www.ibh-hundeschulen.de/hundeschulen/deutschland.html
www.trainieren-statt-dominieren.de

LESENSWERTE BÜCHER RUND UM DEN HUND:

Blaschke-Berthold, Ute: **Das Kleingedruckte in der Körpersprache des Hundes (2 DVDs).** cumcane, 2013

Bradshaw, John: **Hundeverstand.** Kynos Verlag, 2013

Coppinger, Ray und Lorna: Hunde: **Neue Erkenntnisse über Herkunft, Verhalten und Evolution der Kaniden.** Animal Learn Verlag, 2003

Fiedler, Anja: **Jagdverhalten – verstehen, kontrollieren, ausgleichen.** Kosmos, 2019

Handelman, Barbara: **Hundeverhalten: Mimik, Körpersprache und Verständigung.** Mit über 800 ausdrucksstarken Fotos. Kosmos, 2010

Krauß, Katja und Maue, Gabi: **Emotionen bei Hunden sehen lernen.** Eine Blickschule. Kynos Verlag, 2020

Lismont, Katrien: **Das Gassibuch für besondere Hunde: Entspannt spazieren, reaktives Verhalten reduzieren.** Cadmos Verlag, 2020

Meiburg, Sonja: **Anti-Giftköder-Training.** Cadmos Verlag, 2016

Meiburg, Sonja: **Lass das! Hunden freundlich Grenzen setzen.** Kosmos Verlag, 2021

Rosengrün, Anne: **Eins, zwei, drei … ganz viele: Mehrhundehaltung mit positiver Bestärkung.** Kynos Verlag, 2016

Theby, Viviane: **Clickertraining leicht gemacht.** Kynos Verlag, 2012

Theby, Viviane: **Verstärker verstehen: Über den Einsatz von Belohnung im Hundetraining.** Kynos Verlag, 5. Edition, 2018

Verebes, Aurea: **Warum beißt ein Hund die Menschen, die er liebt?** Canimos Verlag, 2020

Westedt, Heike: **Schreck lass nach: Der Einfluss von Stress und Angst auf Gehirn und Verhalten.** Edition cumcane, 2013

Zulch, Helen & Mills, Daniel (2012). **Fit for Life – Was Welpen wirklich lernen müssen.** Kynos Verlag, 2013

REGISTER

BILDNACHWEIS

Die Farbfotos stammen von Anna Auerbach/Kosmos (S. 11, 12, 19, 20, 23, 27 rechts, 31, 32, 38, 53, 60, 70, 71, 74, 101, 105, 110, 161, 163, 184, 193, 196, 203, 211, 222, 226, 233, 239), Michele Baldioli (S. 174, 200, 217), Markus Eissler Photography (S. 28) und Shutterstock (S. 9: eva_blanco; S. 14: SergeyMarina, S. 16: smrm1977, S. 27 links: Miriam Doerr Martin Frommherz, S. 35: xkunclova, S. 43: nataliatamkovich, S. 46: Radoslaw Korga, S.50: Prystai, S. 63: Andrey_Kuzmin, S. 64: New Africa, S. 77: Roger costa morera, S. 81: Photobac, S. 84: Lopolo, S. 92: Groove, S. 107: Lisa Hourin, S. 114: Pixel-Shot, S. 117: Jus_Ol, S. 120: SeventyFour, S. 125: Christian Mueller, S. 129: ANURAK PONGPATIMET, S. 131: Asiya Yunussova, S. 135: dezy, S. 136: Dean Drobot, S. 141: Rhys Leonard, S. 143: Miriam Doerr Martin Frommherz, S. 145: Jus_Ol, S. 148: Lori Jaeski, S. 151: Pixel-Shot, S. 155: TeamDAF, S. 166: Masarik, S. 168: tetiana_u, S. 171: Best dog photo, S. 179: Soloviova Liudmyla, S. 181: Joy Brown, S. 206: Olena Serzhanova, S. 209: demanescale, S. 219: Christian Mueller, S. 240: Igor Normann) und Christian Trost (S. 37).

IMPRESSUM

Umschlaggestaltung von Claudia Adam Graphic Design/die Basis unter Verwendung eines Farbfotos von Shutterstock/Kristyna Mrazkova (vorne) und Shutterstock/Happy monkey (hinten). Umschlagklappen: Michele Baldioli (vorne innen links), Carolin Hoffmann/privat (hinten außen), Barbara Vogt (vorne außen) und Shutterstock (Marina Plevako, Melounix, N.Z.Photography, Rob Hainer, Sarah Ros, vvvita).

Alles rund um das Thema »Hund«:
kosmos-hund.de

Mit 71 Farbfotos.
Unser gesamtes Programm finden Sie unter **kosmos.de**.
Über Neuigkeiten informieren Sie regelmäßig unsere Newsletter, einfach anmelden unter **kosmos.de/newsletter**.

Gedruckt auf chlorfrei gebleichtem Papier

MIX Papier aus verantwortungsvollen Quellen FSC® C110508

ISBN 978-3-440-17440-1
Redaktion: Katja Pauls
Gestaltung & Satz: Claudia Adam Graphik-Design, Bad Kreuznach
Produktion: Nina Renz